国家级一流专业建设配套教材

普通高等教育机械类专业基础课系列教材

机械控制工程基础

主 编　庞新宇

北京理工大学出版社

BEIJING INSTITUTE OF TECHNOLOGY PRESS

内 容 简 介

本书主要介绍了经典控制理论的基本内容，涉及控制系统的基本原理、分析方法、设计校正及应用实例等。本书共分5章，内容包括：绪论，控制系统的数学模型，控制系统的时域分析，控制系统的时域分析，控制系统的综合与校正。本书旨在培养学生分析和解决复杂工程问题的能力，在理论分析的基础上，结合机械行业的工程实际，将各知识点的工程案例由浅入深讲解，贯穿全书。此外每章还融入了MATLAB软件在控制系统分析和设计中的应用，帮助学生提高运用现代工具解决问题的能力。

本书主要适于高等院校机械设计制造及其自动化、车辆工程专业本科生使用，也可供相关专业的工程技术人员参考。

图书在版编目(CIP)数据

机械控制工程基础 / 庞新宇主编. --北京：北京理工大学出版社，2021.8

ISBN 978-7-5763-0184-7

Ⅰ. ①机… Ⅱ. ①庞… Ⅲ. ①机械工程-控制系统-高等学校-教材 Ⅳ. ①TH-39

中国版本图书馆 CIP 数据核字(2021)第 165941 号

出版发行 / 北京理工大学出版社有限责任公司

社　　址 / 北京市海淀区中关村南大街5号

邮　　编 / 100081

电　　话 / (010)68914775(总编室)

　　　　　 (010)82562903(教材售后服务热线)

　　　　　 (010)68944723(其他图书服务热线)

网　　址 / http://www.bitpress.com.cn

经　　销 / 全国各地新华书店

印　　刷 / 北京侨友印刷有限公司

开　　本 / 787毫米×1092毫米　1/16

印　　张 / 13.5

字　　数 / 314千字

版　　次 / 2021年8月第1版　2021年8月第1次印刷

定　　价 / 42.00元

责任编辑 / 陆世立

责任校对 / 刘亚男

责任印制 / 李志强

主编简介

庞新宇，博士，太原理工大学机械与运载工程学院教授，硕士生导师。中国振动工程学会动态测试专业委员会理事，全国高校机械工程测试技术研究会理事，山西省振动工程学会常务理事、副秘书长，煤矿综采装备山西省重点实验室故障诊断方向负责人，山西省精品共享课程、省级一流课程"机械控制工程基础"课程负责人。主编《机械控制工程基础》《机械故障诊断基础》教材2部。主持完成山西省教学改革项目2项，发表教学改革论文6篇。主持及参与国家级、省级项目10余项，发表学术论文50余篇，授权发明专利2项，软件著作权2项，出版专著2部。培养硕士研究生30余人。

本书是编者们多年教学经验的积累，在已编写和出版的同类课程教材的基础上，面向机械装备的智能化发展方向，同时总结和吸收国内外本课程相关领域的最新教学和科研成果，取长补短，精心组织编写而成的。

作为机械专业基础课教材，本书力求在阐述机械工程控制理论基础的基本概念、基本知识和基本方法的基础上，密切结合工程实际，突出重点和实用性，使读者能够掌握经典控制理论的基本内容。本书按认知规律编排教材内容、布局重点难点，注重课程内容衔接，力求做到概念准确、层次清晰、深入浅出、易教易学，符合研究型一流本科院校的教学需要。

全书的编写紧密围绕"新工科"和工程教育认证的相关要求，注重培养学生解决复杂机械工程问题的能力。考虑到当前本科院校在学时上的限制，本书在内容的编排上突出经典控制理论的核心内容，同时将传统的稳定性章节进行拆分，分别融入至时域分析和频域分析两部分，使知识更成体系。每章结合机、电、液及不同机械装备给出相关的例题和习题，加深学生对基本概念和工程实际问题的理解。本课程应达到的教学目的及要求是：学习运用经典控制理论的基本原理及方法，对机械工程中自动控制问题进行初步的分析与研究；结合后续课程的学习，能对机械工程中的控制系统进行初步设计；学习用经典控制理论的方法研究机械系统动力学问题。

为了提高教学效率，激发学生的学习兴趣，培养学生创新思维和能力，避免使学生觉得"玄""虚""空"，编者对机、电、液控制系统实例进行了仿真，制作了与课程配套的线上资源，读者可访问 http：//moocl. chaoxing. com/course/204263951. html 观看。

全书共 5 章，第 1 章绪论主要介绍控制系统的基本概念；第 2 章介绍控制系统的数学模型，重点是传递函数的概念和推导方法；第 3 章介绍控制系统的时间响应、稳定性概念及稳态误差分析；第 4 章介绍控制系统的频率特性，讨论了控制系统的 Nyquist 图和 Bode 图；第 5 章介绍了控制系统的综合与校正，重点讨论了 PID 控制器的原理和设计方法；同时本书各章还介绍了 MATLAB 软件的应用。

本书由太原理工大学庞新宇教授主编，庞新宇编写了第 1 章，崔红伟编写了第 2 章，张晓俊编写了第 3 章，白艳艳编写了第 4 章，李永康编写了第 5 章。全书由庞新宇统稿。

本书由太原理工大学廉自生教授担任主审，任芳副教授也对本书提出了许多宝贵意见，在此特表示衷心的感谢。庞新宇教授的研究生在编写过程中付出了辛勤劳动，在此一并致谢。

限于编者水平，书中缺点与错误在所难免，恳请读者指正。

编　者

2021 年 5 月于太原

目 录

第1章
绪　论

　　机械控制工程理论主要研究用控制论的基本原理和方法，来解决机械工程中的自动控制问题。控制论不仅是一门重要的科学，也是一门卓越的方法论。它从局部、整体和系统的角度来认识和分析机械工程系统或工艺过程的内在规律，即系统或状态的动态特性，研究其内部信息传递、变换的规律以及受到外加作用时的反应，从而决定控制它们的手段和策略，以满足生产实际的需要。自动控制是人类在认识世界和发明创新的过程中发展起来的一门重要的科学技术。依靠它，人类可以从笨重的、重复性的劳动中解放出来，从事更富有创造性的工作。机械控制工程是实现机械装备自动化、数字化、智能化的重要理论基础，是推动新的工业革命的关键技术。

　　本书主要介绍经典控制理论的基础内容及其在工程实际中的应用。

　　本章将列举机械控制工程理论的一些应用实例，引出自动控制的基本原理和几个重要概念，并简要介绍控制理论的发展简史。

1.1　自动控制系统的基本原理

　　自动控制系统是在没有人的直接参与下，利用控制器（例如机械装置、电气装置或电子计算机）使生产过程或被控制对象（例如机器或电气设备）的某一物理量（温度、压力、液面、流量、速度、位移等）按预期的规律运行。例如，电冰箱自动地控制冰箱中的温度使之恒定；无塔供水系统保证楼宇自动恒压供水；加工中心根据加工工艺的要求，能够自动地、按照一定的加工程序加工出我们所要求的工件。总之，自动控制系统要解决的最基本问题就是如何使受控对象的物理量按照给定的规律变化。

1.1.1　控制系统举例

1. 温度控制系统

　　图 1-1 所示为由人工控制的恒温箱（一种人工控制系统），其控制过程如下：人通过测量元件（温度计）观察出恒温箱的温度，与所希望的温度值进行比较，得到实际温度与希望温度的偏差的大小与方向，据此来调节调压器，进行箱温的控制。例如：当箱温低于希望温度时，向右旋转调压器的触头，增加电阻丝的电流，使箱温上升到希望温度。反之，当箱

温高于希望温度时，向左旋转调压器的触头，以减少电阻丝的电流，使箱温下降到希望温度。这种控制称为人工定值控制。

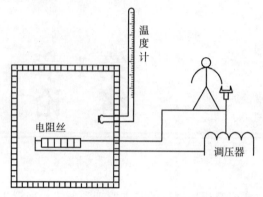

图 1-1　由人工控制的恒温箱

人在这种控制中的作用是观测、求偏差及纠正偏差。将以上人工的作用用一个自动控制器来代替，于是一个人工调节系统就变成一个自动控制系统。图 1-2 所示为恒温箱自动控制系统。在这个系统中，图 1-1 中的温度计由热电偶代替，并增加了指令电位器、电动机及减速器等装置。设温度给定值对应的电压为 V_1，热电偶测量出的电压信号为 V_2，测量值 V_2 经反馈后与 V_1 进行比较。当外界干扰引起箱内温度变化时，产生了温度的偏差信号 $\Delta V = V_1 - V_2$。ΔV 经电压及功率放大后，控制电动机的旋转速度及方向，又经传动机构及减速器使调压器的触头移动，使电阻丝的电流增加或减小，直至箱内温度达到给定值为止。这时偏差信号 $\Delta V = 0$，电机停止转动，完成控制任务。这样箱内温度经自动调节，始终保持在给定值上。

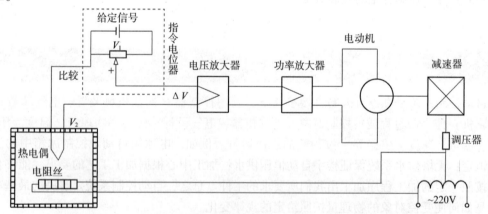

图 1-2　恒温箱自动控制系统

将以上人工控制系统与自动控制系统对比，可以看出：

（1）测量，前者靠操纵者的眼睛，后者由热电偶来测量；

（2）比较，前者靠操纵者的大脑，后者靠比较电路；

（3）执行，前者靠操纵者的手，后者由电动机等完成执行功能。

为了便于对一个自动控制系统进行分析，以及了解其各个组成部分的作用，经常把这个自动控制系统画成方框图的形式。

　　恒温箱自动控制系统方框图，如图1-3所示。图中方框表示系统的各个组成部分；直线箭头代表信号作用的方向；在其上的标注表示对方框的输入及输出物理量；⊗代表比较元件。热电偶是置于反馈通道中的检测装置。由图1-3可以明显地看出系统是有反馈的。反馈就是指将输出量的全部或部分通过检测装置返回输入端，并与输入量相比较，比较的结果称为偏差。

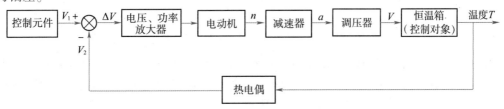

图1-3　恒温箱自动控制系统方框图

　　由图1-3还可以清楚地看出，系统的输入量就是给定的电压信号，系统的输出量（即被调节量）就是被控物理量-温度。控制系统是按偏差的大小与方向来工作的，最后使偏差减小或消除，从而使输出量随输入量的变化而变化。

　　一般在自动控制系统中，偏差是基于反馈建立起来的。自动控制的过程实质上就是按偏差进行控制的过程，这一原理又称为反馈控制原理。利用此原理组成的系统称为反馈控制系统，即为控制论的中心思想。

　　控制论的创始人维纳（N. Wiener）指出："一切有目的的行为，都可以看作是需要负反馈的行为，通过行为把反馈和目的联系起来，实质上找到了机器模拟人的动作的机制"。

　　2. 速度调节系统

　　图1-4所示为离心式调速机构示意图，图1-5为其原理图，图1-6为其系统方框图。调速器广泛用于水轮机、汽轮机和内燃机，作用是使这些工作机器保持转速恒定。

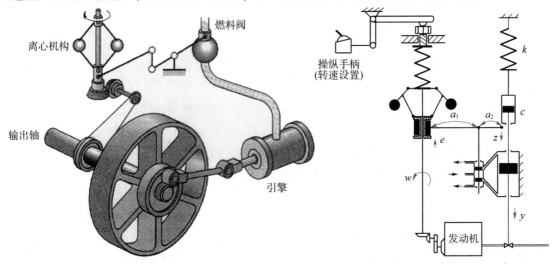

图1-4　离心式调速机构示意图　　　　图1-5　离心式调速机构原理图

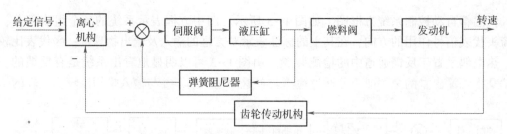

图1-6　离心式调速机构系统方框图

当发动机转动时，通过圆锥齿轮带动一对飞球做水平旋转。飞球通过铰接杆可带动套筒上下滑动，套筒内装有平衡弹簧，套筒上下滑动时可拨动连杆，通过连杆调节燃料阀的开度。在发动机正常运行时，飞球旋转所产生的离心力与弹簧的反弹力相平衡，套筒保持某个高度，使阀门处于一个平衡位置。如果由于扰动，使发动机转速 ω 下降，则飞球因离心力减小而使套筒向下滑动，引起动力活塞向上运动，增大了燃料阀的开度，从而使发动机的转速回升。同理，如果发动机的转速 ω 增加，则飞球因离心力增加而使套筒向上滑动，引起动力活塞向下运动，减小了燃料阀的开度，迫使蒸汽机转速减慢，直至达到希望的转速为止。

1.1.2　反馈控制系统的构成

图1-7 所示为典型反馈控制系统的组成。一个系统主反馈回路（或通道）只有一个，而局部反馈可能有几个（图中画出一个）。各种功能不同的元件从整体上构成一个系统来完成一定的任务。

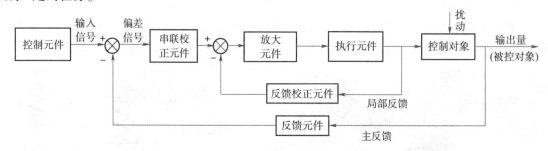

图1-7　典型反馈控制系统的组成

图1-7 中各组成部分的作用如下。

（1）控制元件：用于产生系统的给定信号或输入信号。如图1-2 中的指令电位器就是控制元件，恒温箱的给定温度就由指令电位器设定 V_1 而得到。

（2）反馈元件：检测被控制量或系统输出量，并产生反馈信号。反馈元件一般用检测元件，若在主反馈通道中不设反馈元件，即主反馈信号为输出信号时，称为单位反馈。

（3）比较元件：用来比较输入与反馈信号，并得出二者的偏差信号。

（4）放大元件：把弱的信号放大以推动执行元件动作。放大元件有电气类、机械类、液压类及气动类等。

（5）执行元件：根据输入信号的要求直接对控制对象进行操作，例如液压缸、液压马达及电动机等。

（6）控制对象：控制系统所要操纵的对象，它的输出量即为系统的被控制量，例如发动机、恒温炉等。

（7）校正元件：作用是改善系统的控制性能。

以上介绍了典型反馈控制系统的基本组成，系统各组成部分之间通过信号或变量相联系。这些信号主要有以下类别。

（1）输入信号（输入量、控制量、给定量）：广义上指输入到系统中的各种信号，包括对输出控制有害的扰动信号。

（2）输出信号（输出量、被控制量、被调节量）：输出是输入的结果。输出信号的变化规律应与输入信号之间保持确定的关系。

（3）反馈信号：输出信号经反馈元件变换后加到输入端的信号称反馈信号。若反馈信号的符号与输入信号相同，称为正反馈；反之，称为负反馈。主反馈一般是负反馈，否则偏差越来越大，系统将会失控。系统中的局部反馈，主要用来对系统进行校正等，以满足某些控制性能的要求。

（4）偏差信号：输入信号与主反馈信号之差。

（5）误差信号：输出量实际值与希望值之差。希望值通常是系统的输入量。

（6）扰动信号：偶然的无法加以人为控制的信号，称为扰动信号或干扰信号。根据产生的部位不同，分为内扰与外扰。扰动也是一种输入量，一般对系统的输出量将产生不利的影响。

1.1.3 对控制系统的基本要求

自动控制系统应用的场合不同，对系统性能的要求也不同。但从控制工程的角度出发，对每个控制系统却有相同的基本要求，一般可归纳为以下3点。

1. 稳定性

稳定性是指系统输出量对给定的输入量的偏离随着时间增长逐渐趋近于零的性质，它是保证控制系统正常工作的首要条件。

2. 准确性

准确性是指在过渡过程结束后输出量与给定的输入量之间的偏差，又称为静态偏差或稳态精度，它是衡量系统工作性能的重要指标。

3. 快速性

快速性是指当系统的输出量与输入量之间产生偏差时，系统消除这种偏差的快慢程度，它是衡量控制系统性能的又一个重要指标。

在实际中，由于控制对象的具体情况不同，各类控制系统对稳定、准确、快速这三方面的要求各有侧重。即使对于同一系统，稳、准、快也是相互制约的，如何分析和解决这些矛盾，正是本课程所要讨论和学习的重要内容。

1.2 自动控制系统的分类

1.2.1 按控制系统有无反馈分

1. 开环控制系统

控制系统的输出量不影响系统的控制作用时，即系统中输出端与输入端之间无反馈通道时称开环控制系统（开环系统）。图1-8所示的数控线切割机床进给系统是开环控制系统的实例，该系统的方框图如图1-9所示。由图1-9可知，该系统信号传递是单向的，对于每一个输入量 x，系统都有一个输出量 y 与之对应，但系统中对输出量没有检测和反馈。

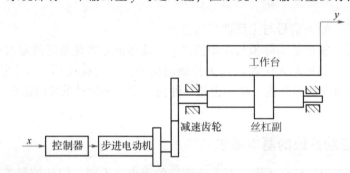

图1-8 数控线切割机床进给系统示意图

图1-9 数控线切割机床进给系统开环控制系统方框图

由于开环系统没有反馈通道，因而结构较简单，实现容易。但是，开环系统对外扰动（如负载变化）和内扰动（系统内元件性能的变动）引起被控量（输出量）的偏差不能够自动纠正。因此，开环系统的控制精度较低，必须靠高精度的元件提高其控制精度。

2. 闭环控制系统

控制系统的输出端与输入端间存在反馈通道，即系统的输出量对控制作用有直接影响的系统，称为闭环控制系统（闭环系统）。因此，反馈系统也就是闭环系统。图1-2、图1-5所示系统均为闭环系统。

闭环系统的主要优点是：由于存在反馈，若有干扰而使输出的实际值偏离给定值时，控制作用将减少这一偏差，因而精度较高。缺点也正是因为存在反馈，将引起系统振荡，不能稳定工作。

自动控制理论主要是研究闭环系统，也就是研究反馈控制的理论与方法。

1.2.2 按输入量的变化规律分

1. 恒值控制系统

当给定量是一个恒值时，在外界干扰作用下，系统的输出仍能保持恒定值的系统，称为恒值控制系统，如图1-2所示的恒温箱自动控制系统。

2. 随动系统

输出量能够迅速而准确地跟随变化着的输入量的系统，称为随动系统。具有机械量输出的随动系统，又可称为伺服系统。

随动系统的应用很广。例如，液压仿形刀架，输入是工件的靠模形状，输出是刀具的仿形运动。又如，各种电信号笔式记录仪，输入是事先未知的电信号，输出是记录笔的位移。雷达自动跟踪系统及火炮自动瞄准系统也都是随动系统。以上这些随动系统，由于输出均是机械量，故也都是伺服系统。

3. 程序控制系统

输入量按预定程序变化的系统，称为程序控制系统。例如，加工中心对工件的加工过程，是按照工件的加工工艺要求，将各工艺过程编程，加工中心则按照程序指令进行加工。而执行每个指令的装置则可能是一个开环系统，也可能是一个闭环系统。

此外，还可以按系统中传递信号的性质，将控制系统分为连续控制系统和离散控制系统；按描述系统的数学模型，将控制系统分为线性控制系统和非线性控制系统；按系统部件的类型，将控制系统分为机电控制系统、液压控制系统和电气控制系统等。

1.3 机械控制工程研究的对象与方法

机械工程涉及机械制造、交通运输、航天、能源、材料工程及生物工程等许多行业。由于科学技术的不断发展，计算机的广泛运用，尤其是机械与电子的结合，很多机械产品开始把电子技术、控制技术、计算机技术及机械技术融为一体，使机械控制工程涵盖的对象更加丰富。

"工程控制论"是从工程技术实践中提炼出来的一般性理论，能够应用到工程中去解决实际问题，而机械控制工程则是工程控制论应用于机械工程的一门技术科学。"工程控制论"提出："控制论的对象是系统"。下面就引用系统动力学的有关定义及其方法论来说明机械控制工程研究的对象及特点。

1. 研究自动控制系统

自动控制理论，包括经典控制理论和现代控制理论。经典控制理论，主要研究单输入单输出系统；而现代控制理论以状态的概念，研究复杂的多输入多输出系统以及时变系统的最优控制和自适应控制。虽然现代控制理论发展迅速，但是经典控制理论本身已较成熟，对于实际中的大部分控制系统，仍是一种很有效的方法。本书内容限于经典控制理论，主要研究的内容如下。

（1）控制系统分析，就是对已知的系统，对它的静态及动态性能（一般可概括为稳、

准、快）进行分析，看是否满足要求，并提出改进措施。

（2）控制系统设计，也称为控制系统综合，就是根据所要求系统的性能指标，来设计控制系统。

以上两个方面，都需要首先建立系统的数学模型。

2. 研究机械动力学系统

机械动力学系统，主要是指动态机械系统。这里系统的定义是：一个由相互作用的各部分组成的具有一定功能的整体。研究机械动力学系统，就是研究机械系统的动态特性，这是"机械控制工程"主要任务之一。例如，切削自激振荡、机床工作台低速运动出现爬行现象等各种机械系统产生的自激振荡，是具有内在反馈的闭环系统，这属于系统动力学的范畴。

下面以一个典型例子来说明动力学系统的含义与构成。

图 1-10 为工作台驱动系统的物理模型图。输入为位移量 x_i，输出为工作台的位移 x_o，传动刚度为 k，工作台质量为 m，与速度有关的摩擦因数为 $c(\dot{x}_o)$，$c(\dot{x}_o)$ 为摩擦力，$k(x_i - x_o)$ 为驱动力。因此，可写出系统的数学模型

$$k(x_i - x_o) - c(\dot{x}_o)\dot{x}_o = m\ddot{x}_o \tag{1-1}$$

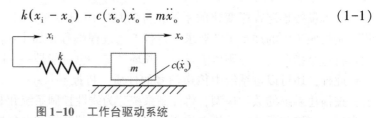

图 1-10　工作台驱动系统

由系统的数学模型，可以画出工作台驱动系统方框图，如图 1-11 所示。图中，$D = \dfrac{d}{dt}$ 为算子。可以看出，系统存在内在反馈，有两个反馈回路，是一个闭环系统，当运动速度较低时，这个动力学系统将会产生自激振荡（爬行）。

当运动速度 $\dot{x}_o$ 较低，处于摩擦力下降区时（摩擦力与速度关系如图 1-12 所示），其特性是速度 $\dot{x}_o$ 增加，摩擦力 $c(\dot{x}_o)$ 下降。反映到式（1-1）中，$c(\dot{x}_o)\dot{x}_o$ 的符号由 "−" 变为 "+"，也就是摩擦因数变为负摩擦因数，图 1-11 中的 $c(\dot{x}_o)D$ 的负反馈变为正反馈，即相当于向系统中输入能量，于是系统将产生时走时停或时快时慢的爬行现象。

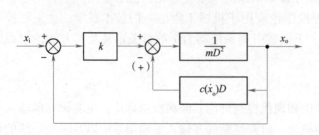

图 1-11　工作台驱动系统方框图

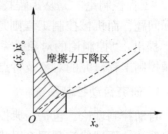

图 1-12　摩擦力与速度关系

由此例可知，采用控制理论的方法去研究动力学系统，较之古典力学，方法简便、概念清晰。不仅如此，利用控制理论的有关建模方法、传递函数、频率特性、稳定性理论、状态空间、最优控制、信息处理、滤波及预报、系统辨识以及自适应控制等理论与方法，可以使

机械工程的设计与研究，从经验阶段提高到理性阶段，从静态阶段提高到动态阶段，对于复杂的、过去无法解决的实际问题，逐渐揭示了其客观规律。

1.4 控制理论发展简史

人们普遍认为最早应用于工业过程的反馈控制器是瓦特（J. Watt）发明的蒸汽机飞球调速装置。此后又不断出现各种自动化装置，自瓦特发明该装置几十年后，1868 年，麦克斯韦（J. C. Maxwell）发表了"论调速器"文章，对控制系统从理论上加以提高，首先提出了"反馈控制"的概念，解释了速度控制系统中出现的不稳定现象，指出振荡现象的出现同由系统导出的一个代数方程根的分布形态有密切的关系，开辟了用数学方法研究控制系统中运动现象的途径。英国数学家劳斯（E. J. Routh）和德国数学家胡尔维茨（A. Hurwitz）推进了麦克斯韦的工作，二人分别在 1875 年和 1895 年独立地建立了直接根据代数方程的系数判别系统稳定性的准则（见代数稳定判据）。

1932 年，美国物理学家奈奎斯特（H. Nyquist）运用复变函数理论的方法建立了根据频率响应判断反馈系统稳定性的准则（见奈奎斯特稳定判据）。这种方法比当时流行的基于微分方程的分析方法有更大的实用性，也更便于设计反馈控制系统。奈奎斯特的工作奠定了频率响应法的基础。随后，伯德（H. W. Bode）和尼科尔斯（N. B. Nichols）等在 20 世纪 30 年代末和 40 年代进一步将频率响应法加以发展，使之更为成熟，经典控制理论遂开始形成。

1948 年，美国科学家埃文斯（W. R. Evans）提出了名为"根轨迹"的分析方法，用于研究系统参数（如增益）对反馈控制系统的稳定性和运动特性的影响，并于 1950 年将该方法进一步应用于反馈控制系统的设计，构成了经典控制理论的另一核心方法——根轨迹法。

20 世纪 40 年代末和 50 年代初，频率响应法和根轨迹法被推广用于研究采样控制系统和简单的非线性控制系统，标志着经典控制理论已经成熟。经典控制理论在理论上和应用上所获得的广泛成就，促使人们试图把这些原理推广到像生物控制机理、神经系统、经济及社会过程等非常复杂的系统，其中美国数学家维纳在 1948 年发表的著名的《控制论》（Cybernetics）最为重要、影响最大。1954 年，我国著名科学家钱学森发表了英文版《工程控制论》，奠定了工程控制论这一技术科学的基础，使控制论又大大地向前迈进了一步。

经典控制理论在解决比较简单的控制系统的分析和设计问题方面是很有效的，至今仍不失其实用价值。它的局限性主要表现在只适用于单变量系统，且仅限于研究定常系统。

现代控制理论始于 20 世纪 50 年代末 60 年代初。这是由于空间技术发展及军事工业的需要，如航空、航天、导弹等对自动控制系统提出了很高的要求，加之计算机技术也日趋成熟，使得现代控制理论发展很快，并逐渐形成一些新的体系与新的分支。现代控制理论主要是在时域内，利用状态空间来分析与研究多输入多输出系统的最佳控制问题。

1.5 本课程的教学方法

1. 培养系统的观念

"机械控制工程基础"既是专业基础理论课程，又是一门科学方法论。在学习中不仅要掌握教材中的结论，更要掌握其中体现出来的研究方法，培养系统的观念，提高综合分析问题的能力。

2. 加强现代信息技术的应用

控制课程中所涉及的数学知识多、理论抽象，为了提高学生的学习效果，可以借助 MATLAB、LabVIEW 等仿真工具，也可以开发"机械控制工程虚拟实验系统"，并应用于教学。

3. 注重与机械工程实际案例的结合

教材各章均配有相应的例题，但是由于还没有学习专业课程，因此相对比较简单。教学过程中要注重与后续课程的结合，增加机械工程实际案例的应用，注意培养运用基本理论与方法分析解决复杂机械工程问题的能力。

4. 了解前沿技术及应用

课程与装备制造、运输机械制造等工业领域的技术进步息息相关，学习好控制理论有助于推动工业自动化和智能化的快速发展。在教学中要及时关注机械控制的前沿技术动态及应用，并与教学内容相融合，激发学生的学习兴趣。

5. 重视网络资源的应用

课程内容经典，图书和网络资源较为丰富，在教学中要重视各种资料的参考和学习。在互联网模式下，许多线上同类课程资源可供教学参考，与本教材配套的网络资源网址为：http：//mooc1. chaoxing. com/course/204263951. html。教师在教学中可运用网络资源进行混合式教学和翻转教学，进一步提高课程的教学质量。

习 题

1-1 试举日常生活中开环和闭环系统的两个例子，并说明其工作原理。

1-2 图 1-13 是控制导弹发射架方位角控制系统原理图。图中电位器 P_1、P_2 并联后跨接到同一电源 E_0 的两端，其滑臂分别与输入轴和输出轴相连接，组成方位角的控制元件和测量反馈元件。输入轴由手轮操纵；输出轴则由直流电动机经减速后带动，电动机采用电枢控制的方式工作。试分析系统的工作原理，指出系统的被控对象、被控量和给定量，画出系统的方框图。

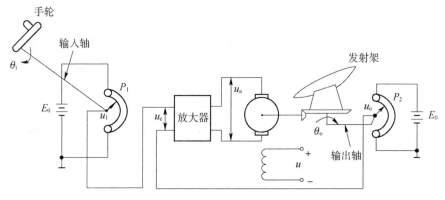

图1-13 导弹发射架方位角控制系统原理图

1-3 图1-14所示为仓库大门自动控制系统原理图。试说明系统自动控制大门开闭的工作原理并画出系统方框图。

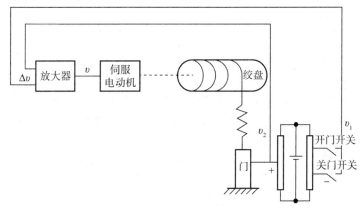

图1-14 仓库大门自动控制系统原理图

第 2 章
控制系统的数学模型

研究控制系统，不仅要定性地了解系统的工作原理及其特性，而且要定量地描述系统的特性，揭示系统的结构、参数与动态特性之间的关系，这就需要建立系统的数学模型。系统的数学模型，是描述系统输入量、输出量以及内部各变量之间关系的数学表达式。建立控制系统的数学模型有两种方法：分析法和实验法。分析法是根据系统和元件所遵循的有关定律列写出数学表达式；实验法是通过对实验数据进行处理，拟合出最接近实际系统的数学模型，也称为系统辨识。

在经典控制理论中，采用传递函数表示数学模型；而在现代控制理论中，采用状态空间表达式。系统的数学模型建立后，就可用各种分析方法或通过计算机对系统进行分析与综合了。

本章采用分析法建立数学模型，依次介绍控制系统微分方程的列写、拉普拉斯变换、传递函数、系统框图及其简化。

2.1 控制系统的微分方程

2.1.1 线性系统与非线性系统

1. 线性系统

用线性微分方程描述的元件或系统，称为线性元件或线性系统。线性系统的重要性质是可以应用叠加原理。叠加原理有两重含义，即具有叠加性和均匀性。叠加性就是当系统同时有多个输入量时，可以对每个输入量单独处理，得到相应的输出量，然后将这些输出量叠加起来，就得到系统的输出量。均匀性是当输入量的数值成比例增加时，输出量的数值也成比例增加。在动态系统的实验研究中，如果输入量和输出量成正比，就意味着满足叠加性，因而系统可以看成是线性系统。

线性系统可以用线性微分方程来描述，如：

$$a_2\ddot{x}_o(t) + a_1\dot{x}_o(t) + a_0 x_o(t) = x_i(t) \tag{2-1}$$

如果动态系统是线性的，并且由定常集中参数元件组成，则该系统可以用线性常系数微分方程来描述，这类系统叫作线性定常系统。如果描述系统的微分方程的系数是时间的函数，则称这类系统叫作线性时变系统。

2. 非线性系统

元件或系统的输出与输入间的关系不满足叠加原理的，称为非线性元件或系统。系统中只要含有一个非线性性质的元件，就是非线性系统。许多机械系统、电气系统、液压及气动系统等，在变量间都包含有非线性关系。例如，在小信号输入下，元件没有输出量（即死区非线性）；在大输入信号作用下，元件的输出量可能饱和（即饱和非线性）；在某些元件中，可能存在着平方律非线性关系。这些非线性关系的特性曲线如图 2-1 所示。

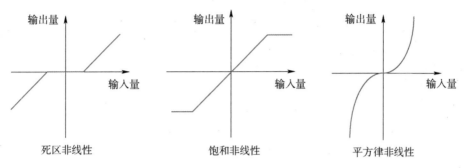

图 2-1 各种非线性关系的特性曲线

非线性系统用非线性微分方程描述。判别系统的微分方程是否为非线性，可以看其中的函数及其各阶导数，如出现高于一次的项，或者导数项的系数是输出变量的函数，则此微分方程为非线性微分方程，如

$$\frac{\mathrm{d}^2 y}{\mathrm{d}t^2} + (y^2 - 1)\frac{\mathrm{d}y}{\mathrm{d}t} + y^2 = 0 \tag{2-2}$$

在工作点附近存在着不连续直线、跳跃、折线，以及非单值关系等严重非线性性质的，称为本质非线性性质；不存在以上的严重非线性性质的为非本质非线性性质。求解非本质非线性问题时，常用线性化的方法来处理，也就是非线性系统的线性化。但是，这种线性化只在一定的范围内适用。

2.1.2 建立线性系统微分方程的步骤

在建立控制系统的微分方程时，首先必须了解整个系统的组成结构和工作原理，然后根据系统（或各组成元件）所遵循的运动规律和物理定律，列写出整个系统的输出变量与输入变量之间的动态关系表达式，即微分方程。列写微分方程的一般步骤如下：

（1）分析系统工作原理和系统中各变量间的关系，确定系统的输入量和输出量；

（2）从系统的输入端开始，依据物理定律，依次列写系统各元件的动力学方程，此时要考虑相邻两元件间的负载效应；

（3）将各方程式中的中间变量消去，求出描述输入量和输出量之间关系的微分方程，并将与输入有关的各项放在方程的右边，与输出有关的各项放在方程的左边，各阶导数项按降幂排列，即得到微分方程的标准形式；

（4）如果系统中包含有非本质非线性的元件或环节，为了研究的方便，通常将其线性化。

2.1.3 机械系统的微分方程

在机械系统中，某些部件具有较大的惯性和刚度，而另一些部件则惯性较小、柔性较大。在使用集中参数法时，可将前一类部件的弹性忽略，将其视为质量；而把后一类部件的惯性忽略，将其视为无质量的弹簧。这样对机械系统而言，只要通过一定的简化，大多可抽象为质量-弹簧-阻尼系统及其综合。

在抽象为质量-弹簧-阻尼系统的机械系统中，牛顿第二定律是机械系统所必须遵循的基本定律，通过牛顿第二定律将机械系统中的运动（位移、速度和加速度）与力联系起来，建立机械系统的动力学方程，即机械系统微分方程。

下面举例说明机械系统微分方程的列写方法。

【例 2-1】弹簧-质量-阻尼系统如图 2-2 所示。设系统的输入量为外力 x，输出量为质量的位移 y，试写出系统的微分方程。

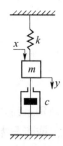

图 2-2　弹簧-质量-阻尼系统

解　在这个系统中，m 表示质量，c 表示黏性阻尼系数，k 表示弹簧刚度。对于线性系统而言，弹簧力方向与运动方向相反，大小与位移成比例；阻尼力方向与运动方向相反，大小与运动速度成比例。

根据牛顿第二定律，可得

$$m \frac{\mathrm{d}^2 y}{\mathrm{d}t^2} = x - c \frac{\mathrm{d}y}{\mathrm{d}t} - ky$$

或

$$m \frac{\mathrm{d}^2 y}{\mathrm{d}t^2} + c \frac{\mathrm{d}y}{\mathrm{d}t} + ky = x \tag{2-3}$$

式（2-3）即为描述该机械系统输入量、输出量动态关系的微分方程。

【例 2-2】图 2-3 所示为由两个质量和弹簧串联而成的二自由度振动系统，输入量为外力 $f(t)$，m_1 的位移为 $y_1(t)$，m_2 的位移为 $y_2(t)$。试列写以 $f(t)$ 为输入量，$y_1(t)$ 为输出量时系统的微分方程。

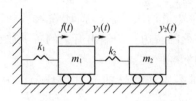

图 2-3　二自由度振动系统

解　当 m_2 与 k_2 不存在时，图 2-3 所示系统为单自由度系统，其输入量与输出量之间的动力学方程为

$$m_1 \ddot{y}_1(t) + k_1 y_1(t) = f(t) \tag{2-4}$$

当 m_2 与 k_2 连接到 m_1 与 k_1 上时，便对 m_1 和 k_1 产生了负载效应，此时，系统变成二自由度系统，其动力学方程为

$$\begin{cases} m_1 \ddot{y}_1(t) + k_1 y_1(t) + k_2 [y_1(t) - y_2(t)] = f(t) \\ m_2 \ddot{y}_2(t) + k_2 y_2 = k_2 y_1 \end{cases} \tag{2-5}$$

从以上两式中消去 $y_2(t)$，则得到以 $f(t)$ 为输入量，$y_1(t)$ 为输出量的系统动力学方程为

$$m_1 m_2 y_1^{(4)}(t) + (m_1 k_2 + m_2 k_1 + m_2 k_2) \ddot{y}_1(t) + k_1 k_2 y_1(t) = m_2 \ddot{f}(t) + k_2 f(t) \tag{2-6}$$

显然，由式（2-6）求解出 $y_1(t)$ 与式（2-4）求解出 $y_1(t)$ 的结果不同。

例 2-2 说明，对于两个物理元件组成的系统，若其中一个元件的存在，使另一个元件在相同输入下的输出受到影响，相当于前者对后者施加了负载，这一影响称为负载效应，或称耦合。对于这样的系统，在列写它们各自的动力学方程时，必须考虑元件间的负载效应，才能求得整个系统正确的动力学方程。

【例 2-3】 图 2-4 所示的齿轮传动系统，$M_i(t)$ 是输入转矩，M 是输出轴上所带负载的阻转矩，J_1、c_1、J_2、c_2 分别为主动轴和从动轴的转动惯量和黏性阻尼系数，减速器的传动比为 i。如果以 $M_i(t)$ 为输入量，以 $\theta_1(t)$ 为输出量，试列写出系统的运动方程。

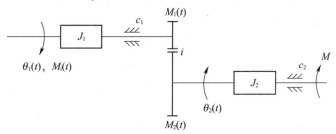

图 2-4　齿轮传动系统

解　$M_1(t)$ 为从动轴作用于主动轴上的转矩，$M_2(t)$ 为主动轴作用于从动轴上的转矩，对于主动轴和从动轴，分别根据转矩平衡方程列写系统方程

$$M_i(t) - c_1 \frac{\mathrm{d}\theta_1(t)}{\mathrm{d}t} - M_1(t) = J_1 \frac{\mathrm{d}^2 \theta_1(t)}{\mathrm{d}t^2} \tag{2-7}$$

$$M_2(t) - c_2 \frac{\mathrm{d}\theta_2(t)}{\mathrm{d}t} - M = J_2 \frac{\mathrm{d}^2 \theta_2(t)}{\mathrm{d}t^2} \tag{2-8}$$

齿轮传动系功率平衡方程为

$$M_1(t)\dot{\theta}_1(t) = M_2(t)\dot{\theta}_2(t) \tag{2-9}$$

传动比

$$i = \frac{\dot{\theta}_1(t)}{\dot{\theta}_2(t)} \tag{2-10}$$

将式（2-8）、式（2-9）及式（2-10）代入式（2-7），消去中间变量 $M_1(t)$、$M_2(t)$、$\theta_2(t)$，得

$$\left(J_1 + \frac{J_2}{i^2}\right)\frac{\mathrm{d}^2\theta_1(t)}{\mathrm{d}t^2} + \left(c_1 + \frac{c_2}{i^2}\right)\frac{\mathrm{d}\theta_1(t)}{\mathrm{d}t} = i^2 M_i(t) - \frac{1}{i}M$$

如果齿轮系传动比足够大，则后级齿轮及负载的影响便可不予考虑。这时微分方程可简化为线性方程

$$J_1\frac{\mathrm{d}^2\theta_1(t)}{\mathrm{d}t^2} + c_1\frac{\mathrm{d}\theta_1(t)}{\mathrm{d}t} = M_i(t)$$

2.1.4 电气系统的微分方程

电气系统是机械控制系统的重要组成部分。在电气系统中，通过电阻 R、电感 L、电容 C 三种线性无源元件的组合，可以构成各种复杂的电网络系统。电感是一种储存磁能的元件，电容是储存电能的元件；电阻不储存能量，是一种耗能元件，将电能转换成热能耗散掉。

电气系统所遵循的基本定律是基尔霍夫电流定律和电压定律。基尔霍夫电流定律表明，流入节点的电流之和等于流出同一节点的电流之和；而基尔霍夫电压定律表明，在任意瞬间，在电路中沿任意环路的电压的代数和等于 0。通过应用一种或同时应用两种基尔霍夫定律，就可以得到电路系统的数学模型。

【例 2-4】 如图 2-5 所示的无源电路系统中，$u_i(t)$ 为输入电压，$u_o(t)$ 为输出电压，试建立其微分方程。

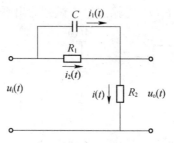

图 2-5 无源电路系统

解 根据欧姆定律和基尔霍夫定律，有

$$i(t) = i_1(t) + i_2(t) \tag{2-11}$$

$$u_i(t) = u_o(t) + R_1 i_2(t) \tag{2-12}$$

$$i_1(t) = C\frac{\mathrm{d}\left[u_i(t) - u_o(t)\right]}{\mathrm{d}t} \tag{2-13}$$

$$u_o(t) = R_2 i(t) \tag{2-14}$$

由式（2-12）得

$$i_2(t) = \frac{u_i(t) - u_o(t)}{R_1} \tag{2-15}$$

由式（2-14）得

$$i(t) = \frac{u_o(t)}{R_2} \tag{2-16}$$

将式（2-13）、式（2-15）和式（2-16）代入式（2-11），得

$$\frac{u_o(t)}{R_2} = C\left[\frac{\mathrm{d}u_i(t)}{\mathrm{d}t} - \frac{\mathrm{d}u_o(t)}{\mathrm{d}t}\right] + \frac{u_i(t) - u_o(t)}{R_1}$$

即

$$R_1 C \frac{\mathrm{d}u_\mathrm{o}(t)}{\mathrm{d}t} + \frac{R_1 + R_2}{R_2} u_\mathrm{o}(t) = R_1 C \frac{\mathrm{d}u_\mathrm{i}(t)}{\mathrm{d}t} + u_\mathrm{i}(t)$$

【例 2-5】 如图 2-6 所示的有源电路系统中，$u_\mathrm{i}(t)$ 为输入电压，$u_\mathrm{o}(t)$ 为输出电压，K_0 为运算放大器开环放大倍数。试建立其微分方程。

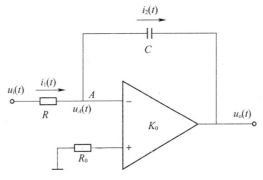

图 2-6　有源电路系统

解　设运算放大器的反相输入端为 A 点。根据运算放大器输入端电压关系 $v_+ \approx v_-$，又同相输入端接地，即 $v_+ = 0$，可得

$$u_A(t) \approx 0 \tag{2-17}$$

因为一般运算放大器的输入阻抗很高，所以

$$i_1(t) \approx i_2(t) \tag{2-18}$$

据此可列出

$$\frac{u_\mathrm{i}(t)}{R} = - C \frac{\mathrm{d}u_\mathrm{o}(t)}{\mathrm{d}t}$$

即

$$RC \frac{\mathrm{d}u_\mathrm{o}(t)}{\mathrm{d}t} = - u_\mathrm{i}(t)$$

【例 2-6】 如图 2-7 所示的电枢控制式直流电动机系统中，$e_\mathrm{i}(t)$ 为电动机电枢输入电压，$\theta_\mathrm{o}(t)$ 为电动机输出转角，R_a 为电枢绕组的电阻，L_a 为电枢绕组的电感，$i_\mathrm{a}(t)$ 为流过电枢绕组的电流，$e_\mathrm{m}(t)$ 为电动机感应电势，$T(t)$ 为电动机转矩，J 为电动机及负载折合到电动机轴上的转动惯量，c 为电动机及负载折合到电动机轴上的黏性阻尼系数。试建立其微分方程。

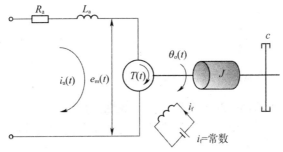

图 2-7　电枢控制式直流电动机系统

解 根据基尔霍夫定律，有

$$e_i(t) = R_a i_a(t) + L_a \frac{di_a(t)}{dt} + e_m(t) \tag{2-19}$$

根据磁场对载流线圈的作用定律，有

$$T(t) = K_T i_a(t) \tag{2-20}$$

式中，K_T 为电动机转矩常数。

根据电磁感应定律，有

$$e_m(t) = K_e \frac{d\theta_o(t)}{dt} \tag{2-21}$$

式中，K_e 为反电动势常数。

根据牛顿第二定律，有

$$T(t) - c\frac{d\theta_o(t)}{dt} = J\frac{d^2\theta_o(t)}{dt^2} \tag{2-22}$$

将式（2-20）代入式（2-22），得

$$i_a(t) = \frac{J}{K_T}\frac{d^2\theta_o(t)}{dt^2} + \frac{c}{K_T}\frac{d\theta_o(t)}{dt} \tag{2-23}$$

将式（2-21）、式（2-23）代入式（2-19），得

$$L_a J\frac{d^3\theta_o(t)}{dt^3} + (L_a f + R_a J)\frac{d^2\theta_o(t)}{dt^2} + (R_a c + K_T K_e)\frac{d\theta_o(t)}{dt} = K_T e_i(t) \tag{2-24}$$

在工程应用中，由于电枢电感 L_a 较小，通常忽略不计，因而系统微分方程可简化为

$$R_a J\frac{d^2\theta_o(t)}{dt^2} + (R_a c + K_T K_e)\frac{d\theta_o(t)}{dt} = K_T e_i(t)$$

当电枢电感 L_a 和电阻 R_a 均较小，可以忽略时，系统微分方程可进一步简化为

$$K_e \frac{d\theta_o(t)}{dt} = e_i(t)$$

从以上例子可以看出，线性系统的微分方程具有类似的形式。更一般化地，设线性定常系统的输入量为 $x_i(t)$，输出量为 $x_o(t)$，则描述系统输入量、输出量动态关系的微分方程为

$$\begin{aligned}a_n x_o^{(n)}(t) + a_{n-1}x_o^{(n-1)}(t) + \cdots + a_1\dot{x}_o(t) + a_0 x_o(t) = \\ b_m x_i^{(m)}(t) + b_{m-1}x_i^{(m-1)}(t) + \cdots + b_1\dot{x}_i(t) + b_0 x_i(t)\,(m \leqslant n)\end{aligned} \tag{2-25}$$

2.1.5 系统非线性微分方程的线性化

严格地讲，系统或元件都存在不同程度的非线性。由于目前非线性系统的理论和分析方法还不成熟，故往往只能在一定条件下将描述非线性系统的非线性微分方程线性化，用线性系统理论对其进行分析和综合。

系统通常都有一个预定工作点，即系统处于某一平衡位置。对于自动调节系统或随动系统，只要系统的工作状态稍一偏离此平衡位置，整个系统就会立即做出反应，并力图恢复原

来的平衡位置。假定变量对某一工作状态的偏离很小，设系统的输入量为 x ，输出量为 y 。x 和 y 的关系为

$$y = f(x) \tag{2-26}$$

如果系统在平衡位置处输入量和输出量的值分别为 $\bar{x}$ ， $\bar{y}$ ，那么式（2-26）可以在 $(\bar{x}, \bar{y})$ 点附近展开成泰勒级数

$$y = f(x) = f(\bar{x}) + \frac{\mathrm{d}f}{\mathrm{d}x}(x - \bar{x}) + \frac{1}{2!}\frac{\mathrm{d}^2 f}{\mathrm{d}x^2}(x - \bar{x})^2 + \cdots \tag{2-27}$$

式中，$\frac{\mathrm{d}f}{\mathrm{d}x}$，$\frac{\mathrm{d}^2 f}{\mathrm{d}x^2}$，$\cdots$ 均在 $x = \bar{x}$ 点进行计算。因为假定 $x - \bar{x}$ 很小，可以忽略 $x - \bar{x}$ 的高阶项。因此，式（2-27）可写成

$$y = \bar{y} + k(x - \bar{x}) \text{ 或 } y - \bar{y} = k(x - \bar{x}) \tag{2-28}$$

式中，$\bar{y} = f(\bar{x})$ ；$k = \left. \frac{\mathrm{d}f}{\mathrm{d}x} \right|_{x = \bar{x}}$。

式（2-28）说明 $(y - \bar{y})$ 与 $(x - \bar{x})$ 成正比。式（2-28）就是由式（2-26）定义的非线性系统的线性化数学模型。

若输出量 y 是两个输入量 x_1 和 x_2 的函数，即

$$y = f(x_1, x_2) \tag{2-29}$$

为了得到这一非线性系统的近似线性关系，将式（2-29）在平衡工作点 $\bar{x}_1$ ，$\bar{x}_2$ 附近展开成泰勒级数：

$$
\begin{aligned}
y = {} & f(\bar{x}_1, \bar{x}_2) + \left[\frac{\partial f}{\partial x_1}(x_1 - \bar{x}_1) + \frac{\partial f}{\partial x_2}(x_2 - \bar{x}_2) \right] \\
& + \frac{1}{2!} \left[\frac{\partial^2 f}{\partial x_1^2}(x_1 - \bar{x}_1)^2 + 2\frac{\partial^2 f}{\partial x_1 x_2}(x_1 - \bar{x}_1)(x_2 - \bar{x}_2) \right. \\
& \left. + \frac{\partial^2 f}{\partial x_2^2}(x_2 - \bar{x}_2)^2 \right] + \cdots
\end{aligned}
\tag{2-30}
$$

式中，偏导数都在 $x_1 = \bar{x}_1$ ，$x_2 = \bar{x}_2$ 上进行计算。在平衡工作点附近，高阶项可以忽略不计。于是在平衡工作点附近，这一非线性系统的线性化数学模型可以写成

$$y - \bar{y} = k_1(x_1 - \bar{x}_1) + k_2(x_2 - \bar{x}_2) \tag{2-31}$$

式中，$\bar{y} = f(\bar{x}_1, \bar{x}_2)$ ；$k_1 = \left. \frac{\partial f}{\partial x_1} \right|_{x_1 = \bar{x}_1}$ ；$k_2 = \left. \frac{\partial f}{\partial x_2} \right|_{x_2 = \bar{x}_2}$。

【例 2-7】图 2-8 所示为一个阀控缸系统。其工作原理是当阀芯右移时，高压油进入液压缸左腔，这时活塞推动负载右移；反之，当阀芯左移时，活塞推动负载左移。试建立该系统的线性化流量方程及系统的微分方程。

解 由图 2-8 可知，x 为滑阀的位移，y 为活塞位移输出。设 q 为进入动力油缸的油液流量（负载流量），$\Delta p = p_1 - p_2$ 为动力活塞两侧的压力差，A 为活塞有效面积，m 为负载质量，c 为黏性阻尼系数，则阀控缸系统的动力学方程为

$$m\ddot{y} + c\dot{y} = A\Delta p \tag{2-32}$$

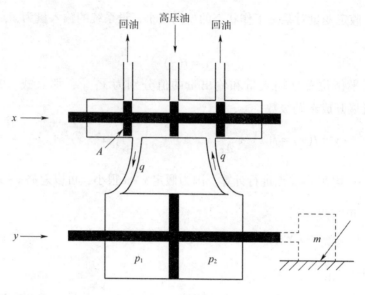

图 2-8 阀控缸系统

若阀口结构完全相同且对称，不考虑阀和缸的泄漏时，流入流出液压缸的流量相同，其连续性方程为

$$q = A\dot{y} \tag{2-33}$$

根据流体流经伺服阀的微小开口的流量特性，负载流量 q ，x 和 Δp 之间的关系为非线性关系，可表示为

$$q = f(x, \ \Delta p) \tag{2-34}$$

把这一非线性方程在预定工作点 $\bar{q}$ ，$\bar{x}$ 和 $\Delta\bar{p}$ 附近线性化，可得

$$q - \bar{q} = k_q(x - \bar{x}) - k_c(\Delta p - \Delta\bar{p}) \tag{2-35}$$

式中，$\bar{q} = f(\bar{x}, \ \Delta\bar{p})$ ；$k_q = \left.\dfrac{\partial q}{\partial x}\right|_{x = \bar{x}}$ ，称为流量系数；$k_c = -\left.\dfrac{\partial q}{\partial \Delta p}\right|_{\Delta p = \Delta\bar{p}}$ ，称为流量-压力系数。

对伺服阀来说，由于负载压力 p 增大，负载流量 q 总是减小的，因而 $\dfrac{\partial q}{\partial \Delta p}$ 本身总是负值。为定义流量-压力系数为正，故 k_c 前冠以负号。

若预定工作点选在阀的零位，即 $\bar{q} = 0$ ，$\bar{x} = 0$ ，则线性化流量方程可写为

$$q = k_q x - k_c \Delta p \tag{2-36}$$

图 2-9 所示为 q ，x 和 Δp 之间的线性关系，图中各直线是以 x 为参变量的阀控缸系统的线性化特性曲线。

将式（2-36）、式（2-33）代入式（2-32），消去中间变量 q 及 Δp 后，得系统的阀开口与输出关系的线性化微分方程为

$$m\ddot{y} + \left(c + \frac{A^2}{k_c}\right)\dot{y} = \frac{Ak_q}{k_c}x$$

若考虑油的压缩性，则上式将为三阶方程，考虑油液泄漏时，阶数将不受影响，只是方程更精确一些。

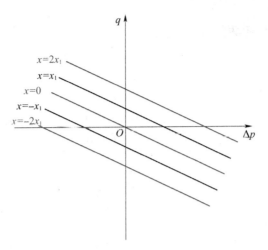

图 2-9 阀控缸系统的线性化特性曲线

采用线性定常微分方程描述一个系统时，求解过程较烦琐。应用拉普拉斯变换（拉氏变换）求解线性微分方程，可将经典数学中的微积分运算转化为代数运算，使系统分析和方程求解大为简化，因而拉氏变换及拉氏反变换是控制工程及研究动力学系统的一个基本数学方法。更重要的是，由于采用了拉氏变换，能够把描述系统运动状态的微分方程很方便地转换为系统的传递函数，并由此发展出利用传递函数的零极点分布、频率特性等间接地分析和设计控制系统的工程方法。

2.2.1 拉普拉斯变换的定义

若 $f(t)$ 为实变量 t 的单值函数，且 $t<0$ 时，$f(t)=0$；$t\geqslant 0$ 时，$f(t)$ 在每个有限区间上连续或分段连续，则函数 $f(t)$ 的拉氏变换为

$$F(s)=L[f(t)]=\int_0^\infty f(t)\,\mathrm{e}^{-st}\mathrm{d}t \tag{2-37}$$

式中，s 为复变量，$s=\sigma+\mathrm{j}\omega$（$\sigma$、$\omega$ 均为实数）。$F(s)$ 是函数 $f(t)$ 的拉氏变换，它是一个复变函数，通常称 $F(s)$ 为 $f(t)$ 的象函数，而称 $f(t)$ 为 $F(s)$ 的原函数；L 是表示进行拉氏变换的符号。

拉氏反变换为

$$f(t)=L^{-1}[F(s)]=\frac{1}{2\pi\mathrm{j}}\int_{\sigma-\mathrm{j}\infty}^{\sigma+\mathrm{j}\infty}F(s)\,\mathrm{e}^{st}\mathrm{d}s \tag{2-38}$$

式中，L^{-1} 是表示进行拉氏反变换的符号。

拉氏变换存在的条件，是原函数 $f(t)$ 必须满足狄里赫利条件。这些条件在工程上常常是可以得到满足的。由此可见，在一定条件下，拉氏变换能把一个实数域中的实变函数 $f(t)$ 变换为一个在复数域内与之等价的复变函数 $F(s)$，反之亦然。

2.2.2 典型时间函数的拉氏变换

1. 单位阶跃函数

单位阶跃函数的定义为

$$1(t) = \begin{cases} 0 & t < 0 \\ 1 & t \geq 0 \end{cases} \qquad (2\text{-}39)$$

其拉氏变换为

$$L[1(t)] = \int_0^\infty 1(t)\mathrm{e}^{-st}\mathrm{d}t = \frac{1}{s} \qquad (2\text{-}40)$$

推广到常数 K 的拉氏变换为

$$L[K] = KL[1(t)] = \frac{K}{s} \qquad (2\text{-}41)$$

2. 单位脉冲函数

单位脉冲函数的定义为

$$\delta(t) = \begin{cases} \infty & t = 0 \\ 0 & t \neq 0 \end{cases} \qquad (2\text{-}42)$$

$$\int_{-\infty}^\infty \delta(t)\mathrm{d}t = 1$$

且有特性

$$\int_{-\infty}^\infty \delta(t)f(t)\mathrm{d}t = f(0) \qquad (2\text{-}43)$$

$f(0)$ 为 $t = 0$ 时刻 $f(t)$ 的值。

单位脉冲函数的拉氏变换式为

$$L[\delta(t)] = \int_0^\infty \delta(t)\mathrm{e}^{-st}\mathrm{d}t = \mathrm{e}^{-st}\Big|_{t=0} = 1 \qquad (2\text{-}44)$$

3. 单位斜坡函数

单位斜坡函数的数学表示为

$$f(t) = \begin{cases} 0 & t < 0 \\ t & t \geq 0 \end{cases} \qquad (2\text{-}45)$$

为了得到单位斜坡函数的拉氏变换，利用分部积分公式

$$\int_a^b u\mathrm{d}v = uv\Big|_a^b - \int_a^b v\mathrm{d}u \qquad (2\text{-}46)$$

得

$$L[f(t)] = \int_0^\infty t\mathrm{e}^{-st}\mathrm{d}t = -t\frac{\mathrm{e}^{-st}}{s}\Big|_0^\infty - \int_0^\infty \left(-\frac{\mathrm{e}^{-st}}{s}\right)\mathrm{d}t = \int_0^\infty \frac{\mathrm{e}^{-st}}{s}\mathrm{d}t = -\frac{1}{s^2}\mathrm{e}^{-st}\Big|_0^\infty = \frac{1}{s^2} \quad (2\text{-}47)$$

4. 指数函数

指数函数的数学表示为

$$f(t) = Ae^{-at}, \quad t \geqslant 0 \tag{2-48}$$

它的拉氏变换为

$$L\left[Ae^{-at}\right] = \int_0^\infty Ae^{-at} \cdot e^{-st}dt = A\int_0^\infty e^{-(a+s)}dt = \frac{A}{s+a} \tag{2-49}$$

式中，A，a 为常数。

5. 正弦、余弦函数

正弦、余弦函数的拉氏变换可以利用指数函数的拉氏变换求得。由指数函数的拉氏变换，可以直接写出复指数函数的拉氏变换为

$$L\left[e^{j\omega t}\right] = \frac{1}{s-j\omega} \tag{2-50}$$

因为

$$\frac{1}{s-j\omega} = \frac{s+j\omega}{(s+j\omega)(s-j\omega)} = \frac{s+j\omega}{s^2+\omega^2} = \frac{s}{s^2+\omega^2} + j\frac{\omega}{s^2+\omega^2} \tag{2-51}$$

由欧拉公式

$$e^{j\omega t} = \cos\omega t + j\sin\omega t \tag{2-52}$$

有

$$L\left[e^{j\omega t}\right] = L\left[\cos\omega t + j\sin\omega t\right] = \frac{s}{s^2+\omega^2} + j\frac{\omega}{s^2+\omega^2} \tag{2-53}$$

分别取复指数函数的实部变换与虚部变换，则有正弦函数的拉氏变换为

$$L\left[\sin\omega t\right] = \frac{\omega}{s^2+\omega^2} \tag{2-54}$$

同时得到余弦函数的拉氏变换为

$$L\left[\cos\omega t\right] = \frac{s}{s^2+\omega^2} \tag{2-55}$$

实际上，在对 $f(t)$ 求拉氏变换时，不需要都做以上的计算，而可以通过查拉氏变换表得到。表 2-1 就是常用的时间函数拉氏变换对照表。

表 2-1　常用的时间函数拉氏变换对照表

序号	$f(t)$	$F(s)$
1	$\delta(t)$	1
2	$1(t)$	$\dfrac{1}{s}$
3	t	$\dfrac{1}{s^2}$
4	e^{-at}	$\dfrac{1}{s+a}$
5	$\sin\omega t$	$\dfrac{\omega}{s^2+\omega^2}$

序号	$f(t)$	$F(s)$
6	$\cos \omega t$	$\dfrac{s}{s^2 + \omega^2}$
7	$t^n (n = 1, 2, 3, \cdots)$	$\dfrac{n!}{s^{n+1}}$
8	$t^n e^{-at} (n = 1, 2, 3, \cdots)$	$\dfrac{n!}{(s + a)^{n+1}}$
9	$e^{-at} \sin \omega t$	$\dfrac{\omega}{(s + a)^2 + \omega^2}$
10	$e^{-at} \cos \omega t$	$\dfrac{s + a}{(s + a)^2 + \omega^2}$

2.2.3 拉普拉斯变换定理

1. 线性定理

若 α，β 是任意两个复常数，且 $L[f(t)] = F(s)$（即 $f(t)$ 的拉氏变换存在），则

$$L[\alpha f_1(t) + \beta f_2(t)] = \alpha F_1(s) + \beta F_2(s) \tag{2-56}$$

证　$L[\alpha f_1(t) + \beta f_2(t)] = \int_0^\infty [\alpha f_1(t) + \beta f_2(t)] \cdot e^{-st} dt$

$$= \int_0^\infty \alpha f_1(t) e^{-st} dt + \int_0^\infty \beta f_2(t) e^{-st} dt$$

$$= \alpha F_1(s) + \beta F_2(s)$$

线性定理表明，时间函数之和的拉氏变换等于每个时间函数的拉氏变换之和，若有常数乘以时间函数，则经拉氏变换后，常数可以提到拉氏变换符号外面。

2. 平移定理

若 $L[f(t)] = F(s)$，则

$$L[e^{-at}f(t)] = F(s + a) \tag{2-57}$$

证　$L[e^{-at}f(t)] = \int_0^\infty f(t) e^{-at} \cdot e^{-st} dt = \int_0^\infty f(t) e^{-(a+s)t} dt = F(s + a)$

定理说明，在时域中 $f(t)$ 乘以 e^{-at} 的效果，相当于在复变量域中把 s 平移为 $s + a$。

3. 延迟定理

设 $f(t)$ 的拉普拉斯变换为 $F(s)$，对任一正实数 T 有

$$L[f(t - T)] = e^{-Ts}F(s) \tag{2-58}$$

式中，$f(t - T)$ 为函数 $f(t)$ 的延时函数，延时时间为 T。

证　设 $(t - T) = \tau$，则

$$L[f(t-T)] = \int_0^\infty f(t-T)e^{-st}dt = \int_{-T}^\infty f(\tau)e^{-s(\tau+T)}d\tau$$

$$= e^{-Ts}\left[\int_{-T}^0 f(\tau)e^{-s\tau}d\tau + \int_0^\infty f(\tau)e^{-s\tau}d\tau\right]$$

$$= e^{-Ts}F(s)$$

4. 微分定理

若 $L[f(t)] = F(s)$，则

$$L\left[\frac{df(t)}{dt}\right] = sF(s) - f(0) \tag{2-59}$$

式中，$f(0)$ 为函数 $f(t)$ 在 $t=0$ 时刻的值，即为 $f(t)$ 的初始值。

证　由拉氏变换定义，有

$$L\left[\frac{df(t)}{dt}\right] = \int_0^\infty \frac{df(t)}{dt}e^{-st}dt \tag{2-60}$$

利用分部积分公式 $\int udv = uv - \int vdu$，取 $u = e^{-st}$，$v = f(t)$，有

$$L\left[\frac{df(t)}{dt}\right] = e^{-st}f(t)\Big|_0^\infty + s\int_0^\infty f(t)e^{-st}dt = sF(s) - f(0) \tag{2-61}$$

同理，二阶导数的拉氏变换为

$$L\left[\frac{d^2f(t)}{dt^2}\right] = s^2F(s) - sf(0) - f(0) \tag{2-62}$$

n 阶导数的拉氏变换为

$$L\left[\frac{d^nf(t)}{dt^n}\right] = s^nF(s) - s^{n-1}f(0) - \cdots - sf^{(n-2)}(0) - f^{(n-1)}(0) \tag{2-63}$$

式中，$f(0)$，$f(0)$，$f^{(2)}(0)$，$\cdots$，$f^{(n-1)}(0)$ 分别为各阶导数在 $t=0$ 时的值。由式（2-63）可知，在零导数的拉氏变换中，已计入了各个初始条件。如果这些初始值均为 0，则有

$$L\left[\frac{d^nf(t)}{dt^n}\right] = s^nF(s) \tag{2-64}$$

5. 积分定理

若 $L[f(t)] = F(s)$，则

$$L\left[\int f(t)dt\right] = \frac{1}{s}F(s) + \frac{1}{s}\int f(0)dt \tag{2-65}$$

式中，$\int f(0)dt$ 是 $\int f(t)dt$ 在 $t=0$ 时刻的值。

证　由拉氏变换的定义，有 $L\left[\int f(t)dt\right] = \int_0^\infty \left[\int f(t)dt\right]e^{-st}dt$。利用分部积分法，取 $u = \int f(t)dt$，$dv = e^{-st}dt$，则有 $du = f(t)dt$，$v = \frac{e^{-st}}{-s}$。因此

$$\int_0^\infty \left[\int f(t)\,dt\right] e^{-st}\,dt = \left[\int f(t)\,dt\right] \frac{e^{-st}}{-s}\Big|_0^\infty - \int_0^\infty f(t)\,dt \frac{e^{-st}}{-s}$$

$$= \frac{1}{s}\int f(t)\,dt\,\Big|_{t=0} + \frac{1}{s}\int_0^\infty f(t)\,e^{-st}\,dt \qquad (2\text{-}66)$$

$$= \frac{1}{s}\int f(0)\,dt + \frac{1}{s}F(s)$$

即 $L\left[\int f(t)\,dt\right] = \dfrac{1}{s}F(s) + \dfrac{1}{s}\int f(0)\,dt$

同理可得

$$L\left[\int^{(n)} f(t)\,dt\right] = \frac{1}{s^n}F(s) + \frac{1}{s^n}\int f(0)\,dt + \frac{1}{s^{n-1}}\int^{(2)} f(0)\,dt + \cdots + \frac{1}{s}\int^{(n)} f(0)\,dt \qquad (2\text{-}67)$$

式中，$\int f(0)\,dt$，$\int^{(2)} f(0)\,dt$，$\int^{(n)} f(0)\,dt$ 分别为 $f(t)$ 的各重积分在 $t=0$ 的值。如果这些积分的初始值均为 0，则有

$$L\left[\int^{(n)} f(t)\,dt\right] = \frac{1}{s^n}F(s) \qquad (2\text{-}68)$$

利用积分定理，可以求时间函数的拉氏变换，利用微分、积分定理可将微分-积分方程变为代数方程。

6. 终值定理

若 $L[f(t)] = F(s)$，则终值定理表示为

$$\lim_{t\to\infty} f(t) = \lim_{s\to 0} sF(s) \qquad (2\text{-}69)$$

证　由式（2-59）

$$L\left[\frac{df(t)}{dt}\right] = \int_0^\infty \frac{df(t)}{dt}e^{-st}\,dt = sF(s) - f(0)$$

令 $s \to 0$，有

$$\lim_{s\to 0}\int_0^\infty \frac{df(t)}{dt}e^{-st}\,dt = \lim_{s\to 0}[sF(s) - f(0)]$$

又因 $\lim\limits_{s\to 0} e^{-st} = 1$，得 $\int_0^\infty \left[\dfrac{df(t)}{dt}\right]dt = f(t)\Big|_0^\infty = f(\infty) - f(0)$

由以上二式及 s 与 $f(0)$ 无关，有 $f(0) = \lim\limits_{s\to 0} f(0)$，得

$$f(\infty) - f(0) = \lim_{s\to 0}[sF(s) - f(0)] = \lim_{s\to 0} sF(s) - f(0)$$

由此，得 $f(\infty) = \lim\limits_{t\to +\infty} f(t) = \lim\limits_{s\to 0} sF(s)$

终值定理用来确定系统或元件的稳态度，即在 $t \to +\infty$ 时，$f(t)$ 稳定在一定的数值。这在时间响应中求算稳态值时常常用到。但是，如果在 $t \to +\infty$ 时，$\lim\limits_{t\to +\infty} f(t)$ 极限不存在，则终值定理不能应用。如 $f(t)$ 分别包含有振荡时间函数（例如 $\sin \omega t$）或指数增长的时间函数时，终值定理就不能应用。

7. 初值定理

若 $L[f(t)] = F(s)$，则初值定理表示为

$$\lim_{t \to 0} f(t) = \lim_{s \to \infty} s\, F(s) \tag{2-70}$$

证　由拉氏变换的定义，有 $L\left[\dfrac{\mathrm{d}f(t)}{\mathrm{d}t}\right] = \displaystyle\int_0^\infty \dfrac{\mathrm{d}f(t)}{\mathrm{d}t} \mathrm{e}^{-st}\mathrm{d}t = sF(s) - f(0)$。由于 $s \to \infty$ 时，$\mathrm{e}^{-st} \to 0$，因而

$$\lim_{s \to \infty}\left[\int_0^\infty \frac{\mathrm{d}f(t)}{\mathrm{d}t}\mathrm{e}^{-st}\mathrm{d}t\right] = \lim_{s \to \infty}\left[sF(s) - f(0)\right] = \lim_{s \to \infty} sF(s) - f(0) = 0$$

故

$$f(0) = \lim_{t \to 0} f(t) = \lim_{s \to \infty} sF(s)$$

初值定理只有 $f(0)$ 存在时才能应用，它用来确定系统或元件的初始值。

8. 卷积定理

$$L\left[\int_0^\infty f_1(t - \tau) f_2(\tau)\mathrm{d}\tau\right] = F_1(s) F_2(s) \tag{2-71}$$

卷积定理表明两个时间函数 $f_1(t)$，$f_2(t)$ 卷积的拉氏变换等于两个时间函数的拉氏变换的乘积。这个关系式在拉氏反变换中可以简化计算。证明从略。

需要注意的是关于拉氏积分的下限，此处用的数值符号是 0，在计算及公式中没有出现 0^- 及 0^+ 数值符号。如果拉氏积分中的时间函数在 $t = 0$ 处包含脉冲函数，或者时间函数在 $t = 0^-$ 及 $t = 0^+$ 处不连续时，有时为了加以区别，在计算及公式中就会出现 0^- 及 0^+ 的数值符号。

2.2.4　拉普拉斯反变换

拉氏反变换是指将象函数 $F(s)$ 变换到与其对应的原函数 $f(t)$ 的过程。采用拉氏反变换符号 L^{-1} 表示为

$$L^{-1}[F(s)] = f(t) \tag{2-72}$$

拉氏反变换的求算有多种方法。其中比较简单的方法是由 $F(s)$ 查拉氏变换表得出相应的 $f(t)$ 及部分分式展开法。

如果把 $f(t)$ 的拉氏变换 $F(s)$ 分成各个部分之和，即

$$F(s) = F_1(s) + F_2(s) + \cdots + F_n(s) \tag{2-73}$$

若 $F_1(s)$，$F_2(s)$，$\cdots$，$F_n(s)$ 的拉氏反变换很容易由拉氏变换表查得，则

$$f(t) = L^{-1}[F(s)] = L^{-1}[F_1(s)] + L^{-1}[F_2(s)] + \cdots + L^{-1}[F_n(s)]$$
$$= f_1(t) + f_2(t) + \cdots + f_n(t) \tag{2-74}$$

但是 $F(s)$ 有时比较复杂，当其不能很简便地分解成各个部分之和时，可采用部分分式展开法对 $F(s)$ 分解成各个部分之和，然后再对每一部分查拉氏变换表，得到其一一对应的拉氏反变换函数，其和就是要求的 $F(s)$ 的拉氏反变换 $f(t)$ 函数。

2.2.5　部分分式展开法

在系统分析问题中，$F(s)$ 常具有如下的形式

$$F(s) = \frac{A(s)}{B(s)} \tag{2-75}$$

式中，$A(s)$ 和 $B(s)$ 是 s 的多项式，$B(s)$ 的阶次较 $A(s)$ 阶次要高。

对于这种称为有理真分式的象函数 $F(s)$，分母 $B(s)$ 应首先进行因式分解，换句话说就是必须预先知道分母 $B(s)$ 的根，才能用部分分式展开法。最后得到 $F(s)$ 的拉氏反变换函数。即，把分母 $B(s)$ 进行因式分解，写成

$$F(s) = \frac{A(s)}{B(s)} = \frac{A(s)}{(s+p_1)(s+p_2)\cdots(s+p_n)} \tag{2-76}$$

式中，$-p_1$，$-p_2$，$\cdots$，$-p_n$ 是特征方程 $B(s)$ 的根，也称为 $F(s)$ 的极点，它们可以是实数，也可能为复数。如果是复数，则一定是共轭复数。

当 $A(s)$ 的阶次高于 $B(s)$ 时，则应首先用分母 $B(s)$ 去除分子 $A(s)$，由此得到一个 s 的多项式，再加上一项具有分式形式的余项，其分子 s 多项式的阶次就低于分母 s 多项式的阶次了。

1. 分母 $B(s)$ 无重根

在分母 $B(s)$ 无重根的情况下，$F(s)$ 总可以展成简单的部分分式之和。即

$$F(s) = \frac{A(s)}{B(s)} = \frac{A(s)}{(s+p_1)(s+p_2)\cdots(s+p_n)} = \frac{\alpha_1}{s+p_1} + \frac{\alpha_2}{s+p_2} + \cdots + \frac{\alpha_n}{s+p_n} \tag{2-77}$$

式中，$\alpha_k(k=1,2,\cdots,n)$ 是常数，系数 α_k 称为极点 $s=-p_k$ 处的留数。α_k 的值可以用在等式两边乘以 $(s+p_k)$，并把 $s=-p_k$ 代入的方法求出。即

$$\alpha_k = \left[(s+p_k)\frac{A(s)}{B(s)}\right]s=-p_k \tag{2-78}$$

因为 $f(t)$ 是时间的实函数，如 p_1 和 p_2 是共轭复数时，则留数 α_1 和 α_2 也必然是共轭复数。这种情况下，式（2-78）照样可以应用。共轭复留数中，只需计算一个复留数 α_1（或 α_2）即可。

【例 2-8】求 $F(s)$ 的拉氏反变换，已知

$$F(s) = \frac{s+3}{s^2+3s+2}$$

解　$F(s) = \dfrac{s+3}{s^2+3s+2} = \dfrac{s+3}{(s+1)(s+2)} = \dfrac{\alpha_1}{s+1} + \dfrac{\alpha_2}{s+2}$

由式（2-78），得

$$\alpha_1 = \left[(s+1)\frac{s+3}{(s+1)(s+2)}\right]_{s=-1} = 2$$

$$\alpha_2 = \left[(s+2)\frac{s+3}{(s+1)(s+2)}\right]_{s=-2} = -1$$

因此，$f(t) = L^{-1}[F(s)] = L^{-1}\left[\dfrac{2}{s+1}\right] + L^{-1}\left[\dfrac{-1}{s+2}\right]$。

查拉氏变换表，得 $f(t) = 2\mathrm{e}^{-t} - \mathrm{e}^{-2t}$。

【例 2-9】 求 $L^{-1}[F(s)]$ ，已知

$$F(s) = \frac{2s + 12}{s^2 + 2s + 5}$$

解　分母多项式可以因式分解为 $s^2 + 2s + 5 = (s + 1 + j2)(s + 1 - j2)$ 。

进行因式分解后，可对 $F(s)$ 展成部分分式

$$F(s) = \frac{2s + 12}{s^2 + 2s + 5} = \frac{\alpha_1}{s + 1 + j2} + \frac{\alpha_2}{s + 1 - j2}$$

由式 (2-78) ，得

$$\alpha_1 = \left[(s + 1 + j2) \frac{2s + 12}{(s + 1 + j2)(s + 1 - j2)} \right]_{s = -1 - j2} = \left[\frac{2s + 12}{s + 1 - j2} \right]_{s = -1 - j2}$$

$$= \frac{2(-1 - j2) + 12}{(-1 - j2) + 1 - j2} = \frac{-2 - j4 + 12}{-1 - j2 + 1 - j2} = \frac{10 - j4}{-j4} = \frac{10j + 4}{4} = 1 + j\frac{5}{2}$$

由于 α_2 与 α_1 共轭，因此

$$\alpha_2 = 1 - j\frac{5}{2}$$

所以 $f(t) = L^{-1}[F(s)] = L^{-1}\left[\frac{1 + j\dfrac{5}{2}}{s + 1 + j2} + \frac{1 - j\dfrac{5}{2}}{s + 1 - j2} \right] = L^{-1}\left[\frac{1 + j\dfrac{5}{2}}{s + 1 + j2} \right] + L^{-1}\left[\frac{1 - j\dfrac{5}{2}}{s + 1 - j2} \right]$

查拉氏变换表，得

$$f(t) = \left(1 + j\frac{5}{2}\right) e^{-(1+j2)t} + \left(1 - j\frac{5}{2}\right) e^{-(1-j2)t} = e^{-(1+j2)t} + e^{-(1-j2)t} + j\frac{5}{2}\left[e^{-(1+j2)t} - e^{-(1-j2)t} \right]$$

$$= e^{-t}(e^{-j2t} + e^{j2t}) + j\frac{5}{2}e^{-t}(e^{-j2t} - e^{j2t})$$

$$= 2e^{-t}\left(\frac{e^{j2t} + e^{-j2t}}{2} \right) - j^2 5 e^{-t}\left(\frac{e^{j2t} - e^{-j2t}}{2j} \right)$$

$$= 2e^{-t}\cos 2t + 5e^{-t}\sin 2t$$

2. 分母 $B(s)$ 有重根

若分母 $B(s)$ 有三重根，并为 p_i ，则 $F(s)$ 一般的表达式为

$$F(s) = \frac{A(s)}{(s + p_1)^3 (s + p_2)(s + p_3)\cdots(s + p_n)}$$

$$= \frac{\alpha_{11}}{(s + p_1)^3} + \frac{\alpha_{12}}{(s + p_1)^2} + \frac{\alpha_{13}}{s + p_1} + \frac{\alpha_2}{s + p_2} + \frac{\alpha_3}{s + p_3} + \cdots + \frac{\alpha_n}{s + p_n}$$

式中，系数 α_2 ， α_3 ， $\cdots$ ， α_n 仍按照上述无重根的方法 [即式 (2-78)] 来求算，而重根的系数 α_{11} ， α_{12} ， α_{13} 可按以下方法求得

$$\alpha_{11} = \left[(s + p_1)^3 F(s) \right]_{s = -p_1}$$

$$\alpha_{12} = \left[\frac{\mathrm{d}}{\mathrm{d}s}\left((s + p_1)^3 F(s) \right) \right]_{s = -p_1}$$

(2-79)

$$\alpha_{13} = \frac{1}{2!}\left[\frac{\mathrm{d}^2}{\mathrm{d}s^2}\left((s + p_1)^3 F(s) \right) \right]_{s = -p_1}$$

依此类推，当 p_i 为 k 重根时，其系数为

$$\alpha_{1m} = \frac{1}{(m-1)!} \left[\frac{\mathrm{d}^{(m-1)}}{\mathrm{d}s^{(m-1)}} ((s+p_1)^k F(s)) \right]_{s=-p_1} \quad (m=1, 2, \cdots, k) \quad (2-80)$$

【例 2-10】已知 $F(s) = \dfrac{s^2 + 2s + 3}{(s+1)^3}$，求 $L^{-1}[F(s)]$。

解　$p_1 = -1$，p_1 有三重根。

$$F(s) = \frac{s^2 + 2s + 3}{(s+1)^3} = \frac{\alpha_{11}}{(s+1)^3} + \frac{\alpha_{12}}{(s+1)^2} + \frac{\alpha_{13}}{s+1}$$

由式 (2-80)，得 $\alpha_{11} = \left[(s+1)^3 \dfrac{s^2 + 2s + 3}{(s+1)^3} \right]_{s=-1} = 2$

$$\alpha_{12} = \left[\frac{\mathrm{d}}{\mathrm{d}s} \left((s+1)^3 \frac{s^2 + 2s + 3}{(s+1)^3} \right) \right]_{s=-1} = [2s + 2]_{s=-1} = 0$$

$$\alpha_{13} = \frac{1}{2!} \left[\frac{\mathrm{d}^2}{\mathrm{d}s^2} \left((s+1)^3 \frac{s^2 + 2s + 3}{(s+1)^3} \right) \right]_{s=-1} = \frac{1}{2} [2]_{s=-1} = 1$$

因此，得 $f(t) = L^{-1}[F(s)] = L^{-1} \left[\dfrac{2}{(s+1)^3} \right] + L^{-1} \left[\dfrac{0}{(s+1)^2} \right] + L^{-1} \left[\dfrac{1}{s+1} \right]$

查拉氏变换表，有 $f(t) = t^2 \mathrm{e}^{-t} + 0 + \mathrm{e}^{-t} = (t^2 + 1) \mathrm{e}^{-t}$。

通过本节讨论的拉氏反变换，可以求得线性定常微分方程的全解（补解和特解）。微分方程的求解，可以采用数学分析的方法，也可以采用拉氏变换法。采用拉氏变换法求解微分方程是带初值进行运算的，在许多情况下应用更为方便。

【例 2-11】解方程 $\dfrac{\mathrm{d}^2 y}{\mathrm{d}y} + 5 \dfrac{\mathrm{d}y}{\mathrm{d}t} + 6y = 6$，已知 $\dot{y}(0) = 2$，$y(0) = 2$。

解　将方程两边取拉氏变换，得

$$s^2 Y(s) - sy(0) - \dot{y}(0) + 5[sY(s) - y(0)] + 6Y(s) = \frac{6}{s}$$

将 $\dot{y}(0) = 2$，$y(0) = 2$ 代入，并整理，得

$$Y(s) = \frac{2s^2 + 12s + 6}{s(s+2)(s+3)} = \frac{1}{s} + \frac{5}{s+2} - \frac{4}{s+3}$$

所以

$$y(t) = 1 + 5\mathrm{e}^{-2t} - 4\mathrm{e}^{-3t}$$

由上例可见，用拉氏变换解微分方程的步骤是：

（1）对给定的微分方程等式两端取拉氏变换，变微分方程为 s 变量的代数方程；

（2）对以 s 为变量的代数方程加以整理，得到变量 s 的拉氏变换表达式；

（3）对这个变量求拉氏反变换，即得在时域中（以时间 t 为参变量）微分方程的解。

2.3　传递函数

传递函数是经典控制理论中最基本和最重要的概念。用拉氏变换法求解线性系统的微分方程时，可以得到控制系统在复数域中的数学模型——传递函数。传递函数不仅可以表征系统的动态性能，而且可以用来研究系统的结构或参数变化对系统性能的影响。

2.3.1　传递函数的概念

线性定常系统的传递函数定义为：当系统初始条件为 0 时，输出量（响应函数）的拉普拉斯变换与输入量（激励函数）的拉普拉斯变换之比。

设线性定常系统的微分方程为

$$a_n x_o^{(n)}(t) + a_{n-1} x_o^{(n-1)}(t) + \cdots + a_1 \dot{x}_o(t) + a_0 x_o(t) =$$
$$b_m x_i^{(m)}(t) + b_{m-1} x_i^{(m-1)}(t) + \cdots + b_1 \dot{x}_i(t) + b_0 x_i(t) \,(m \leqslant n) \tag{2-81}$$

式中，$x_o(t)$ 是系统的输出量，$x_i(t)$ 是系统的输入量。当 $x_i(t)$ 和 $x_o(t)$ 及其各阶导数在 $t = 0$ 时的值均为 0 时，对式（2-81）两边作拉普拉斯变换，可得该系统的传递函数为

$$G(s) = \frac{X_o(s)}{X_i(s)} = \frac{b_m s^m + b_{m-1} s^{m-1} + \cdots + b_1 s + b_0}{a_n s^n + a_{n-1} s^{n-1} + \cdots + a_1 s + a_0} \tag{2-82}$$

传递函数的主要特点如下：

（1）传递函数是一种用系统参数表示输出量与输入量之间关系的表达式，它反映系统本身的固有特性，与输入量无关，若输入量已经给定，则系统的输出量完全取决于其传递函数；

（2）由于式（2-81）左端阶数及各项系数只取决于系统本身的固有特性，右端阶数及各项系数取决于系统与外界之间的关系，所以，传递函数的分母反映系统本身的固有特性，分子反映系统同外界之间的关系；

（3）传递函数分母中 s 的最高阶次 n 决定了系统的阶次，n 必不小于分子中 s 的最高阶次 m，即 $m \leqslant n$，否则物理上不可实现；

（4）传递函数不能描述系统的物理结构。不同的物理系统可以有形式相同的传递函数，这样的不同的物理系统称为相似系统；同一个物理系统，由于研究的目的不同，可以有不同形式的传递函数。

2.3.2　基本环节的传递函数

系统的传递函数往往是高阶的，但不管它们的阶次有多高，均可化为零阶、一阶、二阶的一些典型环节（如比例环节、惯性环节、微分环节、积分环节、振荡环节）和延时环节。熟悉这些环节的传递函数，对于了解与研究系统会带来很大的方便。下面介绍这些环节的传递函数及其推导。

1. 比例环节（放大环节）

凡输出量与输入量成正比，输出量不失真也不延迟且按比例地反映输入量的环节称为比例环节。其动力学方程为

$$x_o(t) = Kx_i(t) \tag{2-83}$$

式中，$x_o(t)$ 为输出量；$x_i(t)$ 为输入量；K 为环节的放大系数或增益。其传递函数为

$$G(s) = \frac{X_o(s)}{X_i(s)} = K \tag{2-84}$$

理想的电子放大器、无侧隙的齿轮传动机构、质量高的测速发电机和伺服放大器等都可以认为是比例环节。

【例 2-12】图 2-10 所示为齿轮传动副，x_i、x_o 分别为输入、输出轴的转速，z_1、z_2 为齿轮齿数。

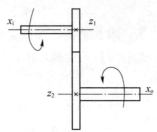

图 2-10 齿轮传动副

解 如果传动副无传动间隙、刚性无穷大，那么一旦有了输入量 x_i，就会产生输出量 x_o，且

$$x_i z_1 = x_o z_2$$

此方程经拉普拉斯变换后得传递函数

$$G(s) = \frac{X_o(s)}{X_i(s)} = \frac{z_1}{z_2} = K$$

式中，K 为齿轮传动比，也就是齿轮传动副的放大系数或增益。

2. 惯性环节

凡动力学方程为一阶微分方程

$$T\dot{x}_o + x_o = Kx_i \tag{2-85}$$

形式的环节为惯性环节。其传递函数为

$$G(s) = \frac{K}{Ts + 1} \tag{2-86}$$

式中，K 为放大系数；T 为惯性环节的时间常数。

【例 2-13】分析图 2-11 所示的阻尼-弹簧系统的传递函数。

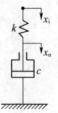

图 2-11 阻尼-弹簧系统

解 该系统的动力学方程为

$$c\dot{x}_o + kx_o = kx_i$$

经拉普拉斯变换后，有

$$csX_o(S) + kX_o(S) = kX_i(s)$$

故传递函数为

$$G(s) = \frac{X_o(s)}{X_i(s)} = \frac{k}{cs + k} = \frac{1}{Ts + 1}$$

式中，$T = c/k$，称为惯性环节的时间常数。

因惯性环节含有弹性储能元件 k 和阻性耗能元件 c，其输出落后于输入。与比例环节相比，此环节具有"惯性"，在阶跃输入时，输出需经历一段时间才能接近所要求的阶跃输出值。惯性大小由时间常数 T 衡量。

【例 2-14】分析图 2-12 所示阻容电路的传递函数，u_i 为输入电压，u_o 为输出电压，i 为电流，R 为电阻，C 为电容。

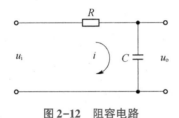

图 2-12 阻容电路

解 该电路的动力学方程为

$$u_i = iR + \frac{1}{C}\int i\mathrm{d}t$$

$$u_o = \frac{1}{C}\int i\mathrm{d}t$$

由上可知

$$C\dot{u}_o = i \; ; \; u_i = CR\dot{u}_o + u_o$$

故

$$U_i(s) = (CRs + 1)U_o(s)$$

传递函数为

$$G(s) = \frac{U_o(s)}{U_i(s)} = \frac{1}{Ts + 1}$$

式中，$T = CR$ 为惯性环节的时间常数。

本系统之所以成为惯性环节，是由于含有容性储能元件 C 和阻性耗能元件 R。

上述两例说明，在一定条件下，不同物理系统可以具有相同的传递函数。

3. 微分环节

凡具有输出正比于输入的微分，即具有

$$x_o(t) = T\dot{x}_i(t) \tag{2-87}$$

的环节称为微分环节，显然，其传递函数为

$$G(s) = \frac{X_o(s)}{X_i(s)} = Ts \tag{2-88}$$

式中，T 为微分环节的时间常数。

【例2-15】测速发电机是用于测量角速度并将它转换成电压量的装置。在控制系统中常用的有直流和交流测速发电机，如图2-13所示。图2-13（a）是永磁式直流测速发电机的原理示意图，图2-13（b）是交流测速发电机的原理示意图。试求两种发电机的传递函数。

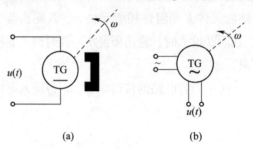

图2-13　测速发电机
(a) 永磁式直流测速发电机；(b) 交流测速发电机

解　由图2-13（a）可以看出，测速发电机的转子与待测量的轴相连接，在电枢两端输出与转子角速度成正比的直流电压，即

$$u(t) = K_t\omega(t) = K_t\frac{\mathrm{d}\theta(t)}{\mathrm{d}(t)}$$

式中，$\theta(t)$ 是转子角位移；$\omega(t)$ 是转子角速度；K_t 是测速发电机输出斜率，表示单位角速度的输出电压。

该系统传递函数为

$$G(s) = \frac{U(s)}{\theta(s)} = K_t s \tag{2-89}$$

由图2-13（b）可以看出，交流测速发电机有两个互相垂直放置的线圈，其中一个是激磁绕组，接入一定频率的正弦额定电压，另一个是输出绕组。当转子旋转时，输出绕组产生与转子角速度成比例的交流电压 $u(t)$，其频率与激磁电压频率相同，其传递函数亦为式（2-89），与直流测速发电机相同。

微分环节对系统的控制作用如下。

1）预测输出

如对比例环节输入一斜坡函数 $r(t)=t$，则当比例系数 $K_p = 1$ 时，此环节在时域中的输出 $x_o(t)$ 即为45°斜线，如图2-14所示；若对此比例环节再并联一微分环节 K_pTs，则微分环节预测输出如图2-15（a）所示。此时传递函数为

$$G(s) = \frac{X_o(s)}{R(s)} = K_p(Ts + 1) \tag{2-90}$$

即并联了微分环节后，在相同时刻所增加的输出

$$x_{o1}(t) = L^{-1}[TsR(s)] = TL^{-1}[sR(s)]$$

$$= TL^{-1}\left(s\frac{1}{s^2}\right) = TL^{-1}\left(\frac{1}{s}\right) = T$$

如图 2-15（a）所示，系统在每一时刻的输出都增加了 T，在原输出为 45°斜线时，新输出也是 45°斜线，它可以看成原输出向左平移 T，即原输出在 t_2 时刻才有的 $x_o(t_2)$，新输出在 t_1 时刻就已达到（即 b 点的输出等于 c 点的输出）。

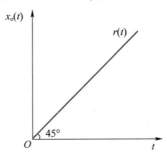

图 2-14 $K_P = 1$ 时比例环节的输出

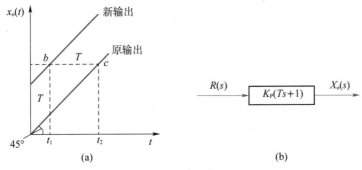

(a)   (b)

图 2-15 微分环节预测输出

（a）预测输出；（b）传递函数

微分环节的输出是输入的导数 $T\dot{x}_i(t)$，它反映了输入的变化趋势，所以也等于对系统的有关输入变化趋势进行预测，由于微分环节使输出提前，预测了输入的情况，因而有可能对系统提前施加校正作用，提高系统的灵敏度。

2）增加系统的阻尼

如图 2-16（a）所示，系统的传递函数为

$$G_1(s) = \frac{\dfrac{K_P K}{s(Ts+1)}}{1 + \dfrac{K_P K}{s(Ts+1)}} = \frac{K_P K}{Ts^2 + s + K_P K} \tag{2-91}$$

对系统的比例环节 K_P 并联微分环节 $K_P T_d s$，如图 2-16（b）所示，化简后，其传递函数为

$$G_2(s) = \frac{\dfrac{K_P K(T_d s + 1)}{s(Ts + 1)}}{1 + \dfrac{K_P K(T_d s + 1)}{s(Ts + 1)}} = \frac{K_P K(T_d s + 1)}{Ts^2 + (1 + K_P K T_d)s + K_P K} \tag{2-92}$$

比较上述两式可知，$G_1(s)$ 与 $G_2(s)$ 均为二阶系统的传递函数，其分母中第二项 s 前的系数与阻尼有关，因为 $1 + K_P K T_d > 1$，所以采用微分环节后，系统的阻尼增加。

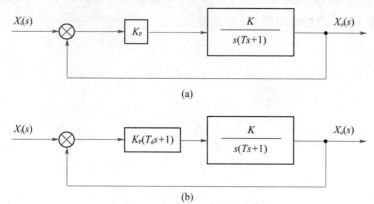

(a)

(b)

图 2-16　微分环节增加系统阻尼

（a）比例环节；（b）并联微分环节

4. 积分环节

凡具有输出正比于输入对时间的积分，即具有

$$x_o(t) = \frac{1}{T} \int x_i(t) \, dt \tag{2-93}$$

的环节称为积分环节，其传递函数为

$$G(s) = \frac{X_o(t)}{X_i(t)} = \frac{1}{Ts} \tag{2-94}$$

式中，T 为积分环节的时间常数。

【例 2-16】图 2-17 所示为齿轮-齿条传动机构，试求其传递函数。

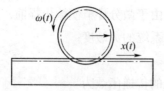

图 2-17　齿轮-齿条传动机构

解　取齿轮的转速 $\omega(t)$ 为输入，齿条的位移 $x(t)$ 为输出，其数学模型为

$$x(t) = \int_0^t r\omega(t) \, dt \tag{2-95}$$

式中，r 为齿轮节圆半径。

对式（2-95）取拉氏变换，得其传递函数为

$$G(s) = \frac{X(s)}{W(s)} = \frac{r}{s}$$

积分环节的一个显著特点是输出量取决于输入量对时间的积累过程，输入量作用一段时间后，即使输入量变为 0，输出量仍将保持在已达到的数值，故有记忆功能；另一个特点是有明显的滞后作用。积分环节的性质如图 2-18 所示，从图中可以看出，输入量为常值 A 时

$$x_o(t) = \frac{1}{T} \int_0^t A \mathrm{d}t = \frac{1}{T} A t$$

$x_o(t)$ 是一条斜线，输出量需经过时间 T 的滞后，才能达到输入量 $x_i(t)$ 在 $t = 0$ 时的数值。

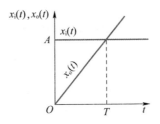

图 2-18　积分环节的性质

5. 振荡环节

振荡环节是二阶环节，其传递函数为

$$G(s) = \frac{\omega_n^2}{s^2 + 2\xi\omega_n s + \omega_n^2} \tag{2-96}$$

或写成

$$G(s) = \frac{1}{T^2 s^2 + 2\xi T s + 1} \tag{2-97}$$

式中，ω_n 为无阻尼固有频率；T 为振荡环节的时间常数，$T = 1/\omega_n$；ξ 为阻尼比。

【例 2-17】图 2-19 所示为一个做旋转运动的惯量-阻尼-弹簧系统，在转动惯量为 J 的转子上带有叶片与弹簧，其弹簧扭转刚度与黏性阻尼系数分别为 k 与 c。若在外部施加一扭矩 M 作为输入，以转子转角 θ 作为输出，求系统的传递函数。

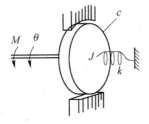

图 2-19　惯量-阻尼-弹簧系统

解　系统动力学方程为

$$J\ddot{\theta} + \dot{\theta} + k\theta = M$$

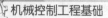

故得传递函数为

$$G(s) = \frac{\theta(s)}{M(s)} = \frac{1}{Js^2 + cs + k}$$

或写成

$$G(s) = \frac{\dfrac{1}{J}}{s^2 + \dfrac{c}{J}s + \dfrac{k}{J}} = \frac{K}{s^2 + 2\xi\omega_n s + \omega_n^2}$$

式中，$\omega_n = \sqrt{k/J}$；$\xi = c/2\sqrt{Jk}$；$K = 1/J$。

【例 2-18】图 2-20 所示为 R-L-C 电路，u_i 为输入电压，u_o 为输出电压。求系统的传递函数。

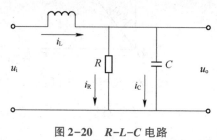

图 2-20　R-L-C 电路

解　电路的动力学方程为

$$u_i = L\frac{di_L}{dt} + u_o$$

而

$$u_o = Ri_R = \frac{1}{C}\int i_C dt ; \quad i_L = i_C + i_R$$

将后两式代入动力学方程，得

$$u_i = LC\ddot{u}_o + \frac{L}{R}\dot{u}_o + u_o$$

两边取拉氏变换并整理得传递函数为

$$G(s) = \frac{\omega_n^2}{s^2 + 2\xi\omega_n s + \omega_n^2}$$

式中，$\omega_n = \sqrt{1/LC}$；$\xi = (1/2R)\sqrt{L/C}$。由电学可知，ω_n 为电路的固有振荡频率，ξ 为电路的阻尼比。显然，这与质量-阻尼-弹簧的单自由度机械系统的情况相似。

上述两例中的阻尼比 ξ 满足 $0 \leqslant \xi < 1$ 时，二阶环节才为振荡环节。

6. 延时环节

延时环节是输出滞后输入但不失真地反映输入的环节。注意：延时环节一般与其他环节同时共存，而不单独存在。

延时环节的输入 $x_i(t)$ 与输出 $x_o(t)$ 之间有如下关系

$$x_o(t) = x_i(t - \tau) \tag{2-98}$$

式中，τ 为延迟时间。

延时环节是线性环节，因为它符合叠加原理。设系统的作用相当于算子 A ，即 $x_i(t)$ 通过算子 A 的作用而变为 $x_o(t)$ ，则

$$x_o(t) = A[x_i(t)]$$

对延时环节而言，有

$$A[x_i(t)] = x_i(t - \tau)$$

从而有

$$A[a_1 x_{1i}(t) + a_2 x_{2i}(t)] = a_1 x_{1i}(t - \tau) + a_2 x_{2i}(t - \tau)$$
$$= a_1 A[x_{1i}(t)] + a_2 A[x_{2i}(t)]$$

这表明算子 A 是线性的，即延时环节是线性环节，符合叠加原理。

根据式 (2-98)，可得延时环节的传递函数为

$$G(s) = \frac{L[x_o(t)]}{L[x_i(t)]} = \frac{L[x_i(t - \tau)]}{L[x_i(t)]} = \frac{X_i(s)\,e^{-\tau s}}{X_i(s)} = e^{-\tau s}$$

延时环节与惯性环节不同，惯性环节的输出需要延迟一段时间才接近于所要求的输出量，但从输入开始时刻起就已有了输出。延时环节在输入开始之初的时间 τ 内并无输出，在 τ 后，输出就完全等于从一开始起的输入，且不再有其他滞后过程；简言之，其输出等于输入，只是在时间上延时了一段时间间隔 τ 。

这种纯时间延迟或传输滞后现象，可由图 2-21 所示的带钢轧制厚度检测环节看出。带钢在 A 点轧出时，产生厚度偏差，但到达 B 点时才被测厚仪检测到。延迟时间为

$$\tau = \frac{L}{v}$$

式中，L 为测厚仪与机架的距离；v 为带钢速度。

因而，轧辊处带钢厚度与检测点厚度之间的传递函数就是一个延时环节。

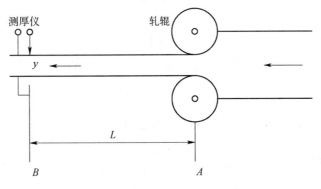

图 2-21 带钢轧制厚度检测环节

2.4 系统的方框图及其连接

在控制系统中，常常采用方框图来表明每一个环节在系统中的功能、相互之间的作用和负载关系，以及信号流动的情况。

将元件、部件和环节的传递函数填入方框中，标明信号流向，将这些方框有机地连接起来，就构成系统的传递函数方框图。通过方框图可以方便地导出复杂系统的传递函数。

2.4.1 控制系统的基本连接方式

图 2-22 所示为一个方框图单元，也表示一个开环控制系统，指向方框的箭头表示输入量的拉普拉斯变换，从方框出来的箭头表示输出量的拉普拉斯变换，方框中表示的是该环节的传递函数 $G(s)$。信息从输入到输出是单向的，输出 $X_o(s)$ 等于输入 $X_i(s)$ 乘以方框中的传递函数 $G(s)$。

$$X_i(s) \longrightarrow \boxed{\begin{array}{c} 传递函数 \\ G(s) \end{array}} \longrightarrow X_o(s)$$

图 2-22 方框图单元

因为系统是由环节组成的，或者系统是由有关环节串联、并联或反馈连接而成的，故首先介绍环节的串联、并联及反馈连接。

1. 串联连接

串联连接如图 2-23（a）所示，设具有传递函数 $G_1(s)$、$G_2(s)$ 的环节串联而成一系统，则有

$$G(s) = \frac{X_o(s)}{X_i(s)} = \frac{X_o(s)}{X(s)} \cdot \frac{X(s)}{X_i(s)} = G_1(s) G_2(s)$$

一般地，设有 n 个环节串联而成一个系统，则有

$$G(s) = \prod_{i=1}^{n} G_i(s) \tag{2-99}$$

即系统的传递函数是各串联环节传递函数之积。

2. 并联连接

并联连接如图 2-23（b）所示，设具有传递函数 $G_1(s)$，$G_2(s)$ 的环节并联而成一系统，则有

$$G(s) = \frac{X_o(s)}{X_i(s)} = \frac{X_1(s) + X_2(s)}{X_i(s)} = \frac{X_1(s)}{X_i(s)} + \frac{X_2(s)}{X_i(s)} = G_1(s) + G_2(s)$$

一般地，设有 n 个环节并联而成一个系统，则有

$$G(s) = \sum_{i=1}^{n} G_i(s) \tag{2-100}$$

即系统的传递函数是各并联环节传递函数之和。

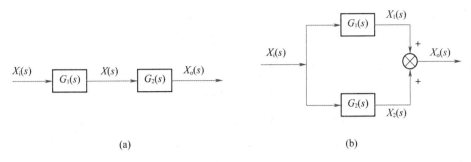

图 2-23 串联连接与并联连接

（a）串联连接；（b）并联连接

3. 反馈连接

图 2-24 所示为反馈连接的方框图，输出量 $X_o(s)$ 反馈到相加点，与输入量 $X_i(s)$ 进行比较，产生偏差信号 $E(s)$，对于这种情况，方框的输出 $X_o(s) = G(s)E(s)$。在这个系统中，假设输出量与输入量具有可比的物理量，无须对反馈信号进行处理，这类闭环控制系统称为单位反馈系统。

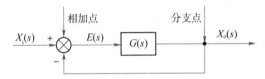

图 2-24 反馈连接的方框图

如果输出量与输入量具有不同的物理量或不同的量级，不能进行比较，必须将输出量变换成和输入量可比的物理量和相同的量级。这种变换由反馈元件来完成，反馈元件的传递函数为 $H(s)$，具有反馈连接的闭环系统方框图如图 2-25 所示。

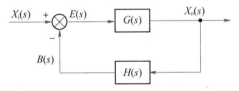

图 2-25 具有反馈连接的闭环控制系统方框图

反馈到相加点与输入量进行比较的反馈信号为 $B(s)$

$$B(s) = H(s)X_o(s) \tag{2-101}$$

反馈信号 $B(s)$ 与偏差信号 $E(s)$ 之比称为闭环控制系统的开环传递函数

$$\frac{B(s)}{E(s)} = G(s)H(s) \tag{2-102}$$

输出量 $X_o(s)$ 与偏差信号 $E(s)$ 之比称为前向通道传递函数

$$G(s) = \frac{X_o(s)}{E(s)} \tag{2-103}$$

系统的输出量 $X_o(s)$ 与输入量 $X_i(s)$ 之比称为闭环传递函数，由于

$$X_o(s) = G(s)E(s) \qquad (2-104)$$

$$E(s) = X_i(s) - B(s)$$

$$= X_i(s) - H(s)X_o(s) \qquad (2-105)$$

将式（2-105）代入式（2-104），消去 $E(s)$，得

$$X_o(s) = G(s)\left[X_i(s) - H(s)X_o(s)\right] \qquad (2-106)$$

整理后得系统的闭环传递函数

$$\frac{X_o(s)}{X_i(s)} = \frac{G(s)}{1 + G(s)H(s)} \qquad (2-107)$$

单回路系统的闭环传递函数可表示为

$$\frac{X_o(s)}{X_i(s)} = \frac{前向通道传递函数}{1 \pm 闭环系统开环传递函数}（正反馈连接时，分母多项式中取负）$$

对于单位负反馈系统，闭环传递函数为

$$\frac{X_o(s)}{X_i(s)} = \frac{G(s)}{1 + G(s)} \qquad (2-108)$$

2.4.2 扰动作用下的闭环控制系统

图 2-26 所示为扰动作用下的闭环控制系统。扰动信号也是系统的一种输入量。例如机器的负载，机械传动系统的误差，环境温度、气压、风力的变化，电气系统的噪声等都能以输入的形式对系统的输出量产生影响。对于线性系统，可以单独计算每个输入量作用时的输出量，将各个相应的输出量叠加，就是系统的总输出量。

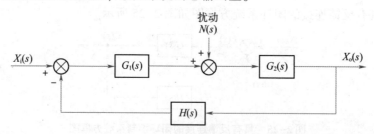

图 2-26　扰动作用下的闭环控制系统

在输入量 $X_i(s)$ 作用下，系统的输出为

$$X_{o1}(s) = \frac{G_1(s)G_2(s)}{1 + G_1(s)G_2(s)H(s)}X_i(s) \qquad (2-109)$$

在扰动信号 $N(s)$ 作用下，系统的输出为

$$X_{o2}(s) = \frac{G_2(s)}{1 + G_1(s)G_2(s)H(s)}N(s) \qquad (2-110)$$

将式（2-109）与（2-110）相加，就是系统的输出

$$X_o(s) = X_{o1}(s) + X_{o2}(s)$$

$$= \frac{G_2(s)}{1 + G_1(s)G_2(s)H(s)}[G_1(s)X_i(s) + N(s)] \tag{2-111}$$

从式（2-111）可以看出，如果设计成 $|G_1(s)G_2(s)H(s)| \gg 1$ 和 $|G_1(s)H(s)| \gg 1$，则由于扰动引起的输出量 $X_{o2}(s)$ 趋近于 0，有效地抑制了干扰。因此，闭环控制系统具有良好的抗干扰性能。

2.4.3　方框图的变换与简化

为了研究和分析问题的方便，有时需要对方框图做一些等效变换，特别是许多控制系统的方框图由多个回路构成，有必要对方框图进行简化，以便求出总的传递函数。在用等效变换对方框图进行简化时，应遵守的基本原则是：变换前后某一封闭域内输入、输出的数学关系不变，及变换前后回路中传递函数的乘积必须保持不变。表 2-2 列举了一些典型方框图的等效变换。

表 2-2　典型方框图的等效变换

【例 2-19】对图 2-22（a）所示方框图进行简化。

解　应用表 2-2 中的法则，将 H_2 负反馈的相加点向左移，使其包围 H_1 的反馈回路，得图 2-27（b）。消去包含的 H_1 反馈回路，得图 2-27（c）。消去包含的 H_2/G_1 反馈回路，得到如图 2-27（d）所示的单位反馈控制方框图。再消去反馈回路，得图 2-27（e）。图 2-27（e）所示的函数方框就是系统的闭环传递函数

$$\frac{X_o(s)}{X_i(s)} = \frac{G_1 G_2 G_3}{1 - G_1 G_2 H_1 + G_3 G_2 H_2 + G_1 G_2 G_3}$$

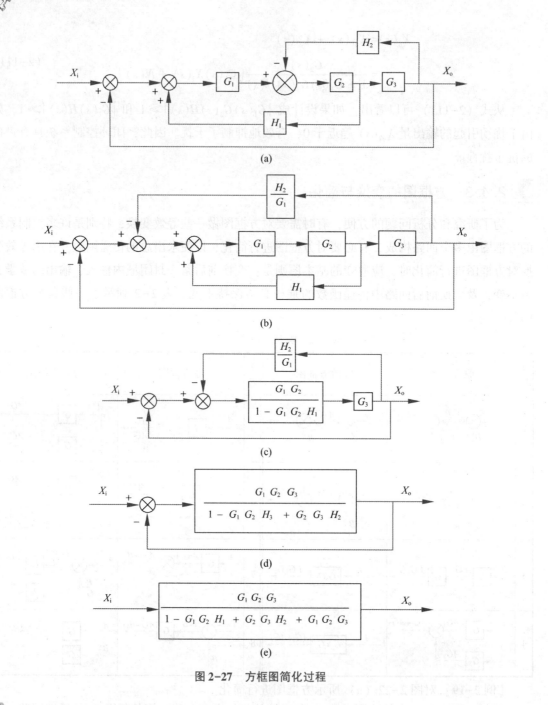

图 2-27　方框图简化过程

2.4.4　梅逊公式

利用等效变换进行方框图简化的方法，其求解思路较简单清晰，但求解过程较烦琐，涉及较多的等效变换绘图与运算，这时可用梅逊公式直接计算从输入到输出的总传递函数。

梅逊公式可表示为

$$T = \frac{\sum\limits_{n} t_n \Delta_n}{\Delta} \qquad (2\text{-}112)$$

式中，T 为总传递函数；t_n 为第 n 条前向通路的传递函数；Δ 为方框图的特征式；Δ_n 为第 n 条前向通路特征式的余因子，即在方框图的特征式 Δ 中，将与第 n 条前向通路相接触的回路传递函数代之以 0 后求得的 Δ ，即为 Δ_n 。

$$\Delta = 1 - \sum_{i} L_{1,\,i} + \sum_{j} L_{2,\,j} - \sum_{k} L_{3,\,k} + \cdots \qquad (2\text{-}113)$$

式中，$L_{1,\,i}$ 为第 i 条回路的传递函数；$\sum\limits_{i} L_{1,\,i}$ 为系统中所有回路的传递函数的总和；$L_{2,\,j}$ 为两个互不接触回路传递函数的乘积；$\sum\limits_{j} L_{2,\,j}$ 为系统中每两个互不接触回路传递函数的乘积之和；$L_{3,\,k}$ 为三个互不接触回路传递函数的乘积；$\sum\limits_{k} L_{3,\,k}$ 为系统中每三个互不接触回路传递函数的乘积之和。

应该指出的是，上面求和的过程，是在从输入节点到输出节点的全部可能通路上进行的。

【例 2-20】 用梅逊公式求图 2-28 所示方框图的总传递函数。

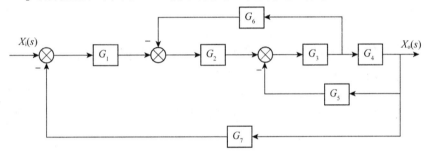

图 2-28　系统方框图

解　在这个系统中，在输入量 $X_i(s)$ 和输出量 $X_o(s)$ 之间只有一条前向通路。
前向通路的传递函数为

$$t_1 = G_1 G_2 G_3 G_4$$

由图 2-28 可见，系统有 3 个单独回路，这些回路的传递函数为

$$L_{1,\,1} = - G_2 G_3 G_6$$
$$L_{1,\,2} = - G_3 G_4 G_5$$
$$L_{1,\,3} = - G_1 G_2 G_3 G_4 G_7$$

因为 3 个回路具有一条公共支路，所以这里没有不接触的回路。因此特征式为

$$\Delta = 1 - \sum L_1 = 1 + G_2 G_3 G_6 + G_3 G_4 G_5 + G_1 G_2 G_3 G_4 G_7$$

沿连接输入节点和输出节点的前向通路，其对应的特征式的余因子 Δ_1，可以通过除去与该通路接触的回路的方法得到。因为该前向通路与 3 个回路都接触，所以得到

$$\Delta_1 = 1$$

因此，输入量 $X_i(s)$ 和输出量 $X_o(s)$ 之间的总传递函数（即闭环传递函数）为

$$\frac{X_o(s)}{X_i(s)} = T = \frac{t_1 \Delta_1}{\Delta} = \frac{G_1 G_2 G_3 G_4}{1 + G_2 G_3 G_6 + G_3 G_4 G_5 + G_1 G_2 G_3 G_4 G_7}$$

2.5 利用 MATLAB 建立控制系统数学模型

MATLAB 的控制系统工具箱提供系统建模、分析和设计方面函数的集合，提供了传递函数分子/分母多项式模型、传递函数零−极点增益模型和状态空间模型 3 种基本形式。这些模型之间都有着内在的联系，可以相互进行转换。

2.5.1 传递函数

当系统传递函数为 $G(s) = \dfrac{X_o(s)}{X_i(s)} = \dfrac{b_m s^m + b_{m-1} s^{m-1} + \cdots + b_1 s + b_0}{a_n s^n + a_{n-1} s^{n-1} + \cdots + a_1 s + a_0}$ 时，在 MATLAB 中，直接由分子和分母多项式系数所构成的两个数组可以唯一确定传递函数，每个数组包含以 s 的降幂形式排列的多项式系数，即

$$num = [bm\ bm\text{-}1 \cdots b0] \quad den = [an\ an\text{-}1 \cdots a0]$$

注意：缺项系数要用 0 补上。

利用下面的语句就可以表示这个系统

$$sys = tf\,(num,\ den)$$

其中函数 tf 代表以传递函数的形式描述系统，sys 为传递函数对象。

printsys 命令是传递函数显示命令，其格式如下

$$printsys\,(num,\ den)$$

当传递函数的分子或分母由若干个多项式的乘积表示时，应用 MATLAB 提供的多项式乘法运算函数 conv 可以实现复杂传递函数的求取。此函数的调用格式为

$$c = conv\,(a,\ b)$$

其中，a 和 b 分别为由两个多项式系数构成的数组，而 c 为 a 和 b 多项式的乘积多项式系数构成的数组。conv（）函数的调用是允许多级嵌套的。

【例 2-21】给定线性系统传递函数为

$$G(s) = \frac{12s^3 + 24s^2 + 20}{2s^4 + 5s^3 + 6s^2 + 3s + 8}$$

用 MATLAB 表示该传递函数。

解

```
≫num = [12 24 0 20]; den = [2 5 6 3 8];
≫sys = tf (num, den)
```

运行结果：

```
Transfer function:
    12 s^3 + 24 s^2 + 20
---------------------------------------
2 s^4 + 5 s^3 + 6 s^2 + 3 s + 8
    ≫printsys (num, den)
```

运行结果：

```
num /den =
    12 s^3 + 24 s^2 + 20
------------------------------------------------
2 s^4 + 5 s^3 + 6 s^2 + 3 s + 8
```

【例 2-22】 用 MATLAB 表示以下系统的传递函数

$$G(s) = \frac{4(s+2)(s^2+6s+6)^2}{s(s+1)^3(s^3+3s^2+2s+5)}$$

解

```
≫num = 4 * conv ( [1, 2], conv ( [1, 6, 6], [1, 6, 6] ) );
≫den = conv ( [1, 0], conv ( [1, 1], conv ( [1, 1], conv ( [1, 1], [1,
3, 2, 5] ) ) ) );
≫sys = tf (num, den)
```

运行结果:

```
Transfer function:
    4 s^5 + 56 s^4 + 288 s^3 + 672 s^2 + 720 s + 288
-------------------------------------------------------------
s^7 + 6 s^6 + 14 s^5 + 21 s^4 + 24 s^3 + 17 s^2 + 5 s
```

2.5.2 控制系统的零-极点模型

当传递函数为

$$\Phi(s) = K\frac{(s-z_0)(s-z_1)\cdots(s-z_m)}{(s-p_0)(s-p_1)\cdots(s-p_n)}$$

时，在 MATLAB 中，系统的零-极点模型用 [z, p, k] 矢量组表示，即

$$z = [z0, z1, \cdots, zm]$$
$$p = [p0, p1, \cdots, pn]$$
$$k = [K]$$

利用下面的语句就可以表示这个系统，即

$$sys = zpk (z, p, k)$$

其中函数 zpk ( ) 代表以零-极点增益的形式描述系统。

【例 2-23】 用 MATLAB 表示给定系统的零-极点模型

$$G(s) = \frac{s(s+6)(s+5)}{(s+1)(s+2)(s+3+4j)(s+3-4j)}$$

解

```
≫z = [0, -6, -5]; p = [-1, -2, -3-4 * j, -3+4 * j]; k = [1];
≫sys = zpk (z, p, k)
```

运行结果:

```
Zero/pole/gain:
    s (s+6) (s+5)
-----------------------------------------
(s+1) (s+2) (s^2 + 6s + 25)
```

同一个系统可用不同形式的模型表示，为了分析的方便，有时需要在不同模型形式之间进行转换。

MATLAB 实现模型转换有以下两种不同的方式。

1）简单的模型转换

首先生成任一指定的模型对象（tf，ss，zpk），然后将该模型对象类作为输入，调用欲转换的模型函数即可。

例如，将传递函数转换为零-极点模型

```
sys=tf (num, den);
[z, p, k] =tf2zp (sys)
```

2）直接调用模型转换函数

例如，将传递函数转换为零-极点模型

```
[z, p, k] =tf2zp (num, den)
```

2.5.3 传递函数的特征根及零-极点图

系统传递函数的一般形式为式（2-82），若令其分母多项式等于 0，即有

$$a_n s^n + a_{n-1} s^{n-1} + \cdots + a_1 s + a_0 = 0 \tag{2-114}$$

则式（2-114）称为该系统的特征方程。

MATLAB 求传递函数的极点（特征根）与零点的方法有多种。可以使用求特征方程根的函数 roots（），其调用格式为

```
V=roots (p)
```

式中，p 为特征方程式（2-114）的系数向量，返回值 V 是特征根构成的列向量。

也可以使用 tf2zp 或 pzmap 命令。

MATLAB 提供了函数 pzmap（）来绘制系统的零-极点图，其用法如下。

[p, z] =pzmap (num, den)或[p, z] =pzmap (p, z)：返回传递函数描述系统的极点矢量和零点矢量，而不在屏幕上绘制出零-极点图。

pzmap (num, den)或pzmap (p, z)：直接在 [s] 平面上绘制出对应的零-极点位置，极点用×表示，零点用。表示。

其中，列向量 p 为系统的极点位置，列向量 z 为系统的零点位置。

2.5.4 控制系统的方框图模型

实际的系统往往是由一些简单的子系统组合而成的，子系统之间或是串联，或是并联，或形成反馈连接。能够对在各种模式下的系统进行分析，就需要对系统的模型进行适当的处理。MATLAB 的控制系统工具箱中提供了大量的对控制系统的简单模型进行连接的函数。

1. 串联

两个子系统 $G_1(s)$ 和 $G_2(s)$ 按串联方式连接。可以给出串联系统 $G_1(s)G_2(s)$ 为

```
sys=series (sys1, sys2)
```

可以得到系统的分子和分母为

```
[num, den] =series (num1, den1, num2, den2)
```

2. 并联

两个子系统 $G_1(s)$ 和 $G_2(s)$ 按并联方式连接。给出并联系统 $G_1 + G_2$ 为

$$sys=parallel(sys1, sys2)$$

或

$$[num, den]=parallel(num1, den1, num2, den2)$$

如果并联系统是 $G_1 - G_2$，则

$$sys=parallel(sys1, -sys2)$$

3. 反馈

系统的反馈连接如图 2-25 所示，则给出整个反馈系统为

$$sys=feedback(sysg, sysh, sign)$$

或

$$[num, den]=feedback(numg, deng, numh, denh, sign)$$

如果系统具有单位反馈函数，即 $H(s) = 1$，在 MATLAB 中则可用 cloop 函数实现，可以给出系统为

$$[num, den]=cloop(numg, deng, sign)$$

注意，在处理反馈系统时，sign 是可选参数，MATLAB 假设反馈是负反馈（缺省值）。如果系统中有正反馈，则 sign = 1，如

$$sys=feedback(sysg, sysh, +1)$$

对正反馈系统，也可以在 sys 语句中使用 "- sysh"，即

$$sys=feedback(sysg, -sysh)$$

【例2-24】用 MATLAB 对图 2-29 所示的多回路反馈控制系统进行化简。

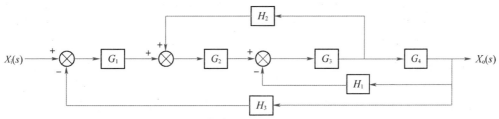

图 2-29　多回路反馈控制系统

解　本例的目的在于计算闭环传递函数 $G(s) = \dfrac{X_o(s)}{X_i(s)}$。

条件为

$$G_1(s) = \frac{1}{s+10}, \quad G_2(s) = \frac{1}{s+1}$$

$$G_3(s) = \frac{s^2+1}{s^2+4s+4}, \quad G_4(s) = \frac{s+1}{s+6}$$

$$H_1(s) = \frac{s+1}{s+2}, \quad H_2(s) = 2, \quad H_3(s) = 1$$

计算过程可分为以下 5 步：

第 1 步：将系统内各传递函数输入 MATLAB；

第 2 步：将 H_2 移至 G_4 之后；

第 3 步：消去回路 $G_3 G_4 H_1$；

第4步：消去含有 H_2 的回路；

第5步：消去剩下的回路并计算 $G(s)$。

按照上述5步编制的程序为

```
≫numg1 = [1]; deng1 = [1 10];
≫numg2 = [1]; deng2 = [1 1];
≫ numg3 = [1 0 1]; deng3 = [1 4 4];
≫numg4 = [1 1]; deng4 = [1 6];
≫numh1 = [1 1]; denh1 = [1 2];
≫numh2 = [2]; denh2 = [1];
≫numh3 = [1]; denh3 = [1];                              % 第1步
≫n1 = conv (numh2, deng4); d1 = conv (denh2, numg4);   % 第2步
≫ [n2a, d2a] = series (numg3, deng3, numg4, deng4);
≫ [n2, d2] = feedback (n2a, d2a, numh1, denh1);        % 第3步
≫ [n3a, d3a] = series (numg2, deng2, n2, d2);
≫ [n3, d3] = feedback (n3a, d3a, n1, d1, 1);           % 第4步
≫ [n4, d4] = series (numg1, deng1, n3, d3);
≫ [num, den] = cloop (n4, d4);
≫ sys = tf (num, den)                                  % 第5步
Transfer function:
          s^5 + 4 s^4 + 6 s^3 + 6 s^2 + 5 s + 2
     ----------------------------------------------------------------
2 s^7 + 36 s^6 + 223 s^5 + 778 s^4 + 1767 s^3 + 2356 s^2 + 1430 s + 252
```

需要注意的是，严格说来将 MATLAB 计算所得的这个结果称为闭环传递函数并不确切。严格意义上的传递函数定义为经过零-极点对消之后的输入-输出关系。计算 $G(s)$ 的零-极点时可以发现，$G(s)$ 的分子、分母有公因式 $(s+1)$。因此，必须消除公因式后，才能确保所求得的函数是严格意义上的传递函数。

当一个传递函数不是互质的（即有互相可以抵消的零、极点）时，可以使用 minreal 命令抵消它们的公因式而得到一个较低阶的模型，其命令格式为

```
                    [numr, denr] = mineral (num, den)
```

下列程序实现了框图化简中的最后步骤——消除公因式，所得的闭环传递函数为 G (s) = num/den。可以看出，使用了函数 minreal 之后，分母多项式的次数由7减少为6，这意味着有1对零-极点对消了。

```
≫ numg = [1 4 6 6 5 2];
≫deng = [2 36 223 778 1767 2356 1430 252];
≫ [num, den] = minreal (numg, deng)
1 pole-zero (s) cancelled
num =
    0    0    0.5000    1.5000    1.5000    1.5000    1.0000
den =
```

```
      1.0000    17.0000    94.5000    294.5000    589.0000    589.0000
126.0000
>> sys = tf (num, den)
Transfer function:
            0.5 s^4 + 1.5 s^3 + 1.5 s^2 + 1.5 s + 1
      -------------------------------------------------------------
      s^6 + 17 s^5 + 94.5 s^4 + 294.5 s^3 + 589 s^2 + 589 s + 126
```

本章小结

本章主要介绍了经典控制理论中线性系统数学模型的基本形式及建立方法，需重点掌握的内容如下。

（1）数学模型是描述元件或系统动态特性的数学表达式，根据系统所遵循的物理定律，可列写出线性系统的微分方程。

（2）拉普拉斯变换是将微分方程代数化的数学工具。通过拉普拉斯变换可以将复杂的微积分运算转化为简单的代数运算，再通过拉普拉斯反变换即可求得系统的输出（即微分方程的解），因而使控制系统数学模型的求解和处理变得更加简单。

（3）传递函数是经典控制理论中重要的数学模型，传递函数反映系统本身的固有特性。学生应掌握各类典型环节传递函数的表达式。

（4）方框图是研究控制系统的图解方法。等效变换和梅逊公式是方框图简化的两种常用的方法，通过简化方框图很容易求得系统的传递函数。

（5）利用 MATLAB 描述控制系统的传递函数和零-极点增益等常见的数学模型，并实现任意两者之间的转换；通过串联、并联、反馈连接及更一般的框图建立系统的模型。

习　题

2-1　求下列函数的拉普拉斯变换，假定当 $t < 0$ 时，$f(t) = 0$。

（1）$f(t) = 1 - \cos 2t$；

（2）$f(t) = e^{-0.5t} \cos 10t$；

（3）$f(t) = \sin\left(5t + \dfrac{\pi}{3}\right)$；

（4）$f(t) = (1 + t + t^2) e^{-t}$。

2-2　求下列函数的拉普拉斯反变换。

（1）$F(s) = \dfrac{1}{s(s + 2)}$；

（2）$F(s) = \dfrac{e^{-5}}{(s - 1)}$；

(3) $F(s) = \dfrac{s}{(s+1)^2(s+2)}$。

2-3 某系统在输入信号 $x(t) = 1(t)$ 的作用下，其输出为 $y(t) = 1 + \dfrac{1}{2}e^{-3t} - \dfrac{3}{2}e^{-t}$，试求该系统的传递函数。

2-4 求图 2-30 所示各无源网络的传递函数。

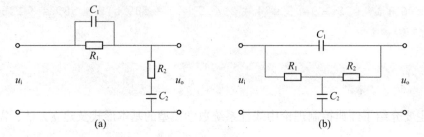

图 2-30 题 2-4 图

2-5 求图 2-31 所示各有源网络的传递函数。

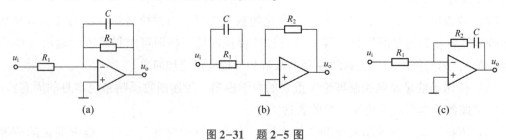

图 2-31 题 2-5 图

2-6 求图 2-32 所示各机械系统的传递函数。

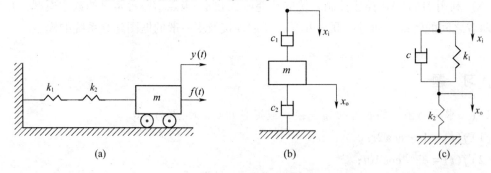

图 2-32 题 2-6 图

2-7 图 2-33 所示为汽车在凹凸不平路面上行驶时承载系统的简化力学模型，路面的高低变化形成激励源，由此造成汽车的振动和轮胎受力。求：以 $x_i(t)$ 为输入，分别以汽车质量垂直位移 $x_o(t)$ 和轮胎垂直受力 $F(t)$ 作为输出的传递函数。

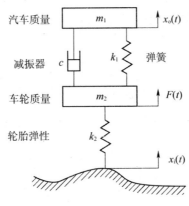

图 2-33　题 2-7 图

2-8　若系统方框图如图 2-34 所示，求：

（1）以 $X_i(s)$ 为输入，当 $N(s) = 0$ 时，分别以 $X_o(s)$、$Y(s)$、$E(s)$ 为输出的闭环传递函数。

（2）以 $N(s)$ 为输入，当 $X_i(s) = 0$ 时，分别以 $X_o(s)$、$Y(s)$、$E(s)$ 为输出的闭环传递函数。

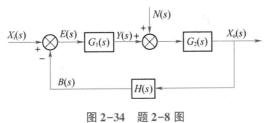

图 2-34　题 2-8 图

2-9　分别用等效变换和梅逊公式求出图 2-35 所示系统的传递函数 $X_o(s)/X_i(s)$。

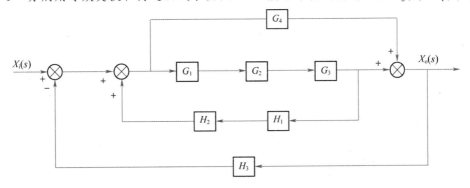

图 2-35　题 2-9 图

2-10　在图 2-36 所示的反馈连接方框图中，其中

$$G(s) = \frac{5s + 12}{(s + 0.5)(s + 10)}, \quad H(s) = \frac{s + 3}{s^2 + 7s + 5}$$

利用 MATLAB 求此系统的传递函数。

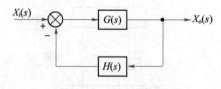

图 2-36 题 2-10 图

2-11 图 2-37 所示为一控制系统的控制框图，利用 MATLAB 求此系统的闭环传递函数。

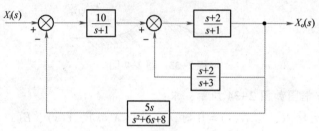

图 2-37 题 2-11 图

第 3 章
控制系统的时域分析

当获得实际物理系统的数学模型后，就可以对系统的性能进行分析。分析的准确性，主要取决于数学模型描述系统的真实程度。

控制系统的性能分析，主要是从系统的稳定性、瞬态品质（动态特性）、稳态精度（静态性能）3 个方面着手，即稳定性、快速性、准确性。对于线性定常系统，工程上常用时域分析法、频域分析法和根轨迹法。本章介绍从时域的角度分析控制系统的性能。

3.1 时间响应的基本概念

3.1.1 概念

时间响应是指控制系统在输入作用下，被控变量（即系统的输出）随时间的变化情况。通过时间响应分析可以直接了解控制系统的动态性能。

为了明确了解系统时间响应的概念，首先来分析理论力学中已讲过的最简单的振动系统，即无阻尼的单自由度系统。

如图 3-1 所示，质量为 m 弹簧刚度为 k 的单自由度系统在外力（即输入）$F\cos\omega t$ 的作用下，系统的动力学方程为

$$m\ddot{y}(t) + ky(t) = F\cos\omega t \tag{3-1}$$

按照微分方程解的结构理论，这一非齐次常微分方程的完全解由两部分组成

$$y(t) = y_1(t) + y_2(t) \tag{3-2}$$

式中，$y_1(t)$ 是与其对应的齐次微分方程的通解；$y_2(t)$ 是其中一个特解。由理论力学与微分方程中解的理论可知

$$y_1(t) = A\sin\omega_n t + B\cos\omega_n t \tag{3-3}$$

$$y_2(t) = Y\cos\omega t \tag{3-4}$$

式中，$\omega_n = \sqrt{k/m}$，为系统的无阻尼固有频率。

将式（3-4）代入式（3-1），有

$$(-m\omega^2 + k)Y\cos\omega t = F\cos\omega t$$

化简得

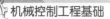

$$Y = \frac{F}{k} \cdot \frac{1}{1 - \lambda^2} \tag{3-5}$$

式中, $\lambda = \omega / \omega_n$。

于是, 式 (3-1) 的完全解为

$$y(t) = A\sin \omega_n t + B\cos \omega_n t + \frac{F}{k} \cdot \frac{1}{1 - \lambda^2}\cos \omega t \tag{3-6}$$

式中的常数 A 与 B 可求出, 将上式对 t 求导, 有

$$\dot{y}(t) = A\omega_n \cos \omega_n t - B\omega_n \sin \omega_n t - \frac{F}{k} \cdot \frac{\omega}{1 - \lambda^2}\sin \omega t \tag{3-7}$$

设 $t = 0$ 时, $y(t) = y(0)$, $\dot{y}(t) = \dot{y}(0)$, 代入式 (3-6) 与 (3-7), 联立解得

$$A = \frac{\dot{y}(0)}{\omega_n}, \quad B = y(0) - \frac{F}{k} \cdot \frac{1}{1 - \lambda^2}$$

代入式 (3-6), 整理得

$$y(t) = \frac{\dot{y}(0)}{\omega_n}\sin \omega_n t + y(0)\cos \omega_n t - \frac{F}{k} \cdot \frac{1}{1 - \lambda^2}\cos \omega_n t + \frac{F}{k} \cdot \frac{1}{1 - \lambda^2}\cos \omega t \tag{3-8}$$

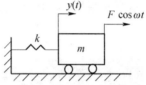

图 3-1 质量弹簧系统 (单自由度系统)

3.1.2 时间响应的组成

根据上述分析可知, 时间响应的第一、二项是由微分方程的初始条件 (即系统的初始状态) 引起的自由振动即自由响应, 第三项是由作用力引起的自由振动即自由响应, 其振动频率为 ω_n。因为它的幅值受到 F 及 ω 的影响, 它的频率 ω_n 与作用力的频率 ω 完全无关, 因此第三项的自由响应并不完全自由。第四项是由作用力引起的强迫振动即强迫响应, 其振动频率即为作用力频率 ω。因此, 系统的时间响应可从两方面分类, 如式 (3-8) 所示, 按振动性质可分为自由响应与强迫响应, 按振动来源可分为零输入响应 (即由 "无输入时系统的初态" 引起的自由响应) 与零状态响应 (即系统初态为 0 而仅由输入引起的响应)。

另外, 还可以根据工作状态的不同, 把系统的时间响应分为瞬态响应和稳态响应。系统稳定时, 它的自由响应称为瞬态响应, 即系统在某一输入信号的作用下其输出量从初始状态到稳定状态的响应过程。而稳态响应一般就是指强迫响应, 即当某一信号输入时, 系统在时间趋于无穷大时的输出状态。

因为实际的物理系统总是包含一些储能元件, 如质量块、弹簧、电感、电容等, 所以当输入信号作用于系统时, 系统的输出量不能立刻跟随输入量的变化, 而是在系统达到稳态之前, 表现为瞬态响应过程。

3.1.3 典型输入信号

时域分析法分析控制系统的动态性能是从时间响应的角度入手进行系统分析。从微分

方程理论可知，系统的时间响应不仅取决于系统本身的结构参数，而且与系统的初始状态和施加于系统的输入信号的形式有关。例如：RC 网络，电容上有没有初始电压，输入信号是直流还是交流，其输出响应大不相同。另外，大部分控制系统的实际输入信号不可预知，且具有随机性。例如：在机电设备的运行过程中，电网电压的变化、设备负载的波动以及环境因素的干扰等都无法预先知道，因此，用简单、确定的数学表达式表示输入信号几乎不可能。

为了比较控制系统性能优劣，揭示其内部特征，需要有一个对各种控制系统的性能进行比较的基础，通常对系统的初始状态和输入信号做一些典型化处理。

1. 典型初始状态

由式（3-8）可知，系统的储能元件初始状态不为 0 时，时间响应由零输入响应和零状态响应组成。其中，零输入响应由初始状态决定，并且仅对响应项的系数有影响，即仅对响应曲线的形状有影响，而不会影响响应的性质。故为分析方便，规定控制系统初始状态均为零状态，零输入响应为 0。也就是说，在输入信号加于系统的瞬间（$t-0$）之前，系统是相对静止的，即被控量及其各阶导数相对于平衡工作点的增量为 0。这种处理对大多数控制系统而言是符合实际情况的。

2. 典型输入信号

由于实际控制系统输入信号的复杂性，为了便于分析和计算，预先规定一些典型实验信号作为系统的输入信号，不仅简化了数学处理方法，而且还可以推知其他更为复杂情况下的形态的性能。在用实验法测取和分析系统的动态性能时，典型输入信号也是经常采用的测试信号。实际应用中究竟采用哪一种典型信号，取决于系统常见的工作状态和数学分析的方便程度。例如：为了使随动系统对位置、速度和加速度等输入信号具有良好的跟随性，给定作用分别取阶跃、斜坡和加速度信号；对于过程控制中的定值控制系统，为了使系统具有良好的抗干扰能力，通常选取阶跃信号作为输入信号。这是因为阶跃干扰被认为是最不利或者说最严重的的情况，若系统在这种输入作用下，其稳态响应和瞬态响应能够满足控制系统的要求，那么在实际干扰作用下的时间响应将能满足工艺过程所提的要求。

常见的典型输入信号如图 3-2 所示。

下面介绍常用典型输入信号的数学表达形式。

（1）阶跃信号，是指输入量突变为数值为常值的信号，如图 3-2（a）所示。

其数学表达式为

$$x_i(t) = \begin{cases} a & (t \geq 0) \\ 0 & (t < 0) \end{cases} \tag{3-9}$$

其中 a 为常数，当 $a=1$ 时，该信号称为单位阶跃信号，记为 $1(t)$。

其拉氏变换式为

$$L[1(t)] = \frac{1}{s} \tag{3-10}$$

阶跃信号是评价系统动态性能常用的一种典型信号。阶跃信号可用来模拟物理量的突变，如：电机负载的突然加重或释放、指令的突然转换、继电器接点的闭合等。

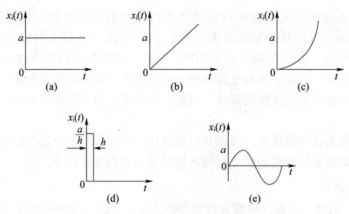

图 3-2　常见的典型输入信号

（a）阶跃信号；（b）斜坡信号；（c）加速度信号；（d）脉冲信号；（e）正弦信号

（2）斜坡信号，是指输入变量是等速度变化的信号，如图 3-2（b）所示。

其数学表达式为

$$x_i(t) = \begin{cases} at & (t \geq 0) \\ 0 & (t < 0) \end{cases} \tag{3-11}$$

其中 a 为常数，当 $a = 1$ 时，该函数称为单位斜坡信号，记为 $t \cdot 1(t)$。

其拉氏变换为

$$L[t \cdot 1(t)] = \frac{1}{s^2} \tag{3-12}$$

斜坡信号也称为等速度信号，单位斜坡信号也称为单位速度信号。它是阶跃信号对时间的积分。当积分器的输入端施加恒定电压时，其输出电压信号就是斜坡信号；又如车床卡盘以匀速旋转时，则主拖动系统发出的角位移信号就是斜坡信号。

（3）加速度信号，是指输入变量是等加速度变化的信号，又称为抛物线信号，如图 3-2（c）所示。

其数学表达式为

$$x_i(t) = \begin{cases} \dfrac{1}{2}at^2 & (t \geq 0) \\ 0 & (t < 0) \end{cases} \tag{3-13}$$

其中 a 为常数，当 $a = 1$ 时，该函数称为单位加速度信号，记为 $\dfrac{1}{2}t^2 \cdot 1(t)$。等加速度信号等于斜坡信号对时间的积分，而它对时间的导数就是斜坡信号。

其拉氏变换为

$$L\left[\frac{1}{2}t^2\right] = \frac{1}{s^3} \tag{3-14}$$

单位速度信号和单位加速度信号在随动系统中是常见的。特别是在研究随动系统稳态精度时，经常利用这类信号进行分析。

（4）脉冲信号。脉冲信号的数学表达式为

$$x_i(t) = \begin{cases} \lim\limits_{h \to 0} \dfrac{a}{h} & (0 < t < h) \\ 0 & (t < 0 \text{ 或 } t > h) \end{cases} \tag{3-15}$$

其中 a 为常数，因此当 $0 < t < h$ 时该函数为无穷大。

如图 3-2（d）所示，其脉冲高度为 a/h，是无穷大；持续时间为 h，是无穷小；脉冲面积为 a。因此，通常脉冲强度是以其面积 a 衡量的。当面积 $a = 1$ 时，脉冲函数称为单位脉冲函数，又称 δ 函数，其数学表达式为

$$x_i(t) = \delta(t) = \begin{cases} \infty & (t = 0) \\ 0 & (t \neq 0) \end{cases} \quad \text{且} \int_{0^-}^{0^+} \delta(t) = 1 \tag{3-16}$$

其拉氏变换为

$$L[\delta(t)] = 1 \tag{3-17}$$

理想单位脉冲信号 $\delta(t)$ 在现实中是不存在的，只有数学上的意义，但它却是一个重要的数学工具。

（5）正弦信号。正弦信号如图 3-2（e）所示。

其数学表达式为

$$x_i(t) = \begin{cases} A\sin \omega t & (t \geqslant 0) \\ 0 & (t < 0) \end{cases} \tag{3-18}$$

其拉氏变换为

$$L[A\sin \omega t] = A \frac{\omega}{s^2 + \omega^2} \tag{3-19}$$

3.2 一阶系统的时间响应

凡是能够用一阶微分方程描述的系统称为一阶系统，其方程的一般形式为

$$T \frac{\mathrm{d}x_o(t)}{\mathrm{d}t} + x_o(t) = x_i(t) \tag{3-20}$$

其传递函数为

$$G(s) = \frac{X_o(s)}{X_i(s)} = \frac{1}{Ts + 1} \tag{3-21}$$

以上两式中，T 为时间常数，对于不同的系统，T 由不同的物理量组成。它表达了一阶系统本身的固有特性，也称为一阶系统的特征参数。从上面的表达式可以看出，一阶系统的典型形式是一阶惯性环节，如图 3-3 所示。下面分析一阶惯性环节在典型输入信号作用下的时间响应。

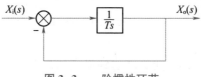

图 3-3　一阶惯性环节

3.2.1 一阶系统的单位阶跃响应

系统在单位阶跃信号作用下的输出称为单位阶跃响应。单位阶跃信号 $x_i(t) = 1(t)$ 的拉氏变换为 $X_i(s) = \dfrac{1}{s}$，则一阶惯性环节在单位阶跃信号作用下，输出的拉氏变换为

$$X_o(s) = G(s)X_i(s) = \frac{1}{Ts+1} \cdot \frac{1}{s} = \frac{1}{s} - \frac{1}{s+1/T} \tag{3-22}$$

将上式进行拉氏反变换，得出一阶惯性环节的单位阶跃响应为

$$x_o(t) = L^{-1}[X_o(s)] = 1 - e^{-\frac{1}{T}t} \tag{3-23}$$

根据式（3-22）可知，响应的稳态分量仅由输入信号决定，与传递函数极点无关；暂态分量仅由传递函数的极点 $-\dfrac{1}{T}$ 决定，与输入信号无关。总之，传递函数的极点，或者说极点在平面的位置不仅决定了系统响应的快慢，而且决定了响应的形式。这一结论对任何系统都是正确的。

根据式（3-23），当 t 取 T 的不同倍数时，可得出一阶惯性环节的单位阶跃响应，如表 3-1 所示。

表 3-1　一阶惯性环节的单位阶跃响应

t	0	T	$2T$	$3T$	$4T$	$5T$	…	∞
$x_o(t)$	0	0.632	0.865	0.950	0.982	0.993	…	1

一阶惯性环节在单位阶跃信号作用下的响应曲线如图 3-4 所示，它是一条单调上升的指数曲线，并且随着自变量的增大，其值趋近于 1。

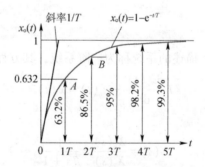

图 3-4　一阶惯性环节在单位阶跃信号作用下的响应曲线

从式（3-23）和图 3-4 中可以得出：

（1）一阶惯性环节是稳定的，无振荡。

（2）当 $t = T$ 时，$x_o(t) = 0.632$，即经过时间 T，曲线上升到 0.632 的高度，反过来，如果用实验的方法测出响应曲线达到 0.632 高度点时所用的时间，则该时间就是一阶惯性环节的时间常数 T。

（3）经过时间 $3T \sim 4T$，响应曲线已达到稳态值的 $95\% \sim 98\%$，在工程上可以认为其瞬态响应过程基本结束，系统进入稳态过程。由此可见，时间常数 T 反映了一阶惯性环节的

固有特性，其值越小，系统惯性越小，响应速度越快。

（4）因为

$$\frac{\mathrm{d}x_\mathrm{o}(t)}{\mathrm{d}t}\bigg|_{t=0} = \frac{1}{T}\mathrm{e}^{-\frac{1}{T}t}\bigg|_{t=0} = \frac{1}{T} \tag{3-24}$$

所以，在 $t=0$ 处，响应曲线的切线斜率为 $1/T$。

（5）将式（3-24）改写为

$$\mathrm{e}^{-\frac{1}{T}t} = 1 - x_\mathrm{o}(t) \tag{3-25}$$

两边取对数，得

$$\left(-\frac{1}{T}\lg \mathrm{e}\right)t = \lg[1 - x_\mathrm{o}(t)] \tag{3-26}$$

其中，$-\dfrac{1}{T}\lg \mathrm{e}$ 为常数。

由式（3-26）可知，$\lg[1 - x_\mathrm{o}(t)]$ 与时间 t 为线性比例关系，以时间 t 为横坐标，$\lg[1 - x_\mathrm{o}(t)]$ 为纵坐标，则可以得到如图 3-5 所示的一条经过原点的直线即为一阶惯性环节识别曲线。

因此，可以得出如下的一阶惯性环节的识别方法：通过实验得出某系统的单位阶跃响应 $x_\mathrm{o}(t)$，将值 $\lg[1 - x_\mathrm{o}(t)]$ 标在半对数坐标纸上，如果得出一条直线，则可以认为该系统为一阶惯性环节。

时间常数 T 越小，$x_\mathrm{o}(t)$ 上升速度越快，达到稳态所用的时间越短，也就是系统惯性越小，反之，T 越大，系统对信号的响应越缓慢，惯性越大，时间常数不同的一阶系统单位阶跃响应曲线如图 3-6 所示。所以 T 的大小反映了一阶系统惯性的大小。

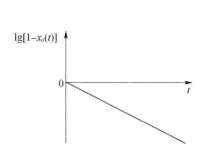

图 3-5　一阶惯性环节识别曲线

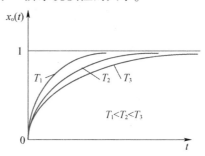

图 3-6　时间常数不同的一阶系统单位阶跃响应曲线

下面分析 T 对系统的影响。

从响应开始到进入稳态所经过的时间叫作调整时间（或过渡过程时间）；理论上讲，系统结束瞬态过程进入稳态，要求 $t \to \infty$，而工程上，瞬态过程结束与否和系统要求的精度有关。如果系统允许有 2%（或 5%）的误差，那么当输出值达到稳定值的 98%（95%）时，就认为系统瞬态过程结束，由表 3-1 可得 $t = 4T$ 时，响应值 $x_\mathrm{o}(4T) = 0.982$，$t = 3T$ 时，$x_\mathrm{o}(3T) = 0.95$，因此调整时间 t_s 值为

$$t_\mathrm{s} = 4T \qquad （误差范围 \Delta=2\% 时）$$

$$t_\mathrm{s} = 3T \qquad （误差范围 \Delta=5\% 时）$$

用 t_s 的大小作为评价系统响应快慢的指标。应当指出，调整时间只反映系统的特性，与输入无关。通常希望系统响应速度越快越好，调整构成系统的元件参数，减小 T 值，可以提高系统的快速性。

3.2.2 一阶系统的单位脉冲响应

系统在单位脉冲信号作用下的输出称为单位脉冲响应。单位脉冲信号 $x_i(t) = \delta(t)$ 的拉氏变换为 $X_i(s) = 1$，则一阶惯性环节在单位脉冲信号作用下输出的拉氏变换为

$$X_o(s) = G(s)X_i(s) = \frac{1}{Ts+1} \cdot 1 = \frac{1/T}{s+1/T} \tag{3-27}$$

将上式进行拉氏反变换，得出一阶惯性环节的单位脉冲响应为

$$x_o(t) = L^{-1}[X_o(s)] = \frac{1}{T}e^{-\frac{1}{T}t} \qquad (t \geq 0) \tag{3-28}$$

单位脉冲响应曲线如图 3-7 所示，它是一条单调下降的指数曲线。根据式（3-23）和式（3-28）可以看出，单位阶跃响应和单位脉冲响应有着微分和积分的关系。

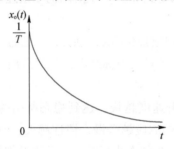

图 3-7　一阶系统单位脉冲响应曲线

3.2.3 一阶系统的单位斜坡响应

系统在单位斜坡信号作用下的输出称为单位斜坡响应。单位斜坡信号 $x_i(t) = t$ 的拉氏变换为 $X_i(s) = 1/s^2$，则一阶惯性环节在单位速度信号作用下输出的拉氏变换为

$$X_o(s) = G(s)X_i(s) = \frac{1}{Ts+1} \cdot \frac{1}{s^2} = \frac{1}{s^2} - \frac{T}{s} + \frac{T}{s+1/T} \tag{3-29}$$

将式（3-29）进行拉氏反变换，得出一阶惯性环节的单位斜坡响应为

$$x_o(t) = L^{-1}[X_o(s)] = t - T + Te^{-\frac{1}{T}t} \qquad (t \geq 0) \tag{3-30}$$

图 3-8 所示为一阶系统单位速度时间响应曲线，是一条单调上升的指数曲线。

式（3-30）中，$Te^{-\frac{1}{T}t}$ 是一阶系统单位速度响应的瞬态分量；$t - T$ 是一阶系统单位速度响应的稳态分量。稳态分量是与单位斜坡输入信号斜率相同而时间延迟了一个时间常数 T 的斜坡函数。过渡过程结束后，系统的稳态输出与单位斜坡输入信号之间存在跟踪误差，其大小正好等于时间常数 T。

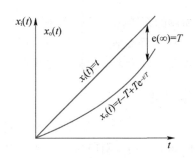

图 3-8　一阶系统单位速度时间响应曲线

3.2.4　线性定常系统时间响应的性质

已知单位脉冲信号 $\delta(t)$、单位阶跃信号 $1(t)$ 以及单位斜坡信号 t 之间的关系为

$$\left.\begin{aligned}\delta(t) &= \frac{\mathrm{d}}{\mathrm{d}t}[1(t)] \\ 1(t) &= \frac{\mathrm{d}}{\mathrm{d}t}[t]\end{aligned}\right\} \tag{3-31}$$

又已知一阶惯性环节在这 3 种典型输入信号作用下的时间响应分别为

$$x_{o\delta}(t) = \frac{1}{T}\mathrm{e}^{-\frac{1}{T}t}$$

$$x_{o1}(t) = 1 - \mathrm{e}^{-\frac{1}{T}t}$$

$$x_{ot}(t) = t - T + T\mathrm{e}^{-\frac{1}{T}t}$$

显然可以得出

$$\left.\begin{aligned}x_{o\delta}(t) &= \frac{\mathrm{d}}{\mathrm{d}t}[x_{o1}(t)] \\ x_{o1}(t) &= \frac{\mathrm{d}}{\mathrm{d}t}[x_{ot}(t)]\end{aligned}\right\} \tag{3-32}$$

由式（3-31）和式（3-32）可见，单位脉冲、单位阶跃和单位速度 3 个典型输入信号之间存在着微分和积分的关系，而且一阶惯性环节的单位脉冲响应、单位阶跃响应和单位斜坡响应之间也存在着同样的微分和积分的关系。因此，系统对输入信号导数的响应，可以通过系统对该输入信号响应的导数来求得；而系统对输入信号积分的响应，可以通过系统对该输入信号响应的积分来求得，其积分常数由初始条件确定。这是线性定常系统时间响应的一个重要性质，即如果系统不同的输入信号之间存在微分和积分关系，则系统的时间响应也存在对应的微分和积分关系。

3.3　二阶系统的时间响应

在分析或设计控制系统时，二阶系统的响应特性常被视为一种基准。虽然实际系统常常为三阶或更高阶系统，但是常用的处理方法是用二阶系统近似，或者响应可以表示为一、二阶系统响应的合成。因此，讨论和分析二阶系统的动态特性具有极为重要的实际意义。

凡是能够用二阶微分方程描述的系统称为二阶系统。从物理上讲，二阶系统总包含两个独立的储能元件，能量在两个元件之间交换，使系统具有往复振荡的趋势。当阻尼不够大时，系统呈现出振荡的特性，所以，二阶系统也称为二阶振荡环节。

3.3.1 二阶系统的数学描述

图 3-9 为一位置随动系统的原理图。这个系统的任务是控制工作台的转动装置，使其与输入位置相一致。系统的原理如下：用一对电位计组成的电位差计作为系统的误差检测装置，把输入的角位移 θ_i 与输出的角位移 θ_o 差值，转换为与其成正比的电压信号 e。其中输入电位计电刷臂的位置，由输入装置确定；输出电位计电刷臂的位置，由输出轴的位置确定。电位差计输出端的误差信号 e（即电压信号 e）送入增益为 K_F 的放大器放大，放大后的电压 u_a 加在直流电动机的电枢电路上，用以驱动电动机。电动机励磁绕组上加有固定电压，即恒励磁。如果出现误差信号 e，电动机就产生力矩，通过输出轴带动工作台转动，并最终使误差信号减小到 0。由此得到该位置随机系统的结构方框图如图 3-10 所示。

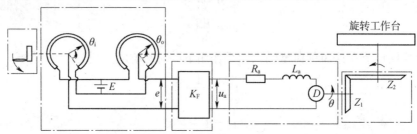

图 3-9 位置随动系统的原理图

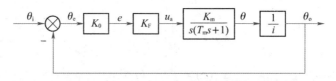

K_0—误差检测器的比例系数；K_F—放大器的放大倍数；

$\dfrac{K_m}{s(T_m s + 1)}$—直流电动机的传递函数；$i$—减速器的减速比，$i = Z_1/Z_2$。

图 3-10 位置随动系统结构方框图

由图 3-10 可得系统的开环传递函数为

$$G(s) = \frac{K_0 K_F K_m/i}{s(T_m s + 1)} \tag{3-33}$$

令 $K = K_0 K_F K_m/i$，则

$$G(s) = \frac{K}{s(T_m s + 1)} \tag{3-34}$$

由式（3-34）可得系统的闭环传递函数为

$$G(s) = \frac{K}{T_m s^2 + s + K} \tag{3-35}$$

令 $\dfrac{K}{T_m} = \omega_n^2$，$\dfrac{1}{T_m} = 2\xi\omega_n$，其中 ω_n 为无阻尼自然振荡角频率，ξ 为阻尼比。则式（3-35）可

写为

$$G(s) = \frac{\omega_n^2}{s^2 + 2\xi\omega_n s + \omega_n^2} \tag{3-36}$$

式（3-36）即为二阶系统传递函数的标准形式。既可以表示一个系统的闭环传递函数，也可以表示一个环节的传递函数。

位置随动系统的传递函数也可以图 3-11 所示的结构方框图表示，它也是典型的二阶系统模型。

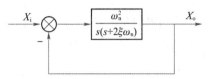

图 3-11 二阶系统模型结构方框图

由式（3-36）可知，二阶系统的特征方程为

$$s^2 + 2\xi\omega_n s + \omega_n^2 = 0 \tag{3-37}$$

两个特征根

$$s_{1,2} = -\xi\omega_n \pm \omega_n\sqrt{\xi^2 - 1}$$

显然，二阶系统的极点与二阶系统的阻尼比 ξ 和固有频率 ω_n 有关，其中阻尼比 ξ 更为重要。随着阻尼比 ξ 取值的不同，二阶系统的极点在平面上的位置分布也各不相同。如图 3-12 所示。

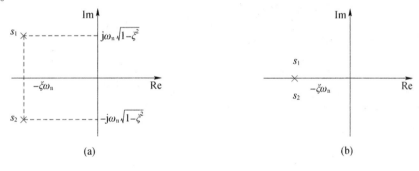

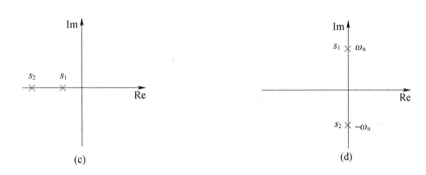

图 3-12 二阶系统极点分布

(a) $0<\xi<1$；(b) $\xi=1$；(c) $\xi>1$；(d) $\xi=0$

（1）当 $0 < \xi < 1$ 时，二阶系统称为欠阻尼系统，其特征方程的根是一对共轭复根，如

图 3-12 （a）所示；即极点是一对共轭复数极点

$$s_{1,2} = -\xi\omega_n \pm j\omega_n\sqrt{1-\xi^2}$$

令 $\omega_d = \omega_n\sqrt{1-\xi^2}$，称为有阻尼振荡角频率，则有

$$s_{1,2} = -\xi\omega_n \pm j\omega_d$$

（2）当 $\xi = 1$ 时，二阶系统称为临界阻尼系统，其特征方程的根是两个相等的负实根，如图 3-12 （b）所示；即具有两个相等的负实数极点

$$s_{1,2} = -\xi\omega_n$$

（3）当 $\xi > 1$ 时，二阶系统称为过阻尼系统，其特征方程的根是两个不相等的负实根，如图 3-12 （c）所示；即具有两个不相等的负实数极点

$$s_{1,2} = -\xi\omega_n \pm \omega_n\sqrt{\xi^2-1}$$

（4）当 $\xi = 0$ 时，二阶系统称为零阻尼系统，其特征方程的根是一对共轭虚根，如图 3-12 （d）所示；即具有一对共轭虚数极点

$$s_{1,2} = \pm j\omega_n$$

（5）当 $\xi < 0$ 时，二阶系统称为负阻尼系统，此时系统不稳定。

3.3.2　二阶系统的单位阶跃响应

单位阶跃信号 $x_i(t) = 1(t)$ 的拉氏变换为 $X_i(s) = 1/s$，则二阶系统在单位阶跃信号作用下的输出的拉氏变换为

$$X_o(s) = G(s)X_i(s) = \frac{\omega_n^2}{s(s^2 + 2\xi\omega_n s + \omega_n^2)} \tag{3-38}$$

将上式进行拉氏反变换，得出二阶系统的单位阶跃响应为

$$x_o(t) = L^{-1}[X_o(s)] = L^{-1}\left[\frac{\omega_n^2}{s(s^2 + 2\xi\omega_n s + \omega_n^2)}\right] \tag{3-39}$$

下面根据阻尼比 ξ 的不同取值情况来分析二阶系统的单位阶跃响应。

1. 欠阻尼状态 $(0 < \xi < 1)$

在欠阻尼状态下，二阶系统传递函数的特征方程的根是一对共轭复根，即系统具有一对共轭复数极点，则二阶系统在单位阶跃信号作用下输出的拉氏变换可展开成部分分式，即

$$X_o(s) = \frac{\omega_n^2}{s(s^2 + 2\xi\omega_n s + \omega_n^2)}$$

$$= \frac{1}{s} - \frac{s + \xi\omega_n}{(s + \xi\omega_n)^2 + \omega_d^2} - \frac{\xi}{\sqrt{1-\xi^2}} \cdot \frac{\omega_d}{(s + \xi\omega_n)^2 + \omega_d^2}$$

将上式进行拉氏反变换，得出二阶系统在欠阻尼状态时的单位阶跃响应为

$$x_o(t) = 1 - e^{-\xi\omega_n t}\cos\omega_d t - \frac{\xi}{\sqrt{1-\xi^2}}e^{-\xi\omega_n t}\sin\omega_d t$$

即

$$x_o(t) = 1 - \frac{e^{-\xi\omega_n t}}{\sqrt{1-\xi^2}}(\sqrt{1-\xi^2}\cos\omega_d t + \xi\sin\omega_d t) \quad (t \geq 0) \tag{3-40}$$

令 $\tan\varphi = \sqrt{1-\xi^2}/\xi$，根据图 3-13 所示 φ 与阻尼比 ξ 的关系可知，$\sin\varphi = \sqrt{1-\xi^2}$，$\cos$

$\varphi = \xi$，则有

$$\sqrt{1 - \xi^2}\cos\omega_\mathrm{d}t + \xi\sin\omega_\mathrm{d}t = \sin\varphi\cos\omega_\mathrm{d}t + \cos\varphi\sin\omega_\mathrm{d}t = \sin(\omega_\mathrm{d}t + \varphi)$$

所以

$$x_\mathrm{o}(t) = 1 - \frac{e^{-\xi\omega_\mathrm{n}t}}{\sqrt{1 - \xi^2}}\sin(\omega_\mathrm{d}t + \varphi) \qquad (t \geqslant 0) \tag{3-41}$$

二阶系统在欠阻尼状态下的单位阶跃响应曲线如图 3-14 所示，它是一条以 ω_d 为频率的衰减振荡曲线。从图 3-14 可以看出，随着阻尼比 ξ 的减小，其振荡幅值增大。

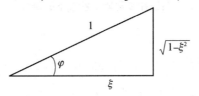

图 3-13　φ 与阻尼比 ξ 的关系

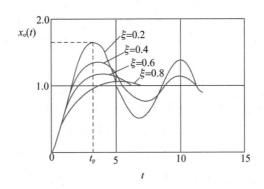

图 3-14　二阶系统在欠阻尼状态下的单位阶跃响应曲线

2. 临界阻尼状态 ($\xi = 1$)

在临界阻尼状态下，二阶系统传递函数的特征方程的根是二重负实根，即系统具有两个相等的负实数极点，则二阶系统在单位阶跃信号作用下的输出的拉氏变换可展开部分分式，即

$$\begin{aligned}
X_\mathrm{o}(s) &= \frac{\omega_\mathrm{n}^2}{s(s^2 + 2\xi\omega_\mathrm{n}s + \omega_\mathrm{n}^2)} \\
&= \frac{\omega_\mathrm{n}^2}{s(s + \omega_\mathrm{n})^2} = \frac{1}{s} - \frac{1}{s + \omega_\mathrm{n}} - \frac{\omega_\mathrm{n}}{(s + \omega_\mathrm{n})^2}
\end{aligned} \tag{3-42}$$

将上式进行拉氏反变换，得出二阶系统在临界阻尼状态时的单位阶跃响应为

$$x_\mathrm{o}(t) = 1 - e^{-\omega_\mathrm{n}t} - \omega_\mathrm{n}te^{-\omega_\mathrm{n}t}$$

即

$$x_\mathrm{o}(t) = 1 - e^{-\omega_\mathrm{n}t}(1 + \omega_\mathrm{n}t) \qquad (t \geqslant 0) \tag{3-43}$$

二阶系统在临界阻尼状态下的单位阶跃响应曲线如图 3-15 所示，它是一条无振荡、无超调的单调上升曲线。

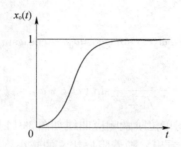

图 3-15　二阶系统在临界阻尼状态下的单位阶跃响应曲线

3. 过阻尼状态 ($\xi > 1$)

在过阻尼状态下，二阶系统传递函数的特征方程的根是两个不相等的负实根，即系统具有两个不相等的负实数极点，$s_1 = -\xi\omega_n + \omega_n\sqrt{\xi^2 - 1}$，$s_2 = -\xi\omega_n - \omega_n\sqrt{\xi^2 - 1}$，令 $s_1 = -1/T_1$，$s_2 = -1/T_2$，且有 $\omega_n^2 = s_1 s_2 = 1/T_1 T_2$，这时传递函数可以写成

$$\frac{X_o(s)}{X_i(s)} = \frac{\omega_n^2}{s^2 + 2\xi\omega_n s + \omega_n^2} = \frac{\omega_n^2}{(s - s_1)(s - s_2)} = \frac{1/T_1 T_2}{(s + 1/T_1)(s + 1/T_2)} \tag{3-44}$$

单位阶跃输入，$X_i(s) = 1/s$，其响应的拉氏变换为

$$X_o(s) = \frac{1/T_1 T_2}{(s + 1/T_1)(s + 1/T_2)} \frac{1}{s} = \frac{a}{s} + \frac{b_1}{s + 1/T_1} + \frac{b_2}{s + 1/T_2}$$

式中 a、b_1、b_2 为待定系数，解出 $a = 1$，$b_1 = -T_1/(T_1 - T_2)$，$b_2 = T_2/(T_1 - T_2)$，代入上式并取拉氏反变换得

$$x_o(t) = 1 + \frac{1}{T_1 - T_2}(-T_1 e^{-t/T_1} + T_2 e^{-t/T_2})$$

或写成

$$x_o(t) = 1 + \frac{\omega_n}{2\sqrt{\xi^2 - 1}}\left(\frac{e^{s_1 t}}{s_1} - \frac{e^{s_2 t}}{s_2}\right) \tag{3-45}$$

二阶系统在过阻尼状态下的单位阶跃响应曲线如图 3-16 所示，仍是一条无振荡、无超调的单调上升曲线，而且过渡过程时间较长。

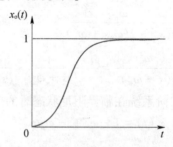

图 3-16　二阶系统在过阻尼状态下的单位阶跃响应曲线

4. 无阻尼状态 ($\xi = 0$)

在无阻尼状态下，二阶系统传递函数的特征方程的根是一对共轭虚根，即系统具有一对共轭虚数极点，则二阶系统在单位阶跃信号作用下输出的拉氏变换可展开成部分分式

$$X_o(s) = \frac{\omega_n^2}{s(s^2 + 2\xi\omega_n s + \omega_n^2)} \tag{3-46}$$

$$= \frac{\omega_n^2}{s(s^2 + \omega_n^2)} = \frac{1}{s} - \frac{s}{s^2 + \omega_n^2}$$

将上式进行拉氏反变换，得出二阶系统在无阻尼状态时的单位阶跃响应为

$$x_o(t) = 1 - \cos\omega_n t \qquad (t \geq 0) \tag{3-47}$$

二阶系统在无阻尼状态下的单位阶跃响应曲线如图 3-17 所示，它是一条无阻尼等幅振荡曲线。

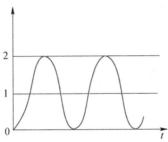

图 3-17　二阶系统在无阻尼状态下的单位阶跃响应曲线

5. 负阻尼状态 ($\xi < 0$)

在负阻尼状态下，考察下式

$$x_o(t) = 1 - \frac{e^{-\xi\omega_n t}}{\sqrt{1 - \xi^2}} \sin(\omega_d t + \varphi) \qquad (t \geq 0)$$

当 $\xi < 0$ 时，有 $-\xi\omega_n t > 0$，因此当 $t \to \infty$ 时，这说明 $x_o(t)$ 是发散的，也就是说，当 $\xi < 0$ 时，系统输出无法达到与输入形式一致的稳定状态。所以负阻尼的二阶系统不能工作，称为不稳定的系统。

综上所述，二阶系统的单位阶跃响应就其振荡特性而言，当 $\xi < 0$ 时，系统是发散的，将引起系统不稳定，应当避免产生。当 $\xi \geq 1$ 时，响应不存在超调，没有振荡，但过渡过程时间较长。当 $0 < \xi < 1$ 时，产生振荡，且 ξ 越小，振荡越严重，当 $\xi = 0$ 时出现等幅振荡。对于负阻尼二阶系统，如果阻尼比 ξ 在 $0.4 \sim 0.8$ 之间，其响应曲线能较快地达到稳态值，同时振荡也不严重。因此对于二阶系统，除了一些不允许产生振荡的应用情况外，通常希望系统既有相当的快速性，又有阻尼使其只有一定程度的振荡，因此实际的工程系统常常设计成欠阻尼状态，且阻尼比 ξ 以选择 $0.4 \sim 0.8$ 为宜。

此外，当阻尼比 ξ 一定时，固有频率 ω_n 越大，系统能更快达到稳定值，响应的快速性越好。

【例 3-1】已知系统的传递函数为 $G(s) = \dfrac{2s + 1}{s^2 + 2s + 1}$，试求系统的单位阶跃响应和单位脉冲响应。

解　(1) 当单位阶跃信号输入时，$x_i(t) = 1(t)$，$X_i(s) = 1/s$，则系统在单位阶跃信号作用下的输出的拉氏变换为

$$X_o(s) = G(s)X_i(s) = \frac{2s + 1}{s(s^2 + 2s + 1)} = \frac{1}{s} + \frac{1}{(s + 1)^2} - \frac{1}{s + 1}$$

将上式进行拉氏反变换，得出系统的单位阶跃响应为

$$x_o(t) = L^{-1}[X_o(s)] = 1 + te^{-t} - e^{-t}$$

（2）当单位脉冲信号输入时，$x_i(t) = \delta(t)$，由于 $\delta(t) = \dfrac{d}{dt}[1(t)]$，根据线性定常系统时间响应的性质，如果系统的输入信号存在微分关系，则系统的时间响应也存在对应的微分关系，因此系统的单位脉冲响应为

$$x_o(t) = \frac{d}{dt}[1 + te^{-t} - e^{-t}] = 2e^{-t} - te^{-t}$$

3.3.3 二阶系统的单位脉冲响应

当输入信号 $x_i(t)$ 为单位脉冲信号时，$X_i(s) = 1$，二阶系统的单位脉冲响应

$$X_o(s) = \frac{\omega_n^2}{s^2 + 2\xi\omega_n s + \omega_n^2} \tag{3-48}$$

取拉氏反变换，得其时间响应 $x_o(t)$。

1. 欠阻尼状态 $0 < \xi < 1$

$$X_o(s) = \frac{\omega_n^2}{s^2 + 2\xi\omega_n s + \omega_n^2} \cdot X_i(s) = \frac{\dfrac{\omega_n}{\sqrt{1-\xi^2}}(\omega_n\sqrt{1-\xi^2})}{(s + \xi\omega_n)^2 + (\omega_n\sqrt{1-\xi^2})}$$

经拉氏反变换可得

$$x_o(t) = \frac{\omega_n}{\sqrt{1-\xi^2}}e^{-\xi\omega_n t}\sin\omega_d t \qquad (t \geqslant 0) \tag{3-49}$$

二阶系统在欠阻尼状态下的单位脉冲响应曲线如图 3-18 所示。

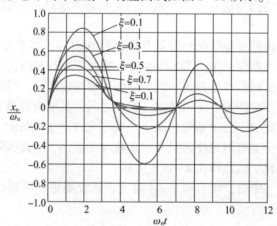

图 3-18　二阶系统在欠阻尼状态下的单位脉冲响应曲线

2. 临界阻尼状态 $\xi = 1$

$$X_o(s) = \frac{\omega_n^2}{s^2 + 2\xi\omega_n s + \omega_n^2} \cdot X_i(s) = \frac{\omega_n^2}{(s + \omega_n)^2}$$

经拉氏反变换得

$$x_o(t) = \omega_n^2 t e^{-\omega_n t} \qquad (t \geq 0) \tag{3-50}$$

其响应曲线如图 3-19 所示。

3. 过阻尼状态 $\xi > 1$

$$X_o(s) = \frac{\omega_n^2}{s^2 + 2\xi\omega_n s + \omega_n^2} \cdot X_i(s)$$

$$= \frac{\omega_n}{2\sqrt{\xi^2 - 1}} \left[\frac{1}{s + (\xi - \sqrt{\xi^2 - 1})\omega_n} - \frac{1}{s + (\xi + \sqrt{\xi^2 - 1})\omega_n} \right]$$

经拉氏反变换得

$$x_o(t) = \frac{\omega_n}{2\sqrt{\xi^2 - 1}} \left[e^{-(\xi - \sqrt{\xi^2 - 1})\omega_n t} - e^{-(\xi + \sqrt{\xi^2 - 1})\omega_n t} \right] \tag{3-51}$$

其响应曲线如图 3-19 所示。

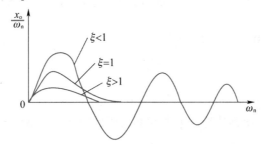

图 3-19　二阶系统在临界阻尼和过阻尼状态下的单位脉冲响应曲线

3.4 瞬态响应的性能指标

控制系统的性能指标是评价系统动态品质的定量指标，是定量分析的基础。性能指标往往用几个特征量来表示，既可以在时域提出，也可以在频域提出。时域性能指标比较直观，是以系统对单位阶跃输入信号的时间响应形式给出的，主要有上升时间 t_r、峰值时间 t_p、最大超调量 M_p、调整时间 t_s 以及振荡次数 N 等，如图 3-20 所示。

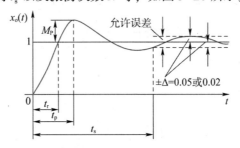

图 3-20　控制系统的时域性能指标

1. 上升时间 t_r

响应曲线从零时刻出发至首次到达稳定值所需的时间称为上升时间 t_r。对于没有超调的系统，从理论上讲，其响应曲线到达稳态值的时间需要无穷大，因此，一般将其上升时间 t_r 定义为响应曲线从稳态值的10%上升到稳态值的90%所需的时间。

二阶系统在欠阻尼状态下的单位阶跃响应由式（3-40）给出，即

$$x_0(t) = 1 - \frac{e^{-\xi\omega_n t}}{\sqrt{1-\xi^2}} \sin(\omega_d t + \varphi) \qquad (t \geq 0)$$

其中 $\omega_d = \omega_n \sqrt{1-\xi^2}$，$\varphi = \arctan \frac{\sqrt{1-\xi^2}}{\xi}$。

根据上升时间 t_r 的定义，有 $x_o(t_r) = 1$ 代入上式，可得

$$1 = 1 - \frac{e^{-\xi\omega_n t_r}}{\sqrt{1-\xi^2}} \sin(\omega_d t_r + \varphi)$$

即

$$\frac{e^{-\xi\omega_n t_r}}{\sqrt{1-\xi^2}} \sin(\omega_d t_r + \varphi) = 0$$

因为 $e^{-\xi\omega_n t_r} \neq 0$，且 $0 < \xi < 1$，所以必有

$$\sin(\omega_d t_r + \varphi) = 0$$

故有

$$\omega_d t_r + \varphi = k\pi \qquad (k = 0, \ \pm 1, \ \pm 2, \ \cdots)$$

由于 t_r 被定义为第一次到达稳态值的时间，因此上式中应取 $k = 1$，于是得

$$t_r = \frac{\pi - \varphi}{\omega_d}$$

将 $\omega_d = \omega_n \sqrt{1-\xi^2}$，$\varphi = \arctan \frac{\sqrt{1-\xi^2}}{\xi}$ 代入上式，得

$$t_r = \frac{\pi - \arctan \dfrac{\sqrt{1-\xi^2}}{\xi}}{\omega_n \sqrt{1-\xi^2}} \qquad (3-52)$$

由上式可见，当 ξ 一定时，ω_n 增大，t_r 就减小；当 ω_n 一定时，ξ 增大，t_r 就增大。

2. 峰值时间 t_p

响应曲线从零时刻出发至首次到达第一个峰值所需的时间，称为峰值时间 t_p。

根据峰值时间 t_p 的定义，在二阶系统下，有 $\dfrac{dx_o(t)}{dt}\Big|_{t=t_p} = 0$，将式（3-40）求导并代入 t_p，可得

$$\frac{\xi\omega_n}{\sqrt{1-\xi^2}} e^{-\xi\omega_n t_p} \sin(\omega_d t_p + \varphi) - \frac{\omega_d}{\sqrt{1-\xi^2}} e^{-\xi\omega_n t_p} \cos(\omega_d t_p + \varphi) = 0$$

因为 $e^{-\xi\omega_n t_r} \neq 0$，且 $0 < \xi < 1$，所以

$$\tan(\omega_d t_p + \varphi) = \frac{\omega_d}{\xi\omega_n} = \frac{\sqrt{1-\xi^2}}{\xi} = \tan\varphi$$

从而有

$$\omega_d t_p + \varphi = \varphi + k\pi \qquad (k = 0, \ \pm 1, \ \pm 2, \ \cdots)$$

由于 t_p 被定义为到达第一个峰值的时间，因此上式中应取 $k = 1$，于是得

$$t_p = \frac{\pi}{\omega_d} = \frac{\pi}{\omega_n \sqrt{1 - \xi^2}} \tag{3-53}$$

由此式可见，当 ξ 一定时，ω_n 增大，t_p 就减小；当 ω_n 一定时，ξ 增大，t_p 就增大。t_p 与 t_r 随 ω_n 和 ξ 的变化趋势相同。

将有阻尼振荡周期定义为

$$T_d = \frac{2\pi}{\omega_d} = \frac{2\pi}{\omega_n \sqrt{1 - \xi^2}}$$

则峰值时间 t_p 是有阻尼振荡周期 T_d 的一半。

3. 最大超调量 M_P

响应曲线的最大峰值与稳态值的差称为最大超调量 M_P，即

$$M_P = x_o(t_p) - x_o(\infty)$$

或者用百分数（%）表示

$$M_P = \frac{x_o(t_p) - x_o(\infty)}{x_o(\infty)} \times 100\%$$

根据最大超调量 M_P 的定义，将峰值时间 $t_p = \dfrac{\pi}{\omega_d}$ 代入上式，整理后可得

$$M_P = e^{-\frac{\xi\pi}{\sqrt{1-\xi^2}}} \times 100\% \tag{3-54}$$

由此式可见，最大超调量 M_P 只与系统的阻尼比 ξ 有关，而与固有频率 ω_n 无关，所以 M_P 是系统阻尼特性的描述。因此，当二阶系统的阻尼比 ξ 确定后，就可以求出相应的最大超调量 M_P；反之，如果给定系统所要求的最大超调量 M_P，则可以由它来确定相应的阻尼比 ξ。M_P 与 ξ 的关系如表 3-2 所示。

表 3-2 M_P 与 ξ 的关系

ξ	0	0.1	0.2	0.3	0.4	0.5	0.6	0.7	0.8	0.9	1
M_P/%	100	72.9	52.7	37.2	25.4	16.3	9.5	4.6	1.5	0.2	0

由式（3-54）和表 3-2 可知，阻尼比 ξ 越大，最大超调量 M_P 就越小，系统的平稳性就越好。当取 $\xi = 0.4 \sim 0.8$ 时，相应的 $M_P = (25.4 \sim 1.5)\%$。

4. 调整时间 t_s

在响应曲线的稳态值上，用 $\pm\Delta$ 作为允许误差范围，响应曲线到达并将永远保持在这一允许误差范围内所需的时间称为调整时间 t_s，允许误差范围 $\pm\Delta$ 一般取稳态值的 $\pm 5\%$ 或 $\pm 2\%$。

在欠阻尼状态下，二阶系统的单位阶跃响应是幅值随时间按指数衰减的振荡过程，响应曲线的幅值包络线为 $1 \pm \dfrac{e^{-\xi\omega_n t}}{\sqrt{1 - \xi^2}}$，整个响应曲线总是包容在这一对包络线之内，同时，这两条包络线对称于响应特性的稳态值，如图 3-21 所示。

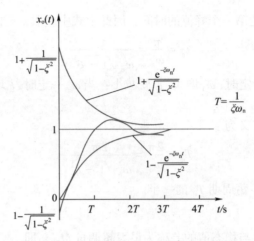

图 3-21　二阶系统在欠阻尼状态下单位阶跃响应曲线的幅值包络线

响应曲线的调整时间 t_s 可以近似地认为是响应曲线的幅值包络线进入允许误差范围 $\pm \Delta$ 之内的时间，因此有

$$1 \pm \frac{e^{-\xi \omega_n t_s}}{\sqrt{1-\xi^2}} = 1 \pm \Delta$$

也即

$$\frac{e^{-\xi \omega_n t_s}}{\sqrt{1-\xi^2}} = \Delta$$

或写成 $e^{-\xi \omega_n t_s} = \Delta \sqrt{1-\xi^2}$。

将上式两边取对数，可得

$$t_s = \frac{-\ln \Delta - \ln \sqrt{1-\xi^2}}{\xi \omega_n}$$

在欠阻尼状态下，当 $0 < \xi < 0.7$ 时，$0 < -\ln\sqrt{1-\xi^2} < 0.34$，$0.02 < \Delta < 0.05$ 时，$3 < -\ln \Delta < 4$，因此 $-\ln\sqrt{1-\xi^2}$ 相对于 $-\ln \Delta$ 可以忽略不计，所以有

$$t_s \approx \frac{-\ln \Delta}{\xi \omega_n} \tag{3-55}$$

故取 $\Delta = 0.05$ 时，$t_s \approx \dfrac{3}{\xi \omega_n}$；取 $\Delta = 0.02$ 时，$t_s \approx \dfrac{4}{\xi \omega_n}$。

当 ξ 一定时，ω_n 越大，t_s 就越小，即系统的响应速度越快。若 ω_n 一定，以 ξ 为自变量，对 t_s 求极值，可得 $\xi = 0.707$ 时，t_s 为极小值，即系统的响应速度最快。而当 $\xi < 0.707$ 时，ξ 越小则 t_s 越大；当 $\xi > 0.707$ 时，ξ 越大则 t_s 越大。

5. 振荡次数 N

振荡次数 N 在调整时间 t_s 内定义，实测时可按响应曲线穿越稳态值的次数的一半来计数。

以上各项性能指标中，上升时间 t_r、峰值时间 t_p、调整时间 t_s 反映系统时间响应的快速性，而最大超调量 M_p 和振荡次数 N 则反映系统时间响应的平稳性。

根据振荡次数 N 的定义，二阶系统的振荡次数 N 可以用调整时间 t_s 除以有阻尼振荡周

期 T_d 来近似地求得，即

$$N = \frac{t_s}{T_d} = t_s \cdot \frac{\omega_n \sqrt{1 - \xi^2}}{2\pi} \tag{3-56}$$

取 $\Delta = 0.05$ 时，$t_s = \dfrac{3}{\xi\omega_n}$，$N = \dfrac{3\sqrt{1 - \xi^2}}{2\xi\pi}$；取 $\Delta = 0.02$ 时，$t_s = \dfrac{4}{\xi\omega_n}$，$N = \dfrac{2\sqrt{1 - \xi^2}}{\xi\pi}$。

　　由此可见，振荡次数 N 只与系统的阻尼比 ξ 有关，而与固有频率 ω_n 无关。阻尼比 ξ 越大，振荡次数 N 越小，系统的平稳性就越好。所以，振荡次数 N 也直接反映了系统的阻尼特性。

　　综上所述，二阶系统的固有频率 ω_n 和阻尼比 ξ 与系统过渡过程的性能有着密切的关系。要使二阶系统具有满意的动态性能，必须选取合适的固有频率 ω_n 和阻尼比 ξ。增大阻尼比 ξ，可以减弱系统的振荡性能，即减小超调量 M_P 和振荡次数 N，但是增大了上升时间 t_r 和峰值时间 t_p。如果阻尼比 ξ 过小，系统的稳定性又不能符合要求。所以，通常要根据所允许的最大超调量 M_P 来选择阻尼比 ξ。阻尼比 ξ 一般选择在 $0.4 \sim 0.8$ 之间，然后再调整固有频率 ω_n 的值以改变瞬态响应时间。当阻尼比 ξ 一定时，固有频率 ω_n 越大，系统响应的快速性越好，即上升时间 t_r、峰值时间 t_p 和调整时间 t_s 越小。

　　【例 3-2】 如图 3-22 所示的控制系统方框图，欲使系统的最大超调量等于 0.2，峰值时间等于 1 s，试确定增益 K 与 K_h 的数值，并确定在此 K 与 K_h 数值下，系统的上升时间 t_r 和调整时间 t_s。

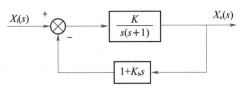

图 3-22　控制系统方框图

　　解　依题意，有

$$M_P = e^{-\frac{\xi\pi}{\sqrt{1-\xi^2}}} \times 100\% = 2\%$$

解之得 $\xi = 0.456$。

依题意 $t_p = \pi / \omega_d = 1$ s，则

$$\omega_d = \pi \text{ rad/s}$$

$$\omega_n = \frac{\omega_d}{\sqrt{1 - \xi^2}} = \frac{\pi}{\sqrt{1 - 0.456^2}} \text{ rad/s} = 3.53 \text{ rad/s}$$

$$\frac{X_o(s)}{X_i(s)} = \frac{\dfrac{K}{s(s+1)}}{1 + \dfrac{K(1 + K_h s)}{s(s+1)}} = \frac{K}{s^2 + (KK_h + 1)s + K} = \frac{\omega_n^2}{s^2 + 2\xi\omega_n s + \omega_n^2}$$

所以 $K = \omega_n^2 = 3.53^2 \text{ rad}^2/\text{s}^2 = 12.5 \text{ rad}^2/\text{s}^2$

$$K_h = \frac{2\xi\omega_n - 1}{K} = \frac{2 \times 0.456 \times 3.53 - 1}{12.5} \text{ s} = 0.178 \text{ s}$$

$$t_r = \frac{1}{\omega_d}\left(\pi - \arctan\frac{\sqrt{1 - \xi^2}}{\xi}\right) = \frac{1}{\pi}\left(\pi - \arctan\frac{\sqrt{1 - 0.456^2}}{0.456}\right) \text{ s} = 0.65 \text{ s}$$

$$t_s = \frac{4}{\xi \omega_n} = \frac{4}{0.456 \times 3.53} \, \text{s} = 2.48 \, \text{s} \qquad (\text{系统进入} \pm 2\% \text{的误差范围})$$

【例 3-3】图 3-23（a）所示为一机械系统，当在质量 m 上施加 8.9 N 的阶跃力后，记录其位移的时间响应曲线如图 3-23（b）所示，试求该系统的质量 m、弹性系数 k 和黏性阻尼系数 c 的数值。

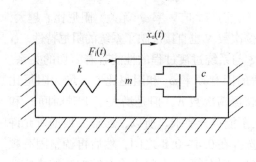

(a)

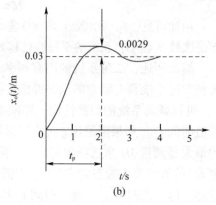

(b)

图 3-23　机械系统及其响应曲线

（a）机械系统示意图；（b）位移的时间响应曲线

解　根据牛顿第二定律

$$F_i(t) - k x_o(t) - c \frac{\mathrm{d} x_o(t)}{\mathrm{d} t} = m \frac{\mathrm{d} x_o^2(t)}{\mathrm{d} t^2}$$

进行拉氏变换，并整理得

$$(m s^2 + c s + k) X_o(s) = F_i(s)$$

$$\frac{X_o(s)}{F_i(s)} = \frac{1}{m s^2 + c s + k} = \frac{\frac{1}{k} \cdot \frac{k}{m}}{s^2 + \frac{c}{m} s + \frac{k}{m}} = \frac{\frac{1}{k} \omega_n^2}{s^2 + 2 \xi \omega_n s + \omega_n^2}$$

$$X_o(s) = \frac{1}{m s^2 + c s + k} F_i(s) = \frac{1}{m s^2 + c s + k} \cdot \frac{8.9}{s}$$

由终值定理得

$$x_o(\infty) = \lim_{s \to 0} s X_o(s) = \lim_{s \to 0} s \frac{1}{m s^2 + c s + k} \cdot \frac{8.9}{s} = \frac{8.9}{k} = 0.03 \, \text{m}$$

$$k = \frac{8.9}{0.03} \, \text{N/m} = 297 \, \text{N/m}$$

$$M_P = e^{-\frac{\xi \pi}{\sqrt{1 - \xi^2}}} \times 100\% = \frac{0.0029}{0.03} \times 100\%$$

解得

$$\xi = 0.6$$

$$\omega_n = \frac{\pi}{t_p \sqrt{1 - \xi^2}} = \frac{\pi}{2 \sqrt{1 - 0.6^2}} \, \text{rad/s} = 1.96 \, \text{rad/s}$$

$$m = \frac{k}{\omega_n^2} = \frac{297}{1.96^2} \, \text{kg} = 77.3 \, \text{kg}$$

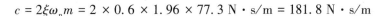

$$c = 2\xi\omega_n m = 2 \times 0.6 \times 1.96 \times 77.3 \ \mathrm{N \cdot s/m} = 181.8 \ \mathrm{N \cdot s/m}$$

3.5 稳定性和 Routh 稳定判据

设计控制系统时应满足的性能指标要求有多条，但首要的要求是系统在全部时间必须能稳定工作。因为，一个控制系统一旦受到外界或内部扰动（如负载变化、电压波动）就偏离原来状态，显然这种系统无法工作，故稳定性是控制系统的重要性能，是系统能够正常工作的首要条件。分析系统的稳定性，并提出保证稳定的条件，是设计控制系统的基本任务之一。本节主要研究线性定常系统稳定性的概念、稳定的条件和稳定性的判定方法。

3.5.1 稳定性的概念

任何系统在扰动作用下都会偏离原平衡状态，产生初始偏差。所谓稳定性就是指系统当扰动作用消失以后，系统能够以足够的精度由初始偏差状态逐渐恢复到原平衡状态的性能。若能恢复平衡状态，就称该系统是稳定的；若系统在扰动作用消失以后不能恢复平衡状态，且偏差越来越大，则称系统是不稳定的。

举例说明如下。图 3-24（a）所示为一单摆系统，假设在外界扰动作用下，单摆由平衡位置 a 向左偏移到 b，当外界扰动消失后，单摆在平衡位置 a 附近反复振荡，经过一定时间后，单摆最终重新回到平衡位置 a，则单摆系统是稳定的。反之，如图 3-24（b）所示的倒立摆系统，位置 d 是其平衡位置，当受到外界扰动作用后，倒立摆偏离平衡位置，且越偏越大，即使扰动消除后也不会回到原来的平衡位置 d，则倒立摆系统是不稳定的。

系统在扰动作用消失后，能够随着时间推移恢复到原平衡状态的稳定性，称为渐进稳定性，这种稳定性是线性定常系统的一种特征。也就是说，线性定常系统如果是稳定的，必定是渐进稳定的。本节所讨论的稳定性，就是渐进稳定性。

由于系统稳定性反映的是扰动消除后，系统自身的一种恢复能力，所以稳定性是系统的固有特性，只取决于系统内部的结构和参数，而与初始状态和外作用的大小无关。

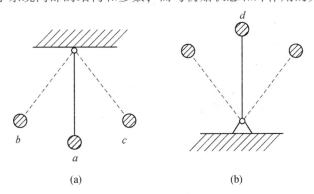

图 3-24 稳定系统与不稳定系统

（a）单摆；（b）倒立摆

系统的稳定性又分绝对稳定性和相对稳定性。

1. 绝对稳定性

在研究控制系统时，需要根据对象和环节所遵循的物理或化学定律，预测系统的性能。系统的首要性能就是绝对稳定性，即系统是稳定的还是不稳定的。当控制系统没有受到任何扰动，也没有施加输入信号，系统的输出量保持在某一状态，这一状态称为控制系统的平衡状态。如果线性定常系统在输入或扰动的作用下，偏离了其平衡状态，当输入或扰动消失后，输出量最终返回其平衡状态，那么系统稳定；输出量呈现为持续不断的等幅振荡过程，则系统为临界稳定；输出量在输入作用下无限制地偏离其平衡状态（输出量发散），则系统不稳定。实际上，物理系统的输出量只能增大到一定的范围，此后或者受到机械制动装置的限制，或者系统遭到破坏，也可能当输出量超过一定数值后，系统变成非线性的，线性微分方程不再适用。

实际的物理控制系统包含有一些储能元件，当输入量作用于系统时，储能元件储存能量，系统的输出量不能立即跟随输入量的变化。稳定的系统在响应到达稳态之前，表现为瞬态响应过程，随着时间的推移消耗能量，系统逐渐进入稳态。在稳态响应过程，如果系统的输出量与输入量不能完全吻合，则称系统具有稳态误差。不稳定的系统在振荡过程中不断吸收能量，因而偏离稳态值越来越远。

绝对稳定性是系统能够正常工作的前提。

2. 相对稳定性

当判断系统是绝对稳定的，接下来的重要问题是如何确定绝对稳定系统的稳定程度，稳定程度可利用相对稳定性来度量，即稳定性裕量。相对稳定性在第 4 章介绍，在这里不做赘述。

3. 运动稳定性

运动稳定性的数学定义，是由俄国学者李雅普诺夫（A. M. Ляпунов，1857—1918）首先建立的，运动稳定性是物体或系统在外干扰的作用下偏离其运动后返回该运动的性质。若逐渐返回原运动则称此运动是稳定的，否则就是不稳定的。对任何运动，外干扰都是经常存在的，因此可以说，物体或系统的某一运动的稳定性就是它的存在性，只有稳定的运动才能存在。在工程技术上，要使设计对象的某些运动能够实现，那些运动必须是稳定的。李雅普诺夫稳定性原理是关于渐近稳定、稳定和不稳定的定理，奠定了稳定性理论的基础。该理论基于现代控制的状态空间理论，是针对单变量、多变量、线性、非线性、定常和时变系统的稳定性分析皆适用的通用方法，是现代稳定性理论的重要基础和现代控制理论的重要组成部分。这里不做介绍，读者如有兴趣可参看有关论著。

3.5.2 线性定常系统稳定的充要条件

一般反馈控制系统如图 3-25 所示，系统的传递函数为

$$\Phi(s) = \frac{X_o(s)}{X_i(s)} = \frac{G(s)}{1 + G(s)H(s)} \qquad (3\text{-}57)$$

设系统传递函数的分母等于 0，即可得出系统特征方程式

$$1 + G(s)H(s) = 0 \qquad (3\text{-}58)$$

系统的稳定性取决于特征方程，只要能确定式（3-58）的根落在 [s] 平面的左半部分，系

统就是稳定的。下面将引出线性系统稳定的条件。

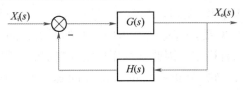

图 3-25　一般反馈控制系统

设线性系统在初始条件为 0 时，输入一个理想单位脉冲函数 $\delta(t)$，这相当于系统在扰动信号作用下，输出信号偏离原平衡工作点的情形。若线性系统的单位脉冲响应函数 $x_o(t)$ 随时间的推移趋于 0，即 $\lim\limits_{t \to \infty} x_o(t) = 0$，则系统稳定；若 $\lim\limits_{t \to \infty} x_o(t) = \infty$，则系统不稳定。

向系统输入理想单位脉冲函数 $\delta(t)$，它的拉氏变换函数等于 1，所以系统输出的拉氏变换为

$$X_o(s) = \frac{G(s)}{1 + G(s)H(s)} = \frac{G'(s)}{(s - s_1)(s - s_2)\cdots(s - s_n)}$$

式中，$s_i(i = 1, 2, \cdots, n)$ 为系统特征方程的根（特征根），也就是系统的闭环极点。设 n 个特征根彼此互不相等，并将上式分解成部分分式之和的形式，即

$$X_o(s) = \frac{c_1}{(s - s_1)} + \frac{c_2}{(s - s_2)} + \cdots + \frac{c_n}{(s - s_n)} = \sum_{i=1}^{n} \frac{c_i}{s - s_i}$$

式中，$c_i(i = 1, 2, \cdots, n)$ 为待定系数，其值可利用留数求得。

对上式进行拉氏反变换，得到系统的脉冲响应函数为

$$x_o(t) = \sum_{i=1}^{n} c_i \mathrm{e}^{s_i t} \tag{3-59}$$

从式（3-59）可以看出，要满足条件 $\lim\limits_{t \to \infty} x_o(t) = 0$，只有当系统的特征根 $s_i(i = 1, 2, \cdots, n)$ 全部具有负实部方能实现。

因此，系统稳定的充要条件为：系统的特征根必须全部具有负实部。反之，若特征根中有一个以上具有正实部时，则系统必为不稳定。或者说系统稳定的充分必要条件为：系统传递函数的极点全部位于 [s] 平面的左半部。

若有部分闭环极点位于虚轴上，而其余极点全部在 [s] 平面左半部时，便会出现临界稳定状态。

由上述稳定条件可知，稳定系统在幅值为有界的输入信号作用下，其输出也必定为幅值有界；而对不稳定系统来说，则不能断言其输出幅值为有界。

一般情况下，确定系统稳定性的方法有两种：直接计算或间接得知式（3-58）的根；确定保证式（3-58）的根具有负实部的系统参数的区域。

显然，采用对特征方程求解的方法，虽然非常直观，但对于高阶系统是困难的。为此，设法不必解出根来，而能决定系统稳定性的准则就具有工程实际意义了，即应用第二种类型判断系统稳定性时，根据特征根的分布，看其是否全部具有负实部，并以此来判别系统的稳定性，由此形成了 Routh 稳定判据、Nyquist 稳定判据（见第 4 章）等方法。

3.5.3　Routh 稳定判据

1877 年由英国数学家 E. J. Routh（劳斯）提出的判断系统稳定性的代数判据，称为

Routh 稳定判据，简称 Routh 判据。其根据是：要使系统稳定，必须满足系统特征方程式的根全部具有负实部。但该判据并不直接对特征方程式求解，而是利用特征方程式（即高次代数方程）根与系数的代数关系，由特征方程中已知的系数，间接判别出方程的根是否具有负实部，从而判定系统是否稳定，因此又称作稳定性判别的代数判据。

下面介绍如何应用代数判据分析系统的稳定性问题，关于代数判据的数学推导过程从略。

1）列出系统特征方程

$$a_n s^n + a_{n-1} s^{n-1} + \cdots + a_1 s + a_0 = 0 \tag{3-60}$$

其中 $a_n > 0$，各项系数均为实数。检查各项系数是否都大于 0，若大于 0，则可进行第二步。

根据代数理论中韦达定理所指出的方程根与系数的关系可知，为了使特征方程式的根具有负实部，其必要条件是：式（3-60）的各项系数均为正值，即 $a_i > 0 (i = 0, 1, 2, \cdots, n)$。该条件的含义是：其一，各项系数的符号相同；其二，各项系数均不等于 0。若特征方程不满足上述必要条件，系统一定不稳定。对于这些系统，无论怎样调整参数（例如增益 K），也无法稳定，称为结构不稳定系统；特征方程满足上述条件，也不能确定系统就是稳定的，还需要列写劳斯表（Routh 表），观察 Routh 表第一列的数值符号。

2）列写 Routh 表

根据系统的特征方程式列写 Routh 表

$$
\begin{array}{c|ccccc}
s^n & a_n & a_{n-2} & a_{n-4} & a_{n-6} & \cdots \\
s^{n-1} & a_{n-1} & a_{n-3} & a_{n-5} & a_{n-7} & \cdots \\
s^{n-2} & b_1 & b_2 & b_3 & b_4 & \cdots \\
s^{n-3} & c_1 & c_2 & c_3 & c_4 & \cdots \\
s^{n-4} & d_1 & d_2 & d_3 & d_4 & \cdots \\
\vdots & \vdots & \vdots & \vdots & \vdots & \\
s^0 & \cdots & & & &
\end{array}
$$

表中

$$b_1 = -\frac{1}{a_{n-1}} \begin{vmatrix} a_n & a_{n-2} \\ a_{n-1} & a_{n-3} \end{vmatrix}, \ b_2 = -\frac{1}{a_{n-1}} \begin{vmatrix} a_n & a_{n-4} \\ a_{n-1} & a_{n-5} \end{vmatrix},$$

$$b_3 = -\frac{1}{a_{n-1}} \begin{vmatrix} a_n & a_{n-6} \\ a_{n-1} & a_{n-7} \end{vmatrix}, \ \cdots$$

直至其余 b 均为 0。

$$c_1 = -\frac{1}{b_1} \begin{vmatrix} a_{n-1} & a_{n-3} \\ b_1 & b_2 \end{vmatrix}, \ c_2 = -\frac{1}{b_1} \begin{vmatrix} a_{n-1} & a_{n-5} \\ b_1 & b_3 \end{vmatrix},$$

$$c_3 = -\frac{1}{b_1} \begin{vmatrix} a_{n-1} & a_{n-7} \\ b_1 & b_4 \end{vmatrix}, \ \cdots$$

$$d_1 = -\frac{1}{c_1} \begin{vmatrix} b_1 & b_2 \\ c_1 & c_2 \end{vmatrix}, \ d_2 = -\frac{1}{c_1} \begin{vmatrix} b_1 & b_3 \\ c_1 & c_3 \end{vmatrix}, \ \cdots$$

计算上述各数的公式是有规律的，自 s^{n-2} 行以下，每行的数都可由该行上边两行的数算

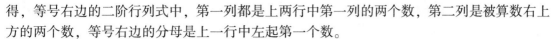

得，等号右边的二阶行列式中，第一列都是上两行中第一列的两个数，第二列是被算数右上方的两个数，等号右边的分母是上一行中左起第一个数。

3）考察 Routh 表中第一列各数符号

若第一列各数均为正数，则闭环系统特征方程所有根具有负实部，控制系统稳定。如果第一列中有负数，则控制系统不稳定，且第一列中数值符号的改变次数等于系统特征方程含有正实部根的数目。

在具体计算中为了方便，常常把 Routh 表中某一行的数都乘（或除）以一个正数，而不会影响第一列数值的符号，即不影响稳定性的判别。表中空缺的项，运算时以 0 代入。

【例 3-4】 系统特征方程为 $s^5 + 6s^4 + 14s^3 + 17s^2 + 10s + 2 = 0$，试用 Routh 判据确定系统是否稳定。

解 （1）由系统特征方程可知，所有系数均为正实数。

（2）列出 Routh 表（下边列出两个表，左边的表为了和原 Routh 表的形式对照，右边一个表是为了数值计算方便，二者对判断系统稳定性的作用是一样的）。

$$
\begin{array}{c|ccc}
s^5 & 1 & 14 & 10 \\
s^4 & 6 & 17 & 2 \\
s^3 & \dfrac{67}{6} & \dfrac{58}{6} & \\
s^2 & \dfrac{791}{67} & 2 & \\
s^1 & \dfrac{6\,150}{791} & & \\
s^0 & 2 & &
\end{array}
\quad 或 \quad
\begin{array}{c|ccc}
s^5 & 1 & 14 & 10 \\
s^4 & 6 & 17 & 2 \\
s^3 & 67 & 58 & \\
s^2 & 791 & 134 & \\
s^1 & 36\,900 & & \\
s^0 & 134 & &
\end{array}
\quad
\begin{array}{l}
\\ \\ \\ （同乘以 6） \\ （同乘以 67） \\ （同乘以 791）
\end{array}
$$

（3）由上面计算可知 Routh 表中第一列数值全部为正实数，所以系统是稳定的。

【例 3-5】 已知系统特征方程为 $s^5 + 2s^4 + s^3 + 3s^2 + 4s + 5 = 0$，试用 Routh 判据判别系统的稳定性。

解 （1）由系统特征方程可知，所有系数均为正实数。

（2）列出 Routh 表

$$
\begin{array}{c|ccc}
s^5 & 1 & 1 & 4 \\
s^4 & 2 & 3 & 5 \\
s^3 & -\dfrac{1}{2} & \dfrac{3}{2} & \\
s^2 & 9 & 5 & \\
s^1 & \dfrac{16}{9} & & \\
s^0 & 5 & &
\end{array}
\quad 或 \quad
\begin{array}{c|ccc}
s^5 & 1 & 1 & 4 \\
s^4 & 2 & 3 & 5 \\
s^3 & -1 & 3 & \\
s^2 & 9 & 5 & \\
s^1 & 16 & & \\
s^0 & 5 & &
\end{array}
\quad
\begin{array}{l}
\\ \\ \\ （同乘以 2） \\ （同乘以 9）
\end{array}
$$

（3）观察第一列数值符号的变化，数值在 $2 \rightarrow -1 \rightarrow 9$ 处符号发生了两次改变，所以系统不稳定，特征方程有两个正实部根。

如果 Routh 表某一行第一列元素为 0，且该行其余元素不全为 0，在这种情况下，计算下一行第一个元素时，该元素必将趋于无穷大，以致 Routh 表的计算无法进行，这时可用一个很小的正数 ε 来代替这个 0，从而可以使 Routh 表继续算下去。

【例3-6】设系统特征方程为 $s^4 + 3s^3 + s^2 + 3s + 1 = 0$，试利用 Routh 判据判别系统的稳定性。

解 （1）特征方程的各项系数均大于0，满足系统稳定的必要条件。

（2）列出 Routh 表

$$
\begin{array}{c|ccc}
s^4 & 1 & 1 & 1 \\
s^3 & 3 & 3 & \\
s^2 & 0 \to \varepsilon & 1 & \\
s^1 & 3 - \dfrac{3}{\varepsilon} & & \\
s^0 & 1 & &
\end{array}
$$

（3）因为 ε 很小而且 $0 < \varepsilon < 1$，则 $3 - 3/\varepsilon < 0$，所以表中第一列变号两次，故系统有两个正实部根，是不稳定的。

在应用 Routh 判据时，可能会出现 Routh 表中某一行全为0的情况。这是由于特征方程存在：一对或几对关于原点对称的实根；一对或几对共轭虚根；一对或几对共轭复根。为了继续计算，可以用全零行上面一行的元素构成一个辅助多项式 $P(s)$，取此辅助多项式的一阶导数所得到的一组系数来代替全零行，然后继续计算 Routh 表中的其余各个元素，最后再按照前述方法进行判断。

【例3-7】设系统特征方程为 $s^6 + 2s^5 + 8s^4 + 12s^3 + 20s^2 + 16s + 16 = 0$，试利用 Routh 判据判别系统的稳定性。

解 （1）特征方程的各项系数均大于0，满足系统稳定的必要条件。

（2）列出 Routh 表

$$
\begin{array}{c|cccc}
s^6 & 1 & 8 & 20 & 16 \\
s^5 & 2 & 12 & 16 & 0 \\
s^4 & 2 & 12 & 16 & 0 \\
s^3 & 0 \to 8 & 0 \to 24 & 0 & \\
s^2 & 6 & 16 & 0 & \\
s^1 & 8/3 & 0 & & \\
s^0 & 16 & 0 & &
\end{array}
\qquad
\begin{array}{l}
P(s) = 2s^4 + 12s^2 + 16 \\
P'(s) = 8s^3 + 24s
\end{array}
$$

（3）由上述 Routh 表可以看出，第一列中元素的符号全为正号，说明系统特征方程没有正实部的根，即在 $[s]$ 平面的右半平面没有闭环极点。但是，由于 s^3 行的元素全为0，则说明存在两个大小相等符号相反的实根和（或）两个共轭虚根，可由辅助多项式构成的辅助方程 $P(s) = 0$ 来求得，即

$$P(s) = 2s^4 + 12s^2 + 16 = 0$$

解上述辅助方程，可求得两对共轭虚根

$$p_{1,2} = \pm \sqrt{2}\mathrm{j}, \ p_{3,4} = \pm 2\mathrm{j}$$

系统存在共轭虚根，表明系统处于临界稳定状态。

如果特征方程在虚轴上仅有单根，则系统响应是持续的正弦振荡，此时系统为临界稳定状态，如例3-7。如果虚根是重根，则系统响应是不稳定的，且具有 $t\sin(\omega t + \varphi)$ 的形式，而 Routh 判据不能发现这种形式的不稳定。

【例3-8】设系统特征方程为 $s^5 + s^4 + 2s^3 + 2s^2 + s + 1 = 0$，试利用 Routh 判据判别系统的稳定性。

解 （1）特征方程的各项系数均大于 0，满足系统稳定的必要条件。

（2）引出 Routh 表

$$
\begin{array}{llll}
s^5 & 1 & 2 & 1 \\
s^4 & 1 & 2 & 1 \qquad P_1(s) = s^4 + 2s^2 + 1 \\
s^3 & 0 \rightarrow 4 & 0 \rightarrow 4 & 0 \qquad P_1'(s) = 4s^3 + 4s \\
s^2 & 1 & 1 & \qquad P_2(s) = s^2 + 1 \\
s^1 & 0 \rightarrow 2 & 0 & \qquad P_2'(s) = 2s \\
s^0 & 1 & &
\end{array}
$$

（3）由上述 Routh 表可以看出，首列无符号变化，故系统除有两对相同共轭虚根 $\pm j$ 外，无其他不稳定极点，容易错误判断系统处于临界稳定状态。

对于特征方程阶次较低（如 $n < 4$）的系统来说，利用 Routh 判据可将稳定条件写成下列简单的形式。

$n = 2$：$a_2 > 0$，$a_1 > 0$，$a_0 > 0$；

$n = 3$：$a_3 > 0$，$a_2 > 0$，$a_1 > 0$，$a_0 > 0$；$a_2 a_1 - a_3 a_0 > 0$；

$n = 4$：$a_4 > 0$，$a_3 > 0$，$a_2 > 0$，$a_1 > 0$，$a_0 > 0$；$a_3 a_2 a_1 - a_4 a_1^2 - a_3^2 a_0 > 0$。

3.6 误差分析与计算

评价系统的性能即是评价系统的瞬态性能和稳态性能。瞬态响应性能指标可以评估响应的快速性和稳定性，响应的准确性性能指标则用误差来衡量。系统的误差可分为稳态误差和动态误差。稳态误差是稳态性能的测度，是指过渡过程结束后，系统实际的输出量与希望的输出量之间的偏差。稳态误差不仅取决于系统的结构与参数，还和输入的类型有关。

系统产生误差的原因很多，这里所说的稳态误差不是由于元件的静摩擦、间隙、不灵敏区、放大器的零点漂移、元件老化以及测量元件不精确等原因造成的稳态误差，而是由于系统本身的结构、参数以及外作用的形式不同所引起的稳态误差，通常也称为原理误差。

3.6.1 基本概念

系统的误差 $e(t)$ 与偏差 $\varepsilon(t)$ 的计算

系统的误差 $e(t)$，也常称为系统的误差响应。反映了系统在跟踪输入信号和抑制干扰信号过程的精度。系统的误差的一般定义为被控量希望值与被控量实际值的差值。其方式有两种：一是从输入端定义的误差，把系统的输入信号作为被控量的希望值，把主反馈信号作为被控量的实际值，把两者之间产生的偏差定义为误差；二是从输出端定义的误差，把被控量的希望值与被控量实际值的差值定义为误差。本章介绍的是第二种定义的误差。

图 3-26 所示的典型结构中，虚线表示为理想系统，$\mu(s)$ 是理想系统传递函数。参照图 3-26 定义如下。

1) 误差

设 $x_{or}(t)$ 是控制系统所希望的输出，$x_o(t)$ 是其实际的输出，则误差定义为

$$e(t) = x_{or}(t) - x_o(t) \tag{3-61}$$

将式（3-61）的拉氏变换记为 $E_1(s)$（为避免与偏差 $E(s)$ 混淆，用下标 1 区别），即

$$E_1(s) = X_{or}(s) - X_o(s) \tag{3-62}$$

2) 偏差

控制系统的偏差定义为

$$\varepsilon(t) = x_i(t) - b(t) \tag{3-63}$$

$\varepsilon(t)$ 的拉氏变换为

$$E(s) = X_i(s) - H(s)X_o(s) \tag{3-64}$$

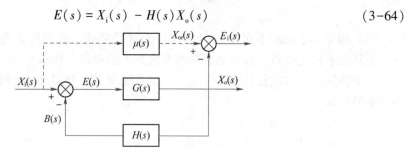

图 3-26　典型控制系统方框图

3) 误差与偏差的关系

显然，对于单位反馈系统，被控量的希望值就是输入信号，被控量的实际值就是输出信号，此时误差与偏差相等。将图 3-26 等效变换为单位反馈系统方框图，如图 3-27 所示。

其中 $X_{i1}(s)$ 表示等效单位反馈系统的输入信号，也就是被控量的希望值 $X_{or}(s)$，由图 3-27 可知

$$X_{or}(s) = X_{i1}(s) = \frac{1}{H(s)}X_i(s) \tag{3-65}$$

因而 $u(s) = 1/H(s)$，且根据图 3-27 单位反馈系统方框图所示，$E_1(s)$ 就是图 3-26 所示非单位反馈系统的误差信号。可知

$$E_1(s) = \frac{1}{H(s)}X_i(s) - X_o(s) \tag{3-66}$$

比较式（3-66）和式（3-64），不难看出，误差和偏差之间的关系为

$$E_1(s) = \frac{1}{H(s)}E(s) \tag{3-67}$$

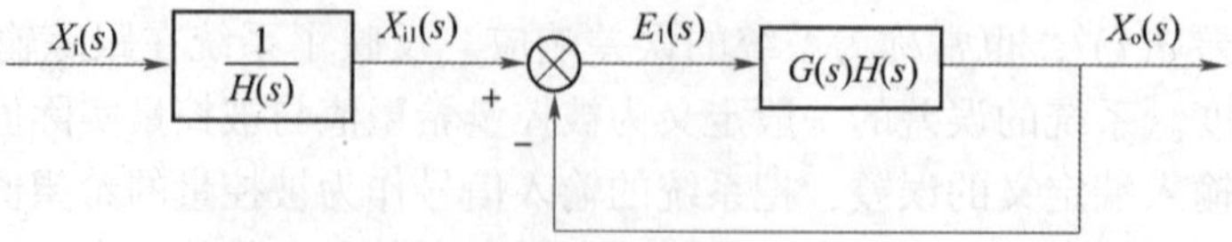

图 3-27　单位反馈系统方框图

4) 稳态误差的定义

同其他响应一样，误差响应也包含两个分量：暂态分量和稳态分量。对于稳定系统，暂态分量随着时间的推移逐渐消失；稳态分量从外作用加入系统的瞬间始终存在。由此可见，

对于高阶系统，求解误差响应 $e(t)$ 与求解系统的输出响应 $x_o(t)$ 一样困难。然而，如果我们关心的只是衡量系统最终控制精度的性能指标，即系统控制过程平稳下来以后的误差，也就是系统误差响应 $e(t)$ 的瞬态分量消失以后的稳态误差，问题就简单了。

稳态误差的定义：稳定系统误差响应 $e(t)$ 的终值称为稳态误差。即当时间趋于无穷时，$e(t)$ 的极限存在，则稳态误差 e_{ss} 为

$$e_{ss} = \lim_{t \to +\infty} e(t) \tag{3-68}$$

对于线性系统而言，响应具有叠加性，所以输入信号和干扰信号引起的误差可分别求取，之后进行叠加就可以得出系统的总误差。

3.6.2　稳态误差的计算

为了在一般情况下分析、计算系统的误差 $e(t)$，设输入 $X_i(s)$ 与干扰 $N(s)$ 同时作用于系统，如图 3-28 所示。

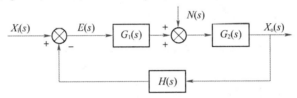

图 3-28　干扰作用下的闭环系统

现可求得在图 3-28 所示情况下的 $X_o(s)$，即

$$X_o(s)= \frac{G_1(s)G_2(s)}{1+G_1(s)G_2(s)H(S)}X_i(s) + \frac{G_2(s)}{1+G_1(s)G_2(s)H(s)}N(s)$$
$$= G_{X_i}(s)X_i(s) + G_N(s)N(s) \tag{3-69}$$

式中，$G_{X_i}(s) = \dfrac{G_1(s)G_2(s)}{1+G_1(s)G_2(s)H(S)}$ 为输入与输出之间的传递函数；

$G_N(s) = \dfrac{G_2(s)}{1+G_1(s)G_2(s)H(s)}$ 为干扰与输出之间的传递函数。

将式（3-62）、式（3-66）代入式（3-69）得

$$E_1(s)=X_{or}(s)=X_o(s) = \frac{X_i(s)}{H(s)} - G_{X_i}(s)X_i(s) - G_N(s)N(s)$$
$$= \left[\frac{1}{H(s)} - G_{X_i}(s)\right]X_i(s) + [-G_N(s)]N(s) \tag{3-70}$$
$$= \Phi_{X_i}(s)X_i(s) + \Phi_N(s)N(s)$$

式中

$$\Phi_{X_i}(s) = \frac{1}{H(s)} - G_{X_i}(s); \ \Phi_N(s) = -G_N(s)$$

$\Phi_{X_i}(s)$ 为无干扰 $n(t)$ 时误差 $e(t)$ 对于输入 $x_i(t)$ 的传递函数；$\Phi_N(s)$ 为无输入 $x_i(t)$ 时误差 $e(t)$ 对于干扰 $n(t)$ 的传递函数，$\Phi_{X_i}(s)$ 和 $\Phi_N(s)$ 总称为误差传递函数，反映了系统的结构与参数对误差的影响。

根据拉氏变换的终值定理，稳态误差为

$$e_{ss} = \lim_{t \to \infty} e(t) = \lim_{s \to 0} s E_1(s) \tag{3-71}$$

式中，$E_1(s)$ 为误差响应 $e(t)$ 的拉氏变换。

式（3-71）的使用条件是：$sE_1(s)$ 在 $[s]$ 平面的右半部和虚轴上必须解析，即 $sE_1(s)$ 的全部极点都必须分布在 $[s]$ 平面的左半部。坐标原点的极点一般归入 $[s]$ 平面的左半部来考虑。也就是说，只有稳定系统才能用拉氏变换终值定理求稳态误差。

▶▶ 3.6.3　输入信号作用下的稳态误差的计算

如图 3-27 所示，当系统的传递函数确定以后，由输入信号引起的误差与输入信号之间的关系可以确定，即

$$E_1(s) = X_{or}(s) - X_o(s) = \frac{1}{H(s)} X_i(s) - \frac{G(s)}{1 + G(s)H(s)} X_i(s)$$

$$= \frac{1}{H(s)[1 + G(s)H(s)]} X_i(s) = \Phi_{X_i}(s) X_i(s) \tag{3-72}$$

式中，$\Phi_{X_i}(s) = \dfrac{E_1(s)}{X_i(s)} = \dfrac{1}{H(s)[1 + G(s)H(s)]}$ 为误差对于输入信号（控制信号）的闭环传递函数。

将式（3-72）代入式（3-71）中，得稳态误差计算公式

$$e_{ss} = \lim_{s \to 0} s E_1(s) = \lim_{s \to 0} s \frac{1}{H(s)[1 + G(s)H(s)]} X_i(s) \tag{3-73}$$

式中，$H(s)$、$G(s)$ 分别为系统的反馈传递函数和前向传递函数；$G(s)H(s)$ 为系统的开环传递函数。

用式（3-73）可以计算不同输入信号 $X_i(s)$ 产生的稳态误差。

【例 3-9】系统方框图示如图 3-29 所示，当输入信号 $x_i(t) = t$ 时，求系统的稳态误差。

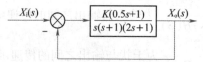

图 3-29　系统方框图

解　由于系统必须稳定，计算稳态误差才有意义，所以应先判别系统是否稳定。由图 3-29 可写出系统的特征方程为

$$2s^3 + 3s^2 + (1 + 0.5K)s + K = 0$$

由 Routh 判据可知，首先特征方程的各系数都大于 0，应有 $1 + 0.5K > 0$，且 $K > 0$。列 Routh 表

s^3	2	$1 + 0.5K$
s^2	3	K
s^1	$\frac{1}{3}(3 - \frac{1}{2}K)$	
s^0	K	

则 $3 - \dfrac{1}{2}K > 0$，即 $K < 6$。因此只要满足 $0 < K < 6$，系统就是稳定的。

系统稳定时，由题意知，输入信号 $x_i(t) = t$，其拉氏变换 $X_i(s) = 1/s^2$，将传递函数和输入信号代入式（3-73）中，得稳态误差为

$$e_{ss} = \lim_{s \to 0} s \frac{s(s+1)(2s+1)}{s(s+1)(2s+1) + K(0.5s+1)} \frac{1}{s^2} = \frac{1}{K}$$

计算结果表明，稳态误差的大小与系统的开环增益 K 有关，K 越大，e_{ss} 越小。由此看出，稳态精度与稳定性对开环增益的要求常常是矛盾的。

3.6.4 输入信号作用下的稳态误差与系统结构的关系

当只有输入作用时，一般控制系统的方框图如图 3-28 所示，其开环传递函数 $G(s)H(s)$ 可写成典型环节串联相乘的形式

$$G(s)H(s) = \frac{K(\tau_1 s + 1)\cdots(\tau_2^2 s^2 + 2\xi'\tau_2 s + 1)\cdots}{s^\nu(T_1 s + 1)\cdots(T_2^2 s^2 + 2\xi' T_2 s + 1)\cdots} \tag{3-74}$$

式中 K 为开环增益（注意上式中各括号内的常数项都为 1），ν 为开环传递函数中包含积分环节的数目。根据 ν 来区分系统的型别，$\nu = 0$ 的系统称为 0 型系统，$\nu = 1$ 的系统称为 I 型系统，$\nu = 2$ 的系统称为 II 型系统，依次类推。

稳态误差与系统的型别有关，下面分析位置、速度和加速度三种信号输入时系统的稳态误差。为了便于说明，下面以 $H(s) = 1$ 的情况进行讨论。

（1）输入位置信号（阶跃函数）时，$X_i(s) = r_0/s$，r_0 表示位置信号的幅值，是常数。稳态误差为

$$e_{ss} = \lim_{s \to 0} s \frac{1}{H(s)[1 + G(s)H(s)]} \frac{r_0}{s} \tag{3-75}$$

当 $H(s) = 1$ 时

$$e_{ss} = \frac{r_0}{1 + \lim_{s \to 0} G(s)H(s)} = \frac{r_0}{1 + \lim_{s \to 0}(K/s^\nu)}$$

$$= \begin{cases} \dfrac{r_0}{1 + K} & (\nu = 0) \\ 0 & (\nu \geq 1) \end{cases} \tag{3-76}$$

定义 $K_p = \lim_{s \to 0} G(s)H(s)$ 为稳态位置误差系数。对于单位反馈控制控制系统在单位阶跃输入时的稳态误差的 $e_{ss} = \dfrac{1}{1 + K_p}$。式（3-76）表明，在阶跃输入下，系统消除误差的条件是 $\nu \geq 1$，即在开环传递函数中至少要有一个积分环节。

（2）输入速度信号（斜坡函数）时，$x_i(t) = v_0 t \cdot 1(t)$，$X_i(s) = v_0/s^2$，其中常数 v_0 表示输入信号速度的大小。系统的稳态误差为

$$e_{ss} = \lim_{s \to 0} s \frac{1}{1 + G(s)H(s)} \frac{v_0}{s^2} = \frac{v_0}{\lim_{s \to 0}(sK/s^\nu)}$$

$$= \begin{cases} \infty & (\nu = 0) \\ \dfrac{v_0}{K} & (\nu = 1) \\ 0 & (\nu \geq 2) \end{cases} \tag{3-77}$$

定义 $K_v = \lim\limits_{s \to 0} sG(s)H(s)$ 为稳态速度误差系数。对于单位反馈控制控制系统在单位速度输入时的稳态误差的 $e_{ss} = \dfrac{1}{K_v}$。式（3-77）表明，斜坡输入下系统消除误差的条件是 $\nu \geq 2$。

（3）输入等加速度信号（抛物线函数）时，$x_i(t) = a_0 t^2 / 2$，常数 a_0 是加速度的大小，则 $X_i(s) = a_0/s^3$，系统的稳态误差为

$$e_{ss} = \lim_{s \to 0} s \frac{1}{1 + G(s)H(s)} \frac{a_0}{s^3} = \frac{a_0}{\lim\limits_{s \to 0} s^2 G(s)H(s)}$$

$$= \frac{a_0}{\lim\limits_{s \to 0} \dfrac{s^2 K}{s^\nu}} = \begin{cases} \infty & (\nu = 0,\ \nu = 1) \\ \dfrac{a_0}{K} & (\nu = 2) \\ 0 & (\nu \geq 3) \end{cases} \tag{3-78}$$

定义 $K_a = \lim\limits_{s \to 0} s^2 G(s)H(s)$ 为稳态加速度误差系数。对于单位反馈控制控制系统在单位速加度输入时的稳态误差的 $e_{ss} = \dfrac{1}{K_a}$。这种情况下系统消除误差的条件是 $\nu \geq 3$，即开环传递函数中至少要有 3 个积分环节。

由上边分析看出，同样一种输入信号，对于结构不同的系统产生的稳态误差不同，系统型别越高，误差越小，即跟踪输入信号的无差能力越强。所以系统的型别反映了系统无差的度量，故又称无差度。0 型、I 型和 II 型系统又分别称为 0 阶无差、一阶无差和二阶无差系统。因此，型别是从系统本身结构的特征上，反映了系统跟踪输入信号的稳态精度。另一方面，型别相同的系统输入不同信号引起的误差不同，即同一个系统对不同信号的跟踪能力不同，从另一个角度反映了系统消除误差的能力。

将三种典型输入下的稳态误差与系统型别之间有规律的关系，综合在表 3-3 中，可由此根据具体控制信号的形式，从精度要求方面正确选择系统型别。

表 3-3　单位反馈控制系统在不同输入信号作用下的稳态误差

系统型别 ν	阶跃输入 $r_0 \cdot 1(t)$	斜坡输入 $v_0 t \cdot 1(t)$	抛物线输入 $a_0 t^2/2$
0	$\dfrac{r_0}{1+K}$	∞	∞
I	0	$\dfrac{v_0}{K}$	∞
II	0	0	$\dfrac{a_0}{K}$

从表中可清楚看出，在主对角线上，稳态误差是有限的；在对角线以上，稳态误差为无穷大；在对角线以下，稳态误差为 0。

增加系统开环传递函数中的积分环节和增大开环增益，是消除和减小系统稳态误差的途径。但 ν 和 K 值的增大，都会造成系统的稳定性变坏，设计者的任务正在于合理地解决这些相互制约的矛盾，选取合理的参数。

应当指出，上述信号中的位置、速度和加速度是广义的，比如：在温度控制系统中，"位置"表示温度信号，"速度"则表示温度的变化率。

【例 3-10】 引入比例加微分控制系统的方框图如图 3-30 所示，若输入信号

$$x_i(t) = 1(t) + t + \frac{t^2}{2}$$

试求系统的稳态误差。

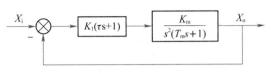

图 3-30　系统方框图

解　系统特征方程为

$$T_m s^3 + s^2 + K_1 K_m \tau s + K_1 K_m = 0$$

首先特征方程各项系数必须全部大于 0，列 Routh 表

$$
\begin{array}{c|cc}
s^3 & T_m & K_1 K_m \tau \\
s^2 & 1 & K_1 K_m \\
s^1 & K_1 K_m (\tau - T_m) & \\
s^0 & K_1 K_m &
\end{array}
$$

当各项系数都大于 0，且 $\tau > T_m$ 时，系统稳定，即可求系统的稳态误差。

该系统的开环传递函数中含有两个积分环节，是 II 型系统，开环增益为 $K_1 K_m$，因此当输入 $x_i(t) = 1(t)$ 时，$e_{ss1} = 0$；当输入 $x_i(t) = t$ 时，$e_{ss2} = 0$；当输入 $x_i(t) = t^2/2$ 时，$e_{ss3} = 1/K = 1/K_1 K_m$。

所以，系统的稳态误差为

$$e_{ss} = e_{ss1} + e_{ss2} + e_{ss3} = 1/(K_1 K_m)$$

最后说明几点，第一，系统必须是稳定的，否则计算稳态误差没有意义。第二，式 (3-74) 及表 3-3 中的 K 值是系统开环增益，即在开环传递函数中，各环节中的常数项必须化成 1 的形式。第三，表 3-3 显示的规律是在单位反馈情况下建立的，在非单位反馈情况下，如果 $H(s)$ 的分子和分母中均不含有 $s = 0$ 的因子，其稳态误差与表 3-3 的结果相差一个常数倍；如果 $H(s)$ 中含有 $s = 0$ 的因子，其稳态误差应当用式 (3-73) 计算。第四，上述结论只适用于输入信号作用下系统的稳态误差，不适用于干扰作用下的稳态误差。

3.6.5　干扰引起的稳态误差和系统的总误差

在实际控制系统中，不但存在给定的输入信号 $X_i(s)$，还存在干扰作用 $N(s)$，干扰引起偏差的系统方框图如图 3-31 所示。如果干扰不是随机的，而是能测量出来的简单信号，并且知道其作用点，这时可以计算由干扰引起的稳态误差。利用线性系统的叠加原理，系统总的误差即为输入及干扰信号单独作用时产生的误差之和。

显然，由作用 $X_i(s)$ 得到的误差为

$$e_{ssi} = \lim_{s \to 0} s \Phi_{X_i}(s) X_i(s) = \lim_{s \to 0} s \frac{1}{H(s)[1 + G_1(s) G_2(s) H(s)]} X_i(s) \tag{3-79}$$

将图 3-28 变换得到图 3-31，可以得出扰动 $N(s)$ 引起的误差为

$$e_{ssn} = \lim_{s \to 0} s \Phi_N(s) N(s) = \lim_{s \to 0} s \frac{-G_2(s)}{1 + G_1(s) G_2(s) H(s)} N(s) \tag{3-80}$$

总的稳态误差为

$$e_{ss} = e_{ssi} + e_{ssn} \qquad (3-81)$$

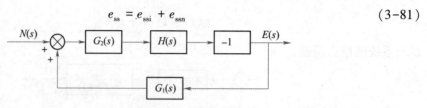

图 3-31　干扰引起偏差的系统方框图

【例 3-11】 系统方框图如图 3-32 所示，当输入信号 $x_i(t) = 1(t)$，干扰 $N(t) = 1(t)$ 时，求系统总的稳态误差 e_{ss}。

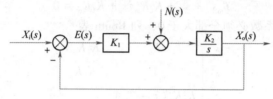

图 3-32　系统方框图

解　系统特征方程 $s + K_1 K_2 = 0$，$K_1 K_2 > 0$ 时系统稳定，下面求系统稳态误差。

输入引起的稳态误差为

$$e_{ssi} = \lim_{s \to 0} s \frac{1}{1 + \dfrac{K_1 K_2}{s}} \frac{1}{s} = 0$$

干扰引起的稳态误差为

$$e_{ssn} = \lim_{s \to 0} s \frac{-\dfrac{K_2}{s}}{1 + \dfrac{K_1 K_2}{s}} \frac{1}{s} = \lim_{s \to 0} \frac{-K_2}{s + K_1 K_2} = -\frac{1}{K_1}$$

所以，系统总的稳态误差为

$$e_{ss} = e_{eei} + e_{ssn} = -\frac{1}{K_1}$$

3.7　基于 MATLAB 的控制系统时域分析

利用时域分析方法能够了解控制系统的动态性能，如系统的上升时间、调节时间、最大超调量和稳态误差都可以通过系统在给定输入信号作用下的过渡过程来评价。但是对于高于二阶的系统，绘制其时域响应曲线的实际步骤是通过计算机仿真实现的。MATLAB 控制系统工具箱提供了多种线性系统在特定输入信号作用下的时间响应曲线的函数，例如可以用 step 函数、impulse 函数和 lsim 函数对线性连续系统的时间响应进行仿真计算。其中 step 函数用于生成单位阶跃响应；impulse 函数用于生成单位脉冲响应；lsim 函数用于生成对任意输入的时间响应。

1. 单位阶跃响应

单位阶跃响应函数 step 的调用格式为

$$\text{step (num, den) 或 step (sys)}$$

其中 sys 可以由函数 tf 或函数 zpk 得到。该命令将生成一个单位阶跃响应图形，并将在屏幕上显示一条响应曲线。计算的间隔 Δt 以及响应的时间范围由 MATLAB 来决定。

如果希望 MATLAB 对于每个 Δt 都计算出响应，并画出 $0 \leqslant t \leqslant T$ 的响应曲线（这里 T 是 Δt 的整数倍数），则在程序中输入语句

$$\text{t=0: } \Delta t\text{: T}$$

并应用命令

$$\text{step (num, den, t) 或 step (sys, t)}$$

这里 t 是使用者指定的时间。

仿真时间 t 的选择方法如下。

（1）对于典型二阶系统，根据其响应时间的估算公式 $t_s = \dfrac{3 \sim 4}{\xi \omega_n}$ 可以确定。

（2）对于高阶系统，其响应时间往往很难估计，一般采用试探的方法，把 t 选大一些，看看响应曲线的结果，最后再确定其合适的仿真时间。

（3）一般来说，先不指定仿真时间，由 MATLAB 自行确定，然后根据结果，最后确定合适的仿真时间。

（4）在指定仿真时间时，步长的不同会影响到输出曲线的光滑程度，一般不宜取太大。

如果阶跃命令存在一个左边变量，如

$$\text{y=step (num, den, t) 或 y=step (sys, t)}$$

那么 MATLAB 生成系统的单位阶跃响应，但是不能在屏幕上显示曲线。必须使用 plot 命令来显示响应曲线。注意，时间 t 是事先定义的矢量，阶跃响应矢量 y 与矢量 t 有相同的维数。

【例 3-12】假设系统的开环传递函数为

$$G(s) = \frac{20}{s^4 + 8s^3 + 36s^2 + 40s}$$

试求该系统在单位负反馈下的阶跃响应曲线和最大超调量。

解　MATLAB 程序如下

```
numk=20; denk= [1 8 36 40 0];
[num, den] =cloop (numk, denk);
t=0: 0.1: 10;
[y, x, t] =step (num, den, t);
plot (t, y,'black')
M= ( (max (y) -1)/1) *100;
disp ( ['最大超调量=', num2str (M), '%'] )
```

执行结果为：最大超调量 M=2.5546%。

单位阶跃响应曲线如图 3-33 所示。disp 函数为 MATLAB 提供的命令窗口输出函数，其调用格式为 disp（变量名），其中，变量名既可以为字符串，也可以为变量矩阵。

在求出系统的单位阶跃响应以后，根据系统瞬态性能指标的定义，可以得到系统的上升时间、峰值时间、最大超调量和调整时间等性能指标。另外，鼠标置于图形上，右击鼠标，在快捷菜单中选择 Grid（网格）功能也可以给图形添加网格线。鼠标置于 Characteristics

（特性）项，在子菜单中选择 Peak Response（响应峰值）、Settling Time（调整时间）、Rise Time（上升时间）和 Steady State（稳态值），MATLAB 将在响应曲线上标出这些点的位置。将鼠标置于响应曲线的任意位置并单击，MATLAB 都将显示与该点对应的时间及响应值。

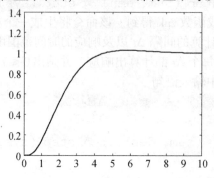

图 3-33　单位阶跃响应曲线

【例 3-13】对于典型二阶系统

$$G(s) = \frac{\omega_n^2}{s^2 + 2\xi\omega_n s + \omega_n^2}$$

试绘制出无阻尼固有频率 $\omega_n = 6$，阻尼比 ξ 从 0.2~1.0（间隔 0.2）及 2.0 时系统的单位阶跃响应曲线。

　　解　MATLAB 程序如下

```
wn=6; zeta=[0.2:0.2:1.0, 2.0];
figure (1); hold on
for I=zeta
num=wn.^2;
den=[1, 2*I*wn, wn.^2];
step (num, den); end
title ('Step Response'); hold off
```

执行后可得到如图 3-34 所示的单位阶跃响应曲线。

2. 单位脉冲响应

求取系统单位脉冲响应的函数 impulse 和单位阶跃函数 step 的调用格式完全一致。

【例 3-14】对于系统传递函数

$$\frac{X_o(s)}{X_i(s)} = \frac{50}{25s^2 + 2s + 1}$$

试绘制出系统的单位脉冲响应曲线。

　　解　下列 MATLAB 程序将给出该系统的单位脉冲响应曲线。该单位脉冲响应曲线如图 3-35 所示。

```
num=[50];
den=[25, 2, 1];
impulse (num, den)
grid
title ('Unit-Impulse Response of G (s) =50 / (25s^2+2s+1)')
```

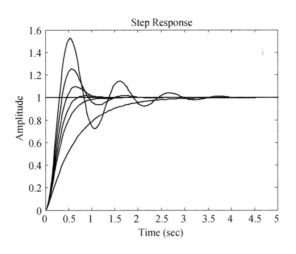

图 3-34 单位阶跃响应曲线

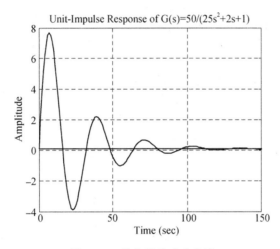

图 3-35 单位脉冲响应曲线

3. 任意函数作用下系统的响应

命令 lsim 产生线性定常系统对于任意输入的响应。函数 lsim 的调用格式为

lsim (sys, u, t) 或 lsim (num, den, u, t)

产生对于输入 u 的系统响应。这里 u 为输入，t 表示计算对 u 响应的时间。响应时间范围、时间增量都用语句说明。

命令

y=lsim (sys, u, t) 或 y=lsim (num, den, u, t)

返回输出响应 y，没有曲线被画出。需要画出响应曲线时，使用命令 plot。

注意，命令

lsim (sys1, sys2, …; u, t)

在一幅图上画出系统 sys1，sys2，…的响应曲线。此外要注意，在使用命令 lsim 时，能够对斜坡输入、加速度输入以及任何其他用 MATLAB 生成的时间函数输入获得系统的响应。

例如

```
t = 0: 0.01: 5;
u = sin (t);
lsim (sys, u, t)
```

为系统对 $u(t) = \sin(t)$ 在 5 s 之内的输入响应仿真。

【例 3-15】已知单位负反馈控制系统的开环传递函数为

$$G(s) = \frac{25}{s(s+4)}$$

求其闭环传递函数，并绘制输入信号为 $x_i(t) = 1 + 0.2\sin(4t)$ 时，系统的时域响应曲线 $x_o(t)$。

解 MATLAB 程序如下

```
numk = 25; denk = conv ( [1 0], [1 4] );
[num, den] = cloop (numk, denk);
printsys (num, den)
t = 0: 0.1: 5;
r = 1 + 0.2 * sin (4 * t);
y = lsim (num, den, r, t);
plot (t, r, t, y)
grid
xlabel ('t (s)'); ylabel ('y (t)');
text (0.7, 1.2, 'r', 'fontsize', 10);
text (0.9, 1.4, 'y', 'fontsize', 10);
```

程序的运行结果为

```
num/den =
        25
-----------------------------------
  s^2 + 4 s + 25
```

任意输入时系统的响应曲线如图 3-36 所示。在上例中，函数 text 使用 fontsize（字号大小）来改变文本字号。

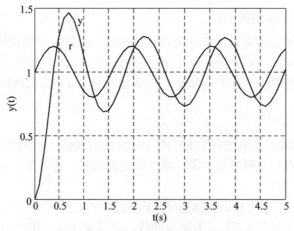

图 3-36 任意输入时系统的响应曲线

在 MATLAB 中没有斜坡响应命令，除了用上面的函数 lsim 之外还可利用阶跃响应命令求斜坡响应，先用 s 除 $G(s)$，再利用阶跃响应命令。

【例 3-16】　对于下列闭环系统

$$\frac{X_\text{o}(s)}{X_\text{i}(s)} = \frac{50}{25s^2 + 2s + 1}$$

试绘出系统的单位斜坡响应曲线。

解　对于单位斜坡输入量 $X_\text{i}(s) = \dfrac{1}{s^2}$，则

$$X_\text{o}(s) = \frac{50}{25s^2 + 2s + 1} \frac{1}{s^2} = \frac{50}{(25s^2 + 2s + 1)s} \frac{1}{s} = \frac{50}{25s^3 + 2s^2 + s} \frac{1}{s}$$

下列 MATLAB 程序将给出该系统的单位斜坡响应曲线。该单位斜坡响应曲线如图 3-37 所示。

```
num = [50];
den = [25, 2, 1, 0];
t = 0: 0.01: 100;
step (num, den, t)
grid
title ('Unit-Step ramp Response of G (s) = 50 / (25s^2+2s+1)')
```

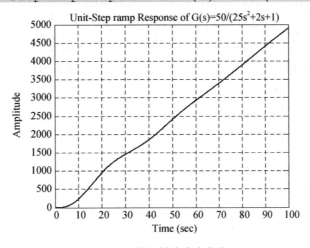

图 3-37　单位斜坡响应曲线

本章小结

本章重点介绍了根据系统的时间响应分析系统的瞬态、稳态性能和时域稳定性，需重点掌握的内容如下。

（1）时域分析法通过求解控制系统在典型输入信号下的时间响应来分析系统的稳定性、快速性和准确性，具有直观、准确、物理概念清楚的特点，是学习和研究自动控制原理的最基本的方法。

（2）线性系统的稳定性是系统正常工作的首要条件。系统的稳定性是系统固有的一种特性，由系统自身的结构、参数决定，而与初始条件和外部作用无关。

（3）瞬态响应的性能指标可以评价系统过渡过程的快速性和稳定性。时域分析中，常以单位阶跃响应的最大超调量 M_p、调节时间 t_s 等指标来评价控制系统的瞬态性能。

（4）系统的稳态误差是系统的稳态性能测度，它标志着系统的控制精度。稳态误差既和系统的结构、参数有关，也和输入信号的形式、大小有关。系统型别越高，开环增益越大，系统的稳态误差越小。对于干扰信号而言，还与信号作用点有关。

（5）对一阶、二阶系统理论分析的结果，是分析高阶系统的基础。一阶系统的典型形式是一阶惯性环节，时间常数 T 反映了一阶惯性环节的固有特性，其值越小，系统惯性越小，响应越快。

（6）典型二阶系统的两个特征参数阻尼比 ξ 和固有频率 ω_n 决定了二阶系统的动态过程。ξ 值不同时，系统响应形式也不同。实际工作中，最常见的是 $0<\xi<1$ 的欠阻尼情况，此时，系统的单位阶跃响具有衰减振荡特性，有超调。ξ 越大，M_p 越小，系统响应稳定性越好。ω_n 值主要影响系统的调节时间 t_s，当阻尼比 ξ 一定时，固有频率 ω_n 越大，系统响应的快速性越好。

（7）线性系统稳定的充要条件是：系统特征方程的根全部具有负实部，或者说系统闭环传递函数的极点均在 $[s]$ 平面的左半平面。系统的稳定性是系统固有的一种特性，由系统自身的结构、参数决定，而与初始条件和外部作用无关。

（8）稳定性判别的代数判据是 Routh 判据，它是线性系统稳定性的充分必要判据，无须求解特征根，直接通过特征方程的系数即可判断特征方程是否有位于 $[s]$ 平面右半平面的根，从而确定系统的绝对稳定性。

习 题 ▶▶ ▶

3-1 一阶系统结构如图 3-38 所示。当前向通道增益 $K=100$ 时，试求该系统单位阶跃响应的调节时间 t_s。如果要求 $t_s \leqslant 0.1\,\mathrm{s}$，试问系统前向通道增益 K 应取何值？

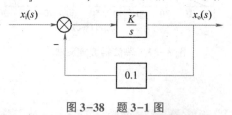

图 3-38 题 3-1 图

3-2 设单位反馈控制系统的开环传递函数为 $G(s)=\dfrac{4}{s(s+2)}$，试求该系统单位阶跃响应和单位斜坡响应。

3-3 汽车在路面上行驶 [见图 3-39（a）] 可简化为如图 3-39（b）所示的力学模型，设汽车质量为 1 t，欲使其阻尼比 $\xi=0.707$，瞬态响应过程的调整时间为 2 s（误差范围为 5%），求其弹簧刚度系数 k 及黏性阻尼系数 c。当 $x_i(t)=0.1$ 时，$x_o(t)$ 为多少？

3-4　某典型二阶系统的单位阶跃响应曲线如图 3-40 所示，试确定系统的开环传递函数。

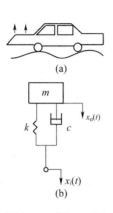

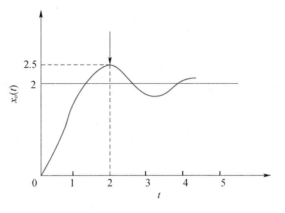

图 3-39　题 3-3 图　　　　　　图 3-40　题 3-4 图

3-5　宇宙飞船的姿态控制系统框图如图 3-41 所示。假设控制器的时间常数 $T=3$ s，力矩与惯量比 $K/J = 2/9 \text{ rad}^2/\text{s}^2$，试求系统的阻尼比。

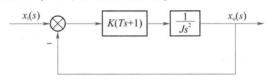

图 3-41　题 3-5 图

3-6　要使图 3-42 所示系统的单位阶跃响应的最大超调量等于 25%，峰值时间 t_p 为 2 s，试确定 K 和 K_f 的值。

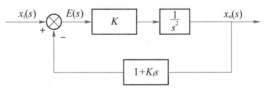

图 3-42　题 3-6 图

3-7　试用 Routh 判据判断具有下列特征方程的反馈系统的稳定性。

（1）$s^2 - 15s + 126 = 0 = 0$；

（2）$s^3 + 4s^2 + 5s + 10 = 0$；

（3）$3s^4 + 10s^3 + 5s^2 + s + 2 = 0$。

3-8　系统结构图如图 3-43 所示，试确定系统稳定时 K 的取值范围。

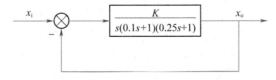

图 3-43　题 3-8 图

3-9 试确定图3-44所示各系统的开环放大系数 K 的稳定域，并说明积分环节数目对系统稳定性的影响。

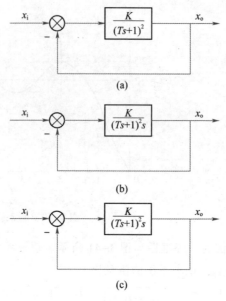

(a)

(b)

(c)

图3-44 题3-9图

3-10 已知一单位反馈控制系统的闭环传递函数为

$$\frac{Y(s)}{X(s)} = \frac{Ks + b}{s^2 + as + 1}$$

试确定其开环传递函数 $G(s)$，并证明在单位斜坡函数作用下，系统的稳态误差为

$$e_{ss} = \frac{1}{K_v} = \frac{a - K}{b}$$

3-11 单位反馈系统的开环传递函数为 $G(s) = \dfrac{K}{s(s + 1)(s + 5)}$，其斜坡函数输入时，系统的稳态误差的 $e_{ss} = 0.01$，试确定系统的 K 值。

3-12 已知单位反馈系统的闭环传递函数为 $G(s) = \dfrac{a_{n-1}s + a_n}{s^n + a_1 s^{n-1} + \cdots + a_{n-1}s + a_n}$，求斜坡函数输入和抛物线函数输入时的稳态误差。

3-13 已知单位负反馈控制系统的开环传递函数 $G(s) = \dfrac{0.2(s + 12)}{s(s + 0.5)(s + 0.8)(s + 3)}$，试利用 MATLAB 判断此闭环系统的稳定性。要求用 Routh 判据和零极点图两种方法。

3-14 已知二阶振荡环节的传递函数 $G(s) = \dfrac{\omega_n^2}{s^2 + 2\xi\omega_n s + \omega_n^2}$，试用 MATLAB 绘制：

(1) $\omega_n = 0.4$ rad/s，ξ 分别为 0.1、0.2、$\cdots$、0.9、1.0、2.0 时的单位阶跃响应曲线、单位脉冲响应曲线和单位斜坡响应曲线；

(2) $\xi = 0.7$，ω_n 分别为 2、4、6、8、10、12 rad/s 时的单位阶跃响应曲线、单位脉冲响应曲线和单位斜坡响应曲线。

3-15　某位置随动系统的方框图如图 3-45 所示，试利用 MATLAB 求此系统的单位阶跃响应曲线。

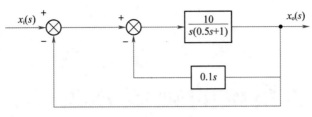

图 3-45　题 3-15 图

第4章
控制系统的频域分析

频率特性分析是经典控制理论中研究和分析系统的主要方法。采用频率特性分析可将任何信号分解为叠加的谐波信号，也就是说，可将周期信号分解为叠加的频谱离散的谐波信号，将非周期信号分解为叠加的频谱连续的谐波信号。这样，系统对不同频率的谐波信号的响应特性研究可以取代系统对任何信号的响应特性研究，并且可以通过分析频率特性来分析系统的稳定性、响应的快速性和准确性等。

另外，频率特性分析易于进行系统实验研究，在无须求解微分方程的情况下，用图解的方法就可以根据系统的开环频率特性分析闭环系统性能；同时还可以指出如何调整系统性能指标。因此，频率特性对于控制系统的分析和设计十分重要。

4.1　频率特性的基本概念

4.1.1　频率响应和频率特性

系统对正弦输入信号的稳态响应称为频率响应。

对于线性定常系统，输入某一频率的正弦信号，经过充分长的时间后，系统的输出响应仍是同频率的正弦信号，而且输出与输入的正弦幅值之比和相位之差，对于一定的系统来讲是完全确定的。当不断改变输入正弦信号的频率（$0 \to \infty$）时，该幅值比和相位差的变化情况即称为系统频率特性，用 $G(\mathrm{j}\omega)$ 表示。下面举例说明。

【例 4-1】某线性系统传递函数为 $G(s) = \dfrac{K}{Ts+1}$，输入正弦信号 $x_\mathrm{i}(t) = A_0 \sin \omega t$，求该系统的稳态输出 $x_\mathrm{o}(t)$。

解　输入信号的拉氏变换为 $X_\mathrm{i}(s) = A_0 \omega / (s^2 + \omega^2)$，稳态输出 $x_\mathrm{o}(t)$ 的拉氏变换为

$$X_\mathrm{o}(s) = \frac{K}{Ts+1} \frac{A_0 \omega}{s^2 + \omega^2} = \frac{a}{Ts+1} + \frac{bs+d}{s^2 + \omega^2}$$

式中，a、b、d 为待定系数。取拉氏反变换加以整理可得稳态输出

$$x_\mathrm{o}(t) = \frac{A_0 K}{\sqrt{1 + \omega^2 T^2}} \sin\left(\omega t - \arctan \omega T\right) + \frac{\omega T A_0 K}{1 + \omega^2 T^2} \mathrm{e}^{-t/T}$$

当 $t \to \infty$，稳态输出为

$$x_o(t) = \frac{K}{\sqrt{1 + \omega^2 T^2}} A_0 \sin(\omega t - \arctan \omega T) = A(\omega) A_0 \sin[\omega t + \varphi(\omega)]$$

由结果可看出，系统稳态输出和输入的幅值比 $A(\omega)$ 以及稳态输出、输入间的相位差 $\varphi(\omega)$ 都是频率 ω 的函数，并与系统参数 K、T 有关。

其中，

$$A(\omega) = |G(j\omega)| = \frac{K}{\sqrt{1 + \omega^2 T^2}} \tag{4-1}$$

$$\varphi(\omega) = \angle G(j\omega) = -\arctan \omega T \tag{4-2}$$

$G(j\omega)$ 的模 $A(\omega)$ 称为系统的幅频特性，$G(j\omega)$ 的幅角 $\varphi(\omega)$ 称为系统的相频特性，因 $G(j\omega)$ 包含输出和输入的幅值比和相位差，故又称为幅相频率特性。

4.1.2 频率特性的求取方法

频率特性一般可以通过以下 3 种方法求取。

（1）依据频率特性的定义求取，即把输入以正弦函数代入，求其稳态解，取输出稳态分量和输入正弦函数的复数之比（例 4-1 中所用的方法）。

（2）根据系统的传递函数求取频率特性，即将 $s = j\omega$ 代入系统传递函数 $G(s)$ 中，就可以直接得到系统频率特性。以例 4-1 中的系统为例，$G(s) = \dfrac{K}{Ts + 1}$，将 $s = j\omega$ 代入，即得 $G(j\omega) = \dfrac{K}{j\omega T + 1}$，取它的模 $|G(j\omega)|$ 和幅角 $\angle G(j\omega)$，结果与例 4-1 的结果是一致的。

（3）通过实验测得频率特性。对于难以用传递函数或微分方程等数学模型描述的系统，无法用前面两种方法来求取频率特性，但是基于线性系统的频率保持性（即当系统输入为谐波信号时，稳态输出仍为同频率的谐波信号这一特性）和频率特性的一些概念，可以通过实验的方法来获得系统的频率特性。这种实验方法在工程实际中常常被采用。

实验求取系统频率特性，就是改变输入谐波信号的频率，并测出与此相应的输出信号的幅值和相位，然后求出对应频率下两信号的幅值比和相位差，以此分别作出它们与频率的关系曲线，从而获得系统的幅频特性曲线和相频特性曲线。由此曲线还可以近似地推出系统频率特性的表达式。

4.2 频率特性的图形表示法

4.2.1 频率特性的极坐标图

系统频率特性 $G(j\omega)$ 是 ω 的复变函数，在平面上用向量描述。当 ω 取不同值时，可以算出相应的幅频特性 $|G(j\omega)|$ 和相频特性 $\angle G(j\omega)$ 值，或者算出其相应的实部 $\mathrm{Re}[G(j\omega)]$（实频特性，记作 $U(\omega)$）及虚部 $\mathrm{Im}[G(j\omega)]$（虚频特性，记作 $V(\omega)$）。这样就可以在平面上画出 ω 由 $0 \to +\infty$ 时的各 $G(j\omega)$ 向量，将各向量端点连成曲线即得到系统的幅相频率特性曲线，通常称为极坐标图或奈奎斯特（Nyquist）图，即奈氏图，如图 4-1 所示，图中 ω 的箭头方向表示频率 ω 从小到大的方向。

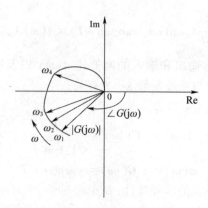

图 4-1 Nyquist 图示例

绘制 Nyquist 图时需要逐点作出，因此不便于徒手作图。一般情况下，依据作图原理，可以粗略地绘制出 Nyquist 曲线，但是 Nyquist 曲线应保持其准确曲线的主要特征，并且在要研究点的附近有足够的准确性。在需要准确绘制 Nyquist 图时，可以借助 MATLAB 完成。

绘制 Nyquist 图的一般步骤如下：

（1）由 $G(j\omega)$ 分别求出其实频特性 $\text{Re}[G(j\omega)]$ 和虚频特性 $\text{Im}[G(j\omega)]$、幅频特性 $A(\omega)$ 和相频特性 $\varphi(\omega)$ 的表达式；

（2）写出若干特征点，如起始点（$\omega = 0$）、终止点（$\omega = \infty$）、与实轴的交点（$\text{Im}[G(j\omega)] = 0$）、与虚轴的交点（$\text{Re}[G(j\omega)] = 0$）等，并标注到极坐标图上；

（3）补充必要的中间几点，根据 $\text{Re}[G(j\omega)]$、$\text{Im}[G(j\omega)]$、$A(\omega)$ 和 $\varphi(\omega)$ 的变化趋势，勾画大致曲线。

4.2.2 频率特性的对数坐标图

频率特性的对数坐标图即对数频率特性曲线，又称伯德（Bode）图。对数频率特性曲线由对数幅频和对数相频两条特性曲线及其坐标组成，是工程中广泛使用的一组曲线。

对数频率特性曲线的横坐标表示频率 ω，按对数分度，其单位是弧度/秒（rad/s）或秒$^{-1}$（s^{-1}）。

对数幅频特性曲线的纵坐标按 $20\lg|G(j\omega)|$ 均匀分度，其单位是分贝，记作 dB，通常以 $L(\omega)$ 代表纵坐标，即

$$L(\omega) = 20\lg|G(j\omega)|$$

对数相频特性曲线的纵坐标表示 $G(j\omega)$ 的相位，按均匀分度，其单位是度（°），通常用 $\varphi(\omega)$ 代表纵坐标。

由以上方法构成的坐标系称为半对数坐标系，Bode 图的坐标系如图 4-2 所示，其特点如下：

（1）横轴采用对数分度，但标出的是频率 ω 本身的数值，因此，横轴的刻度是不均匀的；横轴压缩了高频段，扩展了低频段。

（2）在 ω 轴上，对应于频率每变化一倍，称为一倍频程，例如 ω 从 1 到 2，2 到 4，10 到 20 等等，其长度都相等。对应于频率每增大十倍的频率范围，称为十倍频程（dec），例如 ω 从 1 到 10，2 到 20，10 到 100 等等，所有十倍频程在 ω 轴上的长度都相等。

（3）可以将幅值的乘除化为加减。

（4）可以采用简便方法绘制近似的对数幅频特性曲线。

（5）对一些难以建立传递函数的环节或系统，将实验获得的频率特性数据画成对数频率特性曲线，能方便地进行系统分析。

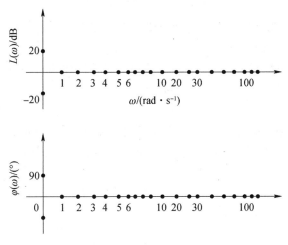

图 4-2　Bode 图的坐标系

4.2.3　典型环节的频率特性

开环传递函数总可以分解为一些常见因式的乘积，这些常见的因式称为典型环节。因此研究典型环节的频率特性曲线的绘制方法和特点很有必要，本节叙述各典型环节频率特性曲线的绘图要点及绘制方法。

1. 比例环节

比例环节的传递函数为

$$G(s) = K$$

频率特性为

$$G(j\omega) = K \tag{4-3}$$

1）比例环节的 Nyquist 图

由频率特性求得比例环节的幅频特性及相频特性为

$$A(\omega) = K \tag{4-4}$$

$$\varphi(\omega) = 0° \tag{4-5}$$

比例环节的 Nyquist 图如图 4-3 所示。

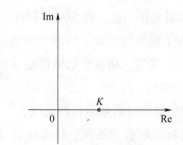

图 4-3 比例环节的 Nyquist 图

可见，不管频率 ω 为何值，幅相频率特性曲线都是实轴上的一点。

2）比例环节的 Bode 图

由式（4-4）、式（4-5）知，比例环节的对数幅频特性和相频特性分别为

$$L(\omega) = 20\lg K \tag{4-6}$$

$$\varphi(\omega) = 0° \tag{4-7}$$

比例环节的 Bode 图如图 4-4 所示。Bode 图中的幅频特性图是一条平行于横轴的直线，幅值为 $20\lg K(\mathrm{dB})$，如图 4-4（a）所示；Bode 图中的相频特性图是一条与横轴重合的直线，与频率 ω 无关，如图 4-4（b）所示。

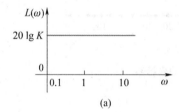
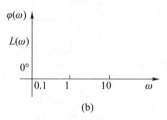

图 4-4 比例环节的 Bode 图

（a）幅频特性图；（b）相频特性图

2. 惯性环节

惯性环节的传递函数为

$$G(s) = \frac{1}{Ts + 1}$$

频率特性为

$$G(\mathrm{j}\omega) = \frac{1}{\mathrm{j}\omega T + 1} \tag{4-8}$$

1）惯性环节的 Nyquist 图

由频率特性求得其幅频特性和相频特性分别为

$$A(\omega) = \frac{1}{\sqrt{1 + (\omega T)^2}} \tag{4-9}$$

$$\varphi(\omega) = -\arctan \omega T \tag{4-10}$$

由式（4-9）、式（4-10）可知，当 ω 由 $0 \to \infty$ 时，惯性环节的幅频特性由 1 衰减到 0，在 $\omega = 1/T$ 处，其值为 $1/\sqrt{2}$；相频特性由 0° 变到 -90°，在 $\omega = 1/T$ 处，其值为 -45°。惯性环节的 Nyquist 图如图 4-5 所示。

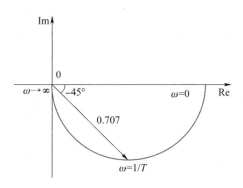

图 4-5　惯性环节的 Nyquist 图

2）惯性环节的 Bode 图

由式（4-9）可得，惯性环节的对数幅频特性为

$$L(\omega) = 20\lg \frac{1}{\sqrt{1 + \omega^2 T^2}} = -20\lg \sqrt{1 + \omega^2 T^2} \tag{4-11}$$

当 $\omega T \ll 1$，即 $\omega \ll 1/T$ 时，$L(\omega) \approx 0$ dB，所以在低频段，对数幅频特性曲线近似为零分贝线，即零分贝线是对数幅频特性曲线的低频渐近线。

当 $\omega T \gg 1$，即 $\omega \gg 1/T$ 时，$L(\omega) \approx -20\lg \omega T$，所以在高频段，对数幅频特性曲线近似为一条斜率为 -20 dB/dec 且与横轴交于 $\omega = 1/T$ 点的直线，该直线是对数幅频特性曲线的高频渐近线。

高频渐近线和低频渐近线的交点处的频率 $\omega = 1/T$，称为交界频率或转折频率，惯性环节的对数幅频特性曲线可由两条渐近线构成的折线近似，如图 4-6 所示。

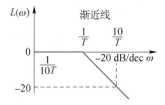

图 4-6　惯性环节的渐近幅频特性图

惯性环节的对数幅频特性渐近线与准确对数幅频特性曲线之间的误差 $\Delta L(\omega)$ 由下式计算

$$\Delta L(\omega) = \begin{cases} -20\sqrt{(\omega T)^2 + 1} & \omega \leqslant 1/T \\ -20\sqrt{(\omega T)^2 + 1} + 20\lg \omega T & \omega > 1/T \end{cases} \tag{4-12}$$

误差最大值出现在 $\omega = 1/T$ 处，其数值为

$$\Delta L\left(\frac{1}{T}\right) = -20\lg \sqrt{2} \approx -3 \text{ dB} \tag{4-13}$$

在 $\omega = 0.1(1/T) \sim 10(1/T)$ 区间的误差如表 4-1 所示。根据表 4-1 绘制的惯性环节渐近幅频特性修正曲线如图 4-7 所示，惯性环节渐近幅频特性经表 4-1 给出的数据或图 4-7 所示修正曲线修正后取得的精确幅频特性如图 4-8 所示。

表 4-1　惯性环节渐近幅频特性修正表

$\dfrac{\omega}{1/T}$	0.1	0.25	0.4	0.5	1	2	2.5	4	10
误差/dB	−0.04	−0.32	−0.65	−1	−3.01	−1	−0.65	−0.32	−0.04

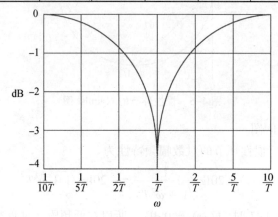

图 4-7　惯性环节渐近幅频特性修正曲线

另外，由式（4-10）可知，惯性环节的对数相频特性图为一条反正切曲线，且 $\omega = 0$ 时，$\varphi(\omega) = 0°$；$\omega = 1/T$ 时，$\varphi(\omega) = -45°$；$\omega = \infty$ 时，$\varphi(\omega) = -90°$。惯性环节的 Bode 图如图 4-8 所示。

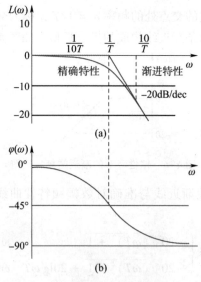

图 4-8　惯性环节的 Bode 图

（a）幅频特性图；（b）相频特性图

3. 积分环节

积分环节的传递函数为

$$G(s) = \frac{1}{s}$$

频率特性为

$$G(\mathrm{j}\omega) = \frac{1}{\mathrm{j}\omega} \tag{4-14}$$

1）积分环节的 Nyquist 图

由频率特性求得积分环节的幅频特性和相频特性分别为

$$A(\omega) = \frac{1}{\omega} \tag{4-15}$$

$$\varphi(\omega) = -90° \tag{4-16}$$

由式（4-15）、式（4-16）看出，当 ω 由 $0 \to \infty$ ，积分环节的幅频特性由无穷大衰减到 0，其相频特性为与 ω 无关的常量-90°。积分环节的 Nyquist 图如图 4-9 所示。

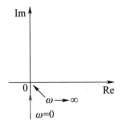

图 4-9 积分环节的 Nyquist 图

2）积分环节的 Bode 图

积分环节的对数幅频特性为

$$L(\omega) = 20\lg \frac{1}{\omega} = -20\lg \omega \tag{4-17}$$

由式（4-17）可见，当 $\omega = 1$ 时，$L(\omega) = 0$，且频率 ω 每增加 10 倍，对数幅频特性就下降 20 dB，故积分环节的对数幅频特性曲线是一条穿过横轴上点 $\omega = 1$，斜率为-20 dB/dec 的直线。

由式（4-16）可知，积分环节的对数相频特性为 $\varphi(\omega) = -90°$，故积分环节的对数相频特性曲线是一条平行于横轴，纵坐标为 $-90°$ 的直线。

积分环节的 Bode 图如图 4-10 所示。

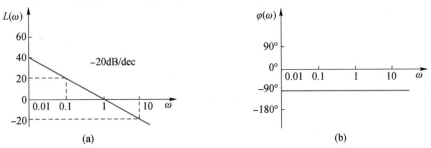

图 4-10 积分环节的 Bode 图

（a）幅频特性图；（b）相频特性图

4. 微分环节

微分环节的传递函数为

$$G(s) = s$$

频率特性为

$$G(j\omega) = j\omega \tag{4-18}$$

1）微分环节的 Nyquist 图

由频率特性求得其幅频特性和相频特性分别为

$$A(\omega) = |G(j\omega)| = \omega \tag{4-19}$$

$$\varphi(\omega) = \angle G(j\omega) = 90° \tag{4-20}$$

由式（4-19）、式（4-20）看出，当 ω 由 $0 \to \infty$，微分环节的幅频特性由 0 变到无穷大，其相频特性是常量 90°。微分环节的 Nyquist 图如图 4-11 所示。

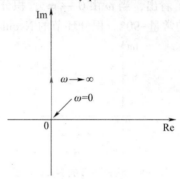

图 4-11　微分环节的 Nyquist 图

2）微分环节的 Bode 图

微分环节的对数幅频特性为

$$L(\omega) = 20\lg|G(j\omega)| = 20\lg\omega \tag{4-21}$$

由式（4-21）可见，当 $\omega = 1$ 时，$L(\omega) = 0$，且频率 ω 每增加 10 倍，对数幅频特性就上升 20dB，故微分环节的对数幅频特性曲线是一条穿过横轴上点 $\omega = 1$，斜率为 20dB/dec 的直线。

由式（4-20）可知，微分环节的对数相频特性为 $\varphi(\omega) = 90°$，故微分环节的对数相频特性曲线是一条平行于横轴，纵坐标为 90° 的直线。

微分环节的 Bode 图如图 4-12 所示。

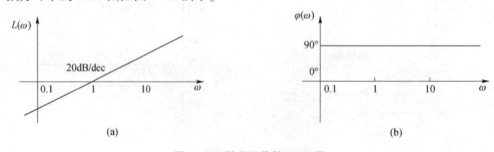

图 4-12　微分环节的 Bode 图

（a）幅频特性图；（b）相频特性图

对比一下积分环节和微分环节的 Bode 图，可以看出：微分环节的对数幅频特性曲线与积分环节的对数幅频特性曲线关于 0 dB 线对称，微分环节的对数相频特性曲线与积分环节的对数相频特性曲线关于 0° 线对称。之所以有这样的特性，其原因就是微分环节和积分环节的传递函数互为倒数。

5. 振荡环节

振荡环节的传递函数为

$$G(s) = \frac{1}{T^2 s^2 + 2\xi Ts + 1} \qquad (0 < \xi < 1)$$

频率特性为

$$G(j\omega) = \frac{1}{(j\omega)^2 T^2 + j2\xi\omega T + 1} \tag{4-22}$$

1）振荡环节的 Nyquist 图

由频率特性求得其幅频特性和相频特性分别为

$$A(\omega) = |G(j\omega)| = \frac{1}{\sqrt{(1 - \omega^2 T^2)^2 + (2\xi\omega T)^2}} \tag{4-23}$$

$$\varphi(\omega) = \angle G(j\omega) = \begin{cases} -\arctan \dfrac{2\xi\omega T}{1 - \omega^2 T^2} \left(\omega \leqslant \dfrac{1}{T}\right) \\[3mm] -\pi - \arctan \dfrac{2\xi\omega T}{1 - \omega^2 T^2} \left(\omega > \dfrac{1}{T}\right) \end{cases} \tag{4-24}$$

振荡环节的幅频特性和相频特性同时是角频率 ω 及阻尼比 ξ 的二元函数，ξ 越小，幅频特性曲线的值越大，当 ξ 小到一定程度时，幅频特性曲线将会出现峰值 M_r，即发生谐振，谐振峰值对应的频率称为谐振频率，记作 ω_r，即

$$M_r = A(\omega_r) \tag{4-25}$$

$A(\omega)$ 出现峰值相当于其分母取得极小值，设 $u = \omega T = \dfrac{\omega}{\omega_n}$，$f(u) = (1 - u^2)^2 + (2\xi u)^2$，令 $f'(u) = 4u^3 - 4u + 8\xi^2 u = 0$，可得

$$u = \sqrt{1 - 2\xi^2}$$

即

$$\omega_r = \omega_n \sqrt{1 - 2\xi^2} \tag{4-26}$$

$$M_r = A(\omega)_{max} = A(\omega_r) = \frac{1}{2\xi\sqrt{1 - \xi^2}} \tag{4-27}$$

进一步来看振荡环节的 Nyquist 图的绘制。由式（4-23）、（4-24）可得 $\omega = 0$ 时，$A(\omega) = 1$，$\varphi(\omega) = 0°$；$\omega = \omega_n$ 时，$A(\omega) = 1/2\xi$，$\varphi(\omega) = -90°$；$\omega = \infty$ 时，$A(\omega) = 0$，$\varphi(\omega) = -180°$。

由此可知，振荡环节的 Nyquist 图始于点 $(1, j0)$，终于点 $(0, j0)$，曲线和虚轴交点的频率就是无阻尼固有频率，此时的幅值是 $1/2\xi$。曲线在第三、四象限，ξ 取值不同，Nyquist 图的形状也不同，如图 4-13 所示。

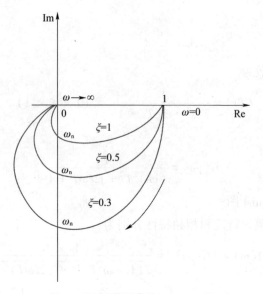

图 4-13　振荡环节的 Nyquist 图

2）振荡环节的 Bode 图

由式（4-23）得振荡环节的对数幅频特性为

$$L(\omega) = 20\lg |G(j\omega)| = -20\lg\sqrt{(1-T^2\omega^2)^2+(2\xi T\omega)^2} \tag{4-28}$$

当 $\omega \ll \omega_n$ 时，$L(\omega) \approx 0\,dB$，这说明在低频段幅频特性是与横轴重合的直线；当 $\omega \gg \omega_n$ 时，$L(\omega) \approx -40\lg T\omega = -40\lg T - 40\lg \omega$，这说明在高频段幅频特性渐近线是一条斜率为 $-40\,dB/dec$ 的直线。

上述两条渐近线在 $\omega = 1/T$ 处相交（此频率称为转折频率，也等于固有频率 ω_n），从而构成振荡环节的渐近幅频特性，如图 4-14 所示。

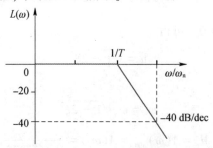

图 4-14　振荡环节的渐近幅频特性

振荡环节的精确幅频特性与渐近幅频特性之间的误差为

$$-20\lg\sqrt{(1-T^2\omega^2)^2+(2\xi T\omega)^2} - 0\,dB \qquad \omega < \omega_n$$

$$-20\lg\sqrt{(1-T^2\omega^2)^2+(2\xi T\omega)^2} - (-40\lg T\omega)\,dB \qquad \omega > \omega_n$$

$$-20\lg\sqrt{(1-T^2\omega^2)^2+(2\xi T\omega)^2} = -20\lg 2\xi\,dB \qquad \omega = \omega_n$$

由以上各式可看出，振荡环节的精确幅频特性与渐近幅频特性之间的误差是角频率 ω 及阻尼比 ξ 的二元函数。因此，振荡环节的渐近幅频特性的修正曲线也因 ξ 的不同而有多条，如图 4-15 所示。

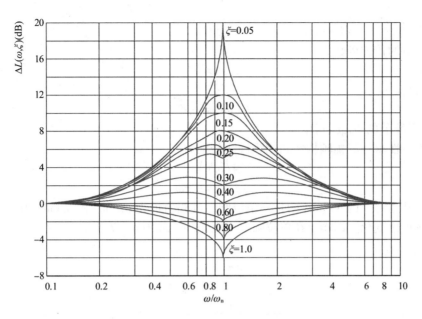

图 4-15　振荡环节的渐近幅频特性的修正曲线

　　基于渐近幅频特性，经修正取得的振荡环节的精确幅频特性如图 4-16（a）所示。

　　由式（4-24）可知，振荡环节的相频特性图由两段反正切函数曲线组成，两段曲线在转折频率 $\omega_n = 1/T$ 处相交，此时 $\varphi(\omega) = -90°$。振荡环节的对数相频特性如图 4-16（b）所示。

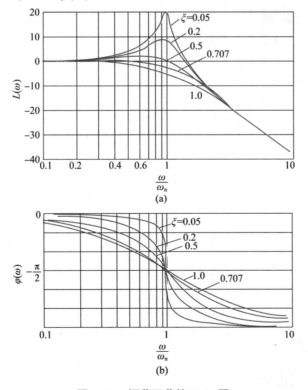

图 4-16　振荡环节的 Bode 图

（a）幅频特性图；（b）相频特性图

6. 延迟环节

延迟环节的传递函数为

$$G(s) = e^{-\tau s}$$

频率特性为

$$G(j\omega) = e^{-j\tau\omega} \tag{4-29}$$

1）延迟环节的 Nyquist 图

由频率特性求得其幅频特性和相频特性分别为

$$A(\omega) = 1 \tag{4-30}$$

$$\varphi(\omega) = -\tau\omega \tag{4-31}$$

所以，延迟环节的 Nyquist 图是一单位圆。其幅值恒为 1，而相位 $\varphi(\omega)$ 则随 ω 顺时针方向的变化成正比变化，即端点在单位圆上无限循环，如图 4-17 所示。

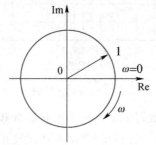

图 4-17　延迟环节的 Nyquist 图

2）延迟环节的 Bode 图

由式（4-31）得，延迟环节的对数幅频特性为

$$L(\omega) = 0 \tag{4-32}$$

即对数幅频特性为 0 dB 线。

相频特性为 $\varphi(\omega) = -\tau\omega$，说明 $\varphi(\omega)$ 随着 ω 的增加而线性减小，在线性坐标中，$\varphi(\omega)$ 应是一条直线，但对数相频特性是一曲线。延迟环节的 Bode 图如图 4-18 所示。

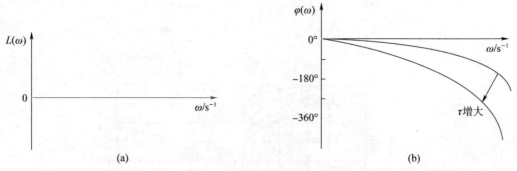

图 4-18　延迟环节的 Bode 图
（a）幅频特性图；（b）相频特性图

7. 一阶微分环节

一阶微分环节的传递函数为

$$G(s) = 1 + Ts$$

其频率特性为

$$G(\mathrm{j}\omega) = 1 + \mathrm{j}\omega T \qquad (4\text{-}33)$$

（1）一阶微分环节的 Nyquist 图

一阶微分环节的幅频特性为

$$A(\omega) = \sqrt{1 + \omega^2 T^2} \qquad (4\text{-}34)$$

相频特性为

$$\varphi(\omega) = \arctan \omega T \qquad (4\text{-}35)$$

当频率 ω 从 $0 \to \infty$ 时，$G(\mathrm{j}\omega)$ 的实部始终为 1，虚部则随着 ω 线性增长。所以，一阶微分环节的 Nyquist 图是一条平行于虚轴的直线，如图 4-19 所示，图中的箭头方向代表 ω 从 $0 \to \infty$ 的方向。

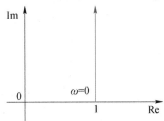

图 4-19　一阶微分环节的 Nyquist 图

（2）一阶微分环节的 Bode 图

一阶微分环节的对数幅频特性为

$$L(\omega) = 20\lg\sqrt{1 + \omega^2 T^2} \qquad (4\text{-}36)$$

由式（4-35）可知，一阶微分环节的对数相频特性图为反正切函数曲线。一阶微分环节的 Bode 图如图 4-20 所示。

由于一阶微分环节的传递函数与惯性环节的传递函数互为倒数，所以一阶微分环节的对数幅频特性曲线与惯性环节的对数幅频特性曲线关于 0 dB 线对称；一阶微分环节的对数相频特性曲线与惯性环节的对数相频特性曲线关于 0°线对称。此规律也可从图 4-8 和图 4-20 获得。

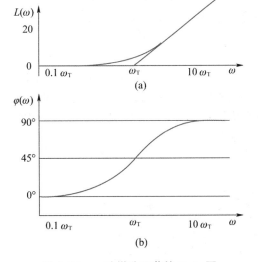

图 4-20　一阶微分环节的 Bode 图

（a）幅频特性图；（b）相频特性图

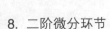
8. 二阶微分环节

二阶微分环节的传递函数为

$$G(s) = \frac{s^2 + 2\xi\omega_n s + \omega_n^2}{\omega_n^2}$$

其频率特性为

$$G(j\omega) = \frac{s^2 + 2\xi\omega_n + \omega_n^2}{\omega_n^2}\bigg|_{s=j\omega} = \left(1 - \frac{\omega^2}{\omega_n^2}\right) + j2\xi\frac{\omega}{\omega_n} \tag{4-37}$$

它的 Nyquist 图如图 4-21 所示。由于二阶微分环节与振荡环节的传递函数互为倒数，因此，它们的对数幅频特性图关于 0dB 线对称，对数相频特性图关于 0°线对称。

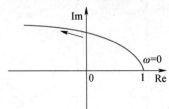

图 4-21　二阶微分环节的 Nyquist 图

4.3　系统的开环频率特性

4.3.1　最小相位系统

为了说明幅频特性和相频特性之间的关系，在此提出最小相位系统概念。

在 $[s]$ 平面的右半平面既无极点，也无零点的传递函数，称为最小相位传递函数；否则，称为非最小相位传递函数。具有最小相位传递函数的系统，称为最小相位系统。

例如，某两个单位反馈的控制系统的开环传递函数分别为

$$G_1(s) = \frac{T_1 s + 1}{T_2 s + 1} \qquad G_2(s) = \frac{-T_1 s + 1}{T_2 s + 1} \qquad 0 < T_1 < T_2$$

显然，$G_1(s)$ 的零点为 $z = -1/T_1$，极点为 $p = -1/T_2$，如图 4-22（a）所示。$G_2(s)$ 的零点为 $z = 1/T_1$，极点为 $p = -1/T_2$，如图 4-22（b）所示。根据最小相位系统的定义，具有 $G_1(s)$ 的系统是最小相位系统，而具有 $G_2(s)$ 的系统是非最小相位系统。

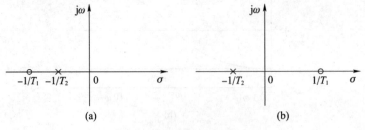

图 4-22　最小相位系统和非最小相位系统

（a）最小相位系统；（b）非最小相位系统

对于稳定系统而言，根据最小相位传递函数的定义可推知：最小相位系统的相位变化范围最小，这是因为

$$G(j\omega) = \frac{K(1 + j\tau_1\omega)(1 + j\tau_2\omega)(1 + j\tau_m\omega)\cdots}{(1 + j\tau_1\omega)(1 + j\tau_2\omega)(1 + j\tau_m\omega)\cdots} \qquad (4-38)$$

对于稳定系统，T_1，T_2，$\cdots$，T_n 均为正值，τ_1，τ_2，$\cdots$，τ_m 可正可负，而最小相位系统的 τ_1，τ_2，$\cdots$，τ_m 均为正值，从而有

$$\varphi_1(\omega) = \sum_{i=1}^{m} \arctan \tau_i\omega - \sum_{j=1}^{n} \arctan T_j\omega \qquad (4-39)$$

非最小相位系统，若有 q 个零点在 $[s]$ 平面的右半平面，则有

$$\varphi_2(\omega) = \sum_{i=q+1}^{m} \arctan \tau_i\omega - \sum_{k=1}^{q} \arctan \tau_k\omega - \sum_{j=1}^{n} \arctan T_j\omega \qquad (4-40)$$

比较上面的两个相位表达式（4-39）和式（4-40）可知，稳定系统中最小相位系统的相位变化范围最小。在上例中，两个系统具有同一幅频特性，而相频特性却不同，两系统的 Bode 图如图 4-23 所示，这就说明了上述结论。最小相位系统的对数幅频特性渐近线在频率趋于无穷大时的斜率为 $-20(n-m)$ dB/dec（其中 n、m 分别为传递函数中分母、分子多项式的阶数），而对数相频特性在频率趋于无穷大时为 $-90°(n-m)$。这个结论可以从图 4-23 验证。但是，满足这两个条件的系统并非都是最小相位系统，如传递函数为 $G_3(s) = \dfrac{T_1s - 1}{T_2s + 1}$ 的系统，在频率趋于无穷大时，对数幅频特性渐近线的斜率为 0 dB/dec，满足斜率等于 $-20(n-m)$ dB/dec；对数相频特性为 0°，也满足相位等于 $-90°(n-m)$。但是很显然，该系统是非最小相位系统。

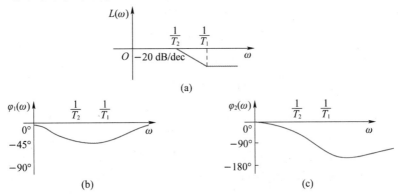

图 4-23 最小相位系统和非最小相位系统的 Bode 图

（a）两系统的幅频特性图；（b）最小相位系统的相频特性图；（c）非最小相位系统的相频特性图

4.3.2 系统开环 Nyquist 图的绘制

在掌握了典型环节频率特性的基础上，可以作出系统的开环频率特性曲线，即开环 Nyquist 图和开环 Bode 图，进而可以利用这些图形对所研究的系统进行分析。接下来介绍开环 Nyquist 图的绘制。

1. 一般步骤

（1）分别写出开环系统中各个典型环节的幅频特性和相频特性。

（2）写出开环系统的 $A(\omega)$ 和 $\varphi(\omega)$ 表达式。

（3）分别求出 $\omega = 0$ 和 ω 为无穷大时的 $G(j\omega)$。

（4）求 Nyquist 图与实轴的交点，交点可用 $\mathrm{Im}[G(j\omega)] = 0$ 求出。

（5）求 Nyquist 图与虚轴的交点，交点可用 $\mathrm{Re}[G(j\omega)] = 0$ 求出。

（6）必要时再画出中间几点，勾画大致曲线。

2. 举例

【例 4-2】已知系统开环传递函数为 $G(s) = \dfrac{K}{s^2(T_1 s + 1)(T_2 s + 1)}$，试绘制其 Nyquist 图。

解 系统频率特性为

$$G(j\omega) = \frac{K}{(j\omega)^2(j\omega T_1 + 1)(j\omega T_2 + 1)}$$

组成该系统的典型环节为：比例环节、积分环节，惯性环节。

实频特性和虚频特性分别为

$$U(\omega) = \frac{-K(1 - T_1 T_2 \omega^2)}{\omega^2[1 + (\omega T_1)^2][1 + (\omega T_2)^2]}$$

$$V(\omega) = \frac{K(T_1 + T_2)}{\omega^2[1 + (\omega T_1)^2][1 + (\omega T_2)^2]}$$

曲线的起始点和终点为

$$\lim_{\omega \to 0} U(\omega) = -\infty$$

$$\lim_{\omega \to 0} V(\omega) = \infty$$

$$\lim_{\omega \to \infty} U(\omega) = 0$$

$$\lim_{\omega \to \infty} V(\omega) = 0$$

$$\lim_{\omega \to 0} A(\omega) = \infty$$

$$\lim_{\omega \to 0} \varphi(\omega) = -180°$$

$$\lim_{\omega \to \infty} A(\omega) = 0$$

$$\lim_{\omega \to \infty} \varphi(\omega) = -360°$$

所以，该系统的 Nyquist 图在位于第一、二象限，在起始端 $\omega = 0$ 时，Nyquist 图在与负实轴平行的无穷远处，Nyquist 图的终点在坐标原点，且终点的切线方向为 -360° 方向，如图 4-24 所示。

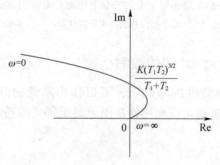

图 4-24 例 4-2 系统的 Nyquist 图

曲线的特征点：当 $U(\omega)=0$ 时，$\omega=\dfrac{1}{\sqrt{T_1 T_2}}$；　此时，$V(\omega)=\dfrac{K(T_1 T_2)^{3/2}}{T_1+T_2}$。

4.3.3　系统开环 Bode 图的绘制

1. 一般步骤

在熟悉了典型环节的 Bode 图后，绘制系统的 Bode 图就比较容易了，特别是按渐近线绘制 Bode 图很方便。

绘制系统的 Bode 图的一般步骤如下：

（1）将系统传递函数 $G(s)$ 转化为若干个标准形式的典型环节的传递函数（即惯性环节、一阶微分环节、振荡环节和二阶微分环节的传递函数中的常数项均为 1）的乘积形式；

（2）由传递函数 $G(s)$ 求出频率特性 $G(j\omega)$；

（3）确定各典型环节的转折频率；

（4）作出各环节的对数幅频特性的渐近线；

（5）根据误差修正曲线对渐近线进行修正，得出各环节的对数幅频特性的精确曲线；

（6）将各环节的对数幅频特性叠加（不包括系统总的增益 K）；

（7）将叠加后的曲线垂直移动 $20\lg K$，得到系统的对数幅频特性；

（8）作各环节的对数相频特性图，然后叠加而得到系统总的对数相频特性；

（9）有延时环节时，对数幅频特性不变，对数相频特性则应加上 $-\tau\omega$。

2. 举例

【例 4-3】设系统开环传递函数 $G(s)=\dfrac{10(s+3)}{s(s+2)\left[(s^2+s+2)\right]}$，绘制该系统的 Bode 图。

解　首先将系统传递函数写成标准形式

$$G(s)=\frac{7.5\left(\dfrac{s}{3}+1\right)}{s\left(\dfrac{s}{2}+1\right)\left(\dfrac{s^2}{2}+\dfrac{s}{2}+1\right)}$$

根据系统传递函数求得频率特性

$$G(j\omega)=\frac{7.5\left(\dfrac{j\omega}{3}+1\right)}{(j\omega)\left(\dfrac{j\omega}{2}+1\right)\left[\dfrac{(j\omega)^2}{2}+\dfrac{j\omega}{2}+1\right]}$$

由此可知该系统由下列典型环节组成。

（1）比例环节：7.5。

（2）积分环节：$\dfrac{1}{j\omega}$。

（3）振荡环节：$\dfrac{1}{\dfrac{(j\omega)^2}{2}+\dfrac{j\omega}{2}+1}$，转折频率 $\omega_1=\sqrt{2}$。

（4）惯性环节：$\dfrac{1}{\dfrac{j\omega}{2}+1}$，转折频率 $\omega_2=2$。

（5）一阶微分环节：$\dfrac{j\omega}{3}+1$，转折频率 $\omega_3=3$。

将转折频率 ω_1、ω_2、ω_3 在横坐标上按照顺序标出，如图 4-25 所示。

当 $\omega\ll\omega_1=\sqrt{2}$ 时，即在低频段，振荡环节、惯性环节和一阶微分环节的对数帧频特性线近似为 0 dB 线，故

$$L(\omega)=20\lg|G(j\omega)|\approx20\lg\frac{7.5}{\omega}$$

令 $\omega=1$，则

$$L(\omega)=20\lg 7.5$$

这样，在横坐标轴 $\omega=1$ 处垂直向上取 $20\lg 7.5$ 得到一点，它就是近似曲线要穿过的点。由前述知道积分环节的对数幅频特性的斜率是 -20 dB/dec，所以可以经过上述这一点，绘制 ω 很小时的系统开环的近似对数幅频特性曲线，即低频渐近线。将低频渐近线延长至 $\omega_1=\sqrt{2}$ 处，在这以后由于振荡环节的对数幅频特性曲线的渐近线斜率是 -40 dB/dec，因此在 ω_1 处，系统的渐近线斜率经叠加后变成 -60 dB/dec，该直线一直延长到下一个转折频率 $\omega_2=2$ 处。此后，由于惯性环节的对数幅频特性曲线的渐近线斜率为 -20 dB/dec，所以在 ω_2 处，系统的渐进线斜率应为 -80 dB/dec，一直延长到转折频率 $\omega_3=3$ 处。由于微分环节的对数幅频特性曲线的渐近线斜率为 $+20$ dB/dec，故从 ω_3 处起系统的渐近线斜率又变为 -60 dB/dec。如此，就得到了系统开环近似的对数幅频特性，如图 4-25（a）所示。为了得到精确曲线，对上述近似曲线加以修正，即在每一转折频率处，以及低于和高于转折频率的一倍频程处加以修正就可以得到精确曲线了。

绘制系统的相频特性曲线必须先画出所有环节的相频特性，如图 4-25（b）所示。$\varphi_1(\omega)$、$\varphi_2(\omega)$ 分别为比例环节和积分环节的相频特性，$\varphi_3(\omega)$ 为振荡环节的相频特性，$\varphi_4(\omega)$ 和 $\varphi_5(\omega)$ 分别为惯性环节和一阶微分环节的相频特性。然后将它们的相位在相同的频率下代数相加，这样就画出了完整的相频曲线 $\varphi(\omega)$，如图 4-25（b）所示。

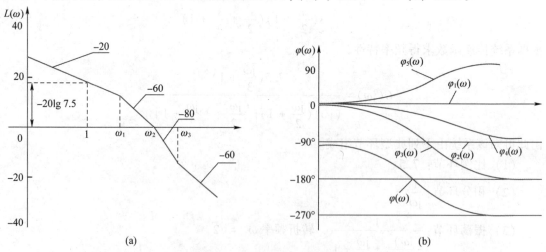

图 4-25　例 4-3 系统的 Bode 图

（a）近似幅频特性图；（b）相频特性图

4.3.4 开环频率特性与闭环系统性能的关系

系统开环频率特性的求取比闭环频率特性的求取方便，且对于最小相位系统，幅频特性和相频特性之间有确定的对应关系，因此，可由开环频率特性来分析和设计系统的动态响应和稳态性能。

实际系统的开环对数幅频特性 $L(\omega)$ 一般都符合如图 4-26 所示的特征：左端（频率较低的部分）高；右端（频率较高的部分）低。可将 $L(\omega)$ 人为地分为 3 个频段：低频段、中频段和高频段。需要指出的是，3 频段的划分是相对的，各频段之间没有严格的界限。但它反映了对控制系统性能影响的主要方面，为进一步确定开环频域指标和闭环系统性能之间的关系，指出了原则和方向。

开环对数频率特性的 3 个频段包含了闭环系统性能不同方面的信息，即低频段、中频段和高频段分别表征了系统的稳定性、动态特性和抗干扰能力。下面分别进行讨论。

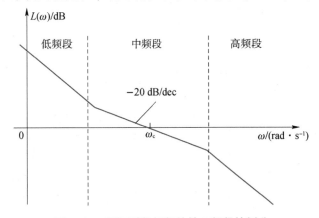

图 4-26 开环对数幅频特性 3 频段的划分

1. 低频段与稳态精度

在对数频率特性图中，低频段通常是指 $L(\omega)$ 曲线在第一个转折频率以前的频段。此段的特性由开环传递函数中的积分环节和开环增益决定。设低频段对应的开环传递函数为

$$G(s) = \frac{K}{s^{\nu}} \tag{4-41}$$

$$L(\omega) = 20\lg|G(j\omega)| = 20\lg\frac{K}{\omega^{\nu}} = 20\lg K - 20\nu\lg\omega \tag{4-42}$$

由 3.5 节可知，系统稳态精度，即稳态误差 e_{ss} 的大小，取决于系统的开环增益 K 和系统的型别（积分环节个数 ν）。而积分环节个数 ν 决定着低频渐近线的斜率，开环增益 K 则决定着渐近线的高度。因此，开环对数幅频特性的低频渐近线斜率越大（指绝对值）、位置越高，对应的开环系统积分环节个数 ν 越多、开环增益 K 越大，系统的稳态误差 e_{ss} 越小、稳态精度越高。

2. 中频段与动态性能

在对数频率特性图中，中频段是指 $L(\omega)$ 在开环截止频率 ω_c（即穿越 0 dB 线的频率）附近的频段，这段特性集中反映闭环系统动态响应的平稳性和快速性。

下面对对数幅频特性中频段的斜率和宽度分两种情况进行分析。

（1）中频段斜率为-20 dB/dec。设 $L(\omega)$ 曲线中频段斜率为-20 dB/dec，且有较宽的频率区域，其对应的开环传递函数可近似为

$$G(s) \approx \frac{K}{s} = \frac{\omega_c}{s} \tag{4-43}$$

若系统为单位反馈系统，则闭环传递函数为

$$\Phi(s) = \frac{G(s)}{1+G(s)} = \frac{\omega_c/s}{1+\omega_c/s} = \frac{1}{s/\omega_c+1} = \frac{1}{Ts+1} \tag{4-44}$$

式中，$T = 1/\omega_c$ 为时间常数。

此时系统相当于一个一阶系统，其阶跃响应按指数规律变化，没有振荡，即具有较高的稳定程度，且 $t_s = (3 \sim 4)/\omega_c$，$\omega_c$ 越大，t_s 越小，系统的快速性越好。

（2）中频段斜率为-40 dB/dec。设 $L(\omega)$ 曲线中频段斜率为-40 dB/dec，且有较宽的频率区域，其对应的开环传递函数可近似为

$$G(s) \approx \frac{K}{s^2} = \frac{\omega_c^2}{s^2} \tag{4-45}$$

若系统为单位反馈系统，则闭环传递函数为

$$\Phi(s) = \frac{G(s)}{1+G(s)} = \frac{(\omega_c/s)^2}{1+(\omega_c/s)^2} = \frac{\omega_c^2}{s^2+\omega_c^2} \tag{4-46}$$

此时系统相当于 $\xi = 0$ 的二阶系统，系统处于临界稳定状态，动态过程持续振荡。因此，中频段斜率如为-40 dB/dec，所占区域不宜太宽，否则 $\sigma\%$、t_s 显著增大。

若中频段斜率小于-40 dB/dec 时，闭环系统将难以稳定，因此，通常中频段斜率取-20dB/dec，且应占有一定的频域宽度，即可获得较好的稳定性，依靠提高开环截止频率 ω_c，获得较好的快速性。

3. 高频段与动态性能

在对数频率特性图中，高频段通常是指 $L(\omega)$ 曲线在 $\omega > 10\omega_c$ 以后的频段。这部分特性是由系统中时间常数很小且频带很高的部件决定的。由于远离 ω_c，一般分贝值又较低，故对系统动态性能影响不大，近似分析时，可将多个小惯性环节等效为一个小惯性环节，其时间常数等于被代替的多个小惯性环节的时间常数之和。

另外，从系统抗干扰性的角度看，高频段特性是有其意义的，由于高频部分的开环幅频特性曲线一般较低，即 $L(\omega) \ll 0$，$|G(j\omega)| \ll 1$，故对单位反馈系统，有

$$\Phi|(j\omega)| = \frac{|G(j\omega)|}{|1+G(j\omega)|} \approx |G(j\omega)| \tag{4-47}$$

即在高频段，闭环幅频特性近似等于开环幅频特性。因此，开环对数幅频特性在高频段的幅值，直接反映了系统对高频干扰信号的抑制能力，高频部分的幅值越低，系统的抗干扰能力越强，即高频衰减能力越强。

综上所述，为了设计一个合理的控制系统，对开环对数幅频特性的形状要求如下：低频段要有一定的高度和斜率；中频段的斜率最好为-20 dB/dec，且具有足够的宽度；高频段采用迅速衰减的特性，以抑制不必要的高频干扰。

4.4 频域稳定判据

4.4.1 Nyquist 稳定判据

前面介绍的稳定性判据，都是基于系统的微分方程或传递函数等参数模型。但在工程中，比较原始、直接的资料是用实验得到的频率特性等实验数据，而且，频率特性具有更清晰的物理意义。所以，工程技术人员更希望直接用实验得到的系统频率特性等来分析、设计系统。1932 年，美国贝尔（Bell）实验室的 Nyquist 提出了一种应用开环频率特性曲线来判别闭环系统稳定性的判据，即 Nyquist 稳定判据，简称奈氏判据。

在系统初步设计和校正中经常采用频率特性的图解方法，这就为用 Nyquist 图或 Bode 图判断系统的稳定性带来了方便。因为这时系统的参数尚未最后确定，一些元件的数学表达式常常是未知的，仅有在实验中得到的频率特性曲线可供采用。应用奈氏判据，无论是由解析法还是由实验方法获得的开环频率特性曲线，都可用来分析系统的稳定性。

奈氏判据仍是根据系统稳定的充分必要条件导出的一种方法。欲使系统稳定，必须满足系统特征方程的根（即闭环极点）全部位于 [s] 平面的左半部，奈氏判据正是将开环频率特性 $G(j\omega)H(j\omega)$ 与系统的闭环极点联系起来的判据。

利用奈氏判据不但可以判断系统是否稳定（绝对稳定性），也可以确定系统的稳定程度（相对稳定性），还可以用于分析系统的动态性能以及指出改善系统性能指标的途径。因此，奈氏判据是一种重要而实用的稳定性判据，工程上应用十分广泛。

1. 理论基础

由于闭环系统的稳定性取决于闭环特征根的性质，因此，运用开环频率特性研究闭环系统的稳定性时，首先应明确开环频率特性与闭环特征方程之间的关系，然后，进一步寻找它与闭环特征根之间的规律性。

假设控制系统的一般结构方框图如图 4-27 所示。

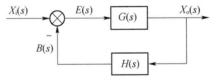

图 4-27 控制系统的一般结构方框图

系统的开环传递函数为

$$G(s)H(s) = \frac{M(s)}{N(s)}$$

式中 $M(s)$、$N(s)$ 为 s 的多项式，其 s 的最高幂次分别为 m、n，且 $n \geq m$。

闭环特征方程可写成

$$N(s) + M(s) = 0 \tag{4-48}$$

可见，$N(s)$ 及 $N(s) + M(s)$ 分别为开环和闭环特征多项式。将它们的特征多项式联系起来，引入辅助函数 $F(s)$，即

$$F(s) = \frac{N(s) + M(s)}{N(s)}$$

$$= 1 + G(s)H(s)$$

$$= \frac{(s - \lambda_1)(s - \lambda_2)\cdots(s - \lambda_n)}{(s - p_1)(s - p_2)\cdots(s - p_n)} \tag{4-49}$$

以 $s = j\omega$ 代入上式，则有

$$F(j\omega) = 1 + G(j\omega)H(j\omega) \tag{4-50}$$

式（4-49）和式（4-50）确定了系统开环频率特性和闭环特征多项式之间的关系。可以看出，$1 + G(s)H(s)$ 的极点 $p_i(i = 1, 2, \cdots, n)$ 即开环传递函数 $G(s)H(s)$ 的极点；而 $1 + G(s)H(s)$ 的零点 $\lambda_i(i = 1, 2, \cdots, n)$ 正是闭环传递函数的极点，建立这个关系是证明奈氏判据的第一步。

奈氏判据的理论基础是复变函数中的幅角定理，也称映射定理，它是幅角定理在工程控制中的具体应用，下面首先介绍幅角定理。

假设复变函数 $F(s)$ 为单值，且除了 $[s]$ 平面上有限的奇点外，处处都为连续的正则函数，也就是说 $F(s)$ 在 $[s]$ 平面上除奇点外处处解析，那么，对于 $[s]$ 平面上的每一个解析点，在 $[F(s)]$ 平面上必有一点（称为映射点）与之对应。

例如，系统的开环传递函数为

$$G(s)H(s) = \frac{1}{s(s + 1)}$$

其辅助函数是

$$F(s) = 1 + G(s)H(s) = \frac{s^2 + s + 1}{s(s + 1)}$$

除奇点 $s = 0$ 和 $s = -1$ 外，在 $[s]$ 平面上任取一点，如

$$s_1 = 1 + j2$$

则

$$F(s_1) = \frac{(1 + j2)^2 + (1 + j2) + 1}{(1 + j2)(1 + j2 + 1)} = 0.95 - j0.15$$

如图 4-28 所示，在 $s = -10$ 平面上有点 $F(s_1) = 0.95 - j0.15$ 与 $[s]$ 平面上的点 s_1 对应，$F(s_1)$ 就叫作 $s_1 = 1 + j2$ 在 $[F(s)]$ 平面上的映射点。

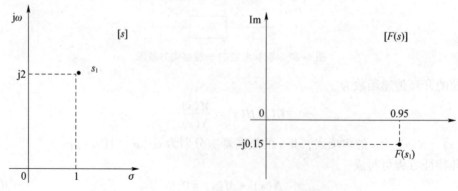

图 4-28　$[s]$ 平面上的点在 $[F(s)]$ 平面上的映射
(a) $[s]$ 平面；(b) $[F(s)]$ 平面

如果解析点 s_1 在 $[s]$ 平面上沿封闭曲线 Γ_S（Γ_S 不经过 $F(s)$ 的奇点）按顺时针方向连续变化一周，那么辅助函数 $F(s)$ 在 $[F(s)]$ 平面上的映射也是一条封闭曲线 Γ_F，但其变化方向可以是顺时针的，也可以是逆时针的，这要依据辅助函数 $F(s)$ 的性质而定，如图 4-29 所示。

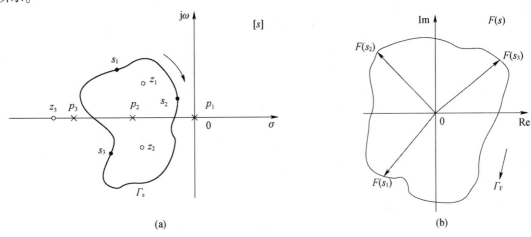

图 4-29　$[s]$ 平面到 $[F(s)]$ 平面的映射

(a) $[s]$ 平面；(b) $[F(s)]$ 平面

幅角定理（映射定理）：设 $F(s)$ 在 $[s]$ 平面上，除有限个奇点外，为单值的连续正则函数，若在 $[s]$ 平面上任选一封闭曲线 Γ_S，并使 Γ_S 不通过 $F(s)$ 的奇点，则 $[s]$ 平面上的封闭曲线 Γ_S 映射到 $[F(s)]$ 平面上也是一条封闭曲线 Γ_F。当解析点 s 按顺时针方向沿 Γ_S 变化一周时，则在 $[F(s)]$ 平面上，Γ_F 曲线按逆时针方向旋转的周数 N（每旋转 2π 弧度为一周），或 Γ_F 按逆时针方向包围 $[F(s)]$ 平面原点的次数，等于封闭曲线 Γ_S 内包含 $F(s)$ 的极点数 P 与零点数 Z 之差。即

$$N = P - Z \tag{4-51}$$

式中，若 $N > 0$，则 Γ_F 按逆时针方向绕 $[F(s)]$ 平面坐标原点 N 周；若 $N < 0$，则 Γ_F 按顺时针绕 $[F(s)]$ 平面坐标原点 N 周；若 $N = 0$，则 Γ_F 不包围 $[F(s)]$ 平面坐标原点。

在图 4-29 中，$[s]$ 平面上有 3 个极点 p_1、p_2、p_3 和 3 个零点 z_1、z_2、z_3。被 Γ_S 曲线包围的零点有 z_1、z_2 两个，即 $Z = 2$，包围的极点只有 p_2，即 $P = 1$，则

$$N = P - Z = 1 - 2 = -1$$

说明 Γ_S 映射到 $[F(s)]$ 平面上的封闭曲线 Γ_F 顺时针绕 $[F(s)]$ 平面原点一周。

由幅角定理，我们可以确定被封闭曲线 Γ_S 所包围的辅助函数 $F(s)$ 的极点数 P 与零点数 Z 的差值 $(P - Z)$。

封闭曲线 Γ_S 和 Γ_F 的形状是无关紧要的，因为它不影响上述结论。

关于幅角定理的数学证明请读者参考有关书籍。

2. Nyquist 轨迹及其映射

为了分析反馈控制系统的稳定性，只需判断是否存在 $[s]$ 平面右半部的闭环极点。根据复变函数中的保角映射关系，对于 $[s]$ 平面上的一条连续封闭曲线，在 $[1 + G(s)H(s)]$ 平面上必有一条封闭曲线与之对应。在证明奈氏判据时，取 $[s]$ 平面上的封闭曲线 Γ_S，包围整个 $[s]$ 平面的右半部，即沿着虚轴由 $-j\infty \rightarrow +j\infty$，再沿着半径为 ∞ 的半圆构成封闭曲

线，如图4-30所示。

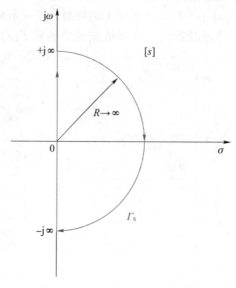

图 4-30　[s] 平面上的封闭曲线

若将 $F(s) = 1 + G(s)H(s)$ 的零点 $z_i(i = 1, 2, \cdots, n)$ 和极点 $p_i(i = 1, 2, \cdots, n)$ 画在 [s] 平面上，那么，$F(s)$ 实部为正的极点和零点都被封闭曲线 Γ_S 包围进去，即 Γ_S 包围了系统所有实部为正的开环极点和闭环极点（下面简称开环右极点和闭环右极点）。

下面来看 Γ_S 的映射曲线 Γ_F。

Γ_S 由两部分曲线组成，一部分为 [s] 平面上沿虚轴的部分，另一部分为无穷大半圆部分。按照幅角定理，这两部分曲线都将映射到 $F(s)$ 平面上，共同构成 Γ_F，按照 Γ_F 绕 $F(s)$ 平面原点的旋转情况即可确定包围次数 N。

（1）当 Γ_S 为 [s] 平面上沿虚轴的部分，变量 s 沿 [s] 平面的虚轴从 $-\infty$ 到 $+\infty$ 变化时，即 $s = j\omega$，映射到 $[1 + G(s)H(s)]$ 平面上就是 $1 + G(j\omega)H(j\omega)$ 曲线。而 $G(j\omega)H(j\omega)$ 曲线正是系统的开环奈氏图。

在平面 $[1 + G(s)H(s)]$ 和 $[G(s)H(s)]$ 之间的实轴坐标相差 1，$[1 + G(s)H(s)]$ 平面（简写为 [1 + GH] 平面）的坐标原点正是 $[G(s)H(s)]$ 平面（简写为 [GH] 平面）上的 $(-1, j0)$ 点。如果由 Γ_S 映射的曲线在 [1 + GH] 平面上包围其坐标原点，在 [GH] 平面上则包围 $(-1, j0)$ 点，即当 $1 + G(j\omega)H(j\omega) = 0$ 时，有 $G(j\omega)H(j\omega) = -1$。

（2）曲线的另一部分即无穷大半圆部分，此时

$$\lim_{s \to \infty}[1 + G(s)H(s)] = \lim_{s \to \infty}G(s)H(s) = \frac{K(s - z_1)(s - z_2)\cdots(s - z_m)}{(s - p_1)(s - p_2)\cdots(s - z_n)} \quad (m \leq n) \quad (4\text{-}52)$$

故 Γ_S 无穷大半圆部分映射到 [GH] 平面上为坐标原点（当 $n > m$ 时），或 [GH] 平面的实轴上某定点 K（当 $n = m$ 时），这两种情况都对某点的包围情况不构成影响。

所以 Γ_F 的绕行情况只需考虑 $G(j\omega)H(j\omega)$ 开环奈氏图。

3. Nyquist 稳定判据

前面已经指出，$F(s)$ 的极点数等于开环传递函数 $G(s)H(s)$ 的极点数，因此当从 $[F(s)]$ 平面上确定了封闭曲线 Γ_F 的旋转周数 N 以后，则在 [s] 平面上封闭曲线 Γ_S 包含的

零点数 Z（即系统的闭环极点数）便可简单地由下式计算出来

$$Z = P - N \qquad (4-53)$$

式中，Z 为闭环右极点个数，正整数或 0；P 为开环右极点个数，正整数或 0；N 为 ω 从 $-\infty$ $\to +\infty$ 变化时，$G(j\omega)H(j\omega)$ 封闭曲线在 $[GH]$ 平面内包围 $(-1, j0)$ 点的次数。当 $N > 0$ 时，是按逆时针方向包围的情况；当 $N < 0$ 时，是按顺时针方向包围的情况；当 $N = 0$ 时，表示曲线不包围 $(-1, j0)$ 点。

由式（4-53），则可根据开环右极点个数 P 和开环奈氏图对 $(-1, j0)$ 点的包围次数 N，来判断闭环右极点数 Z 是否等于 0。若要系统稳定，闭环不能有右极点，即必须使 $Z = 0$，也就是要求 $N = P$。令开环传递函数 $G(s)H(s)$ 的分母为 0，可求得开环右极点数；N 的确定则须画出开环奈氏图，ω 从 $-\infty \to 0 \to +\infty$ 的开环奈氏图是一条关于实轴对称的封闭曲线，只要画出 ω 从 $0 \to \infty$ 的那一半曲线，按镜像对称原则便可得到 ω 从 $-\infty \to 0$ 的另一半曲线，如图 4-31 所示。奈氏图对 $(-1, j0)$ 点的包围情况 N 即可得出。有了 P 和 N，便可确定 Z。

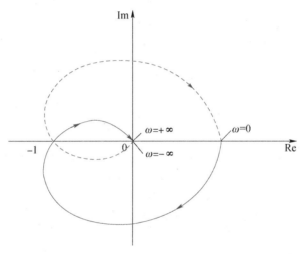

图 4-31　ω 从 $-\infty \to \infty$ 的奈氏图

为了简单起见，通常只画出 ω 从 $0 \to \infty$ 的 $G(j\omega)H(j\omega)$ 曲线，当仅用正半部分奈氏图判别系统的稳定性时，包围次数应当增加一倍才符合式（4-53）的关系，即把式（4-53）改写为

$$Z = P - 2N \qquad (4-54)$$

式中，N 为 ω 从 $0 \to \infty$ 的 $G(j\omega)H(j\omega)$ 曲线对 $(-1, j0)$ 点包围的次数，N 的正负及 P、Z 的意义同式（4-53）。

按式（4-54），闭环系统稳定时，即当 $Z = 0$ 时应满足

$$P = 2N \qquad (4-55)$$

或

$$N = P/2 \qquad (4-56)$$

归纳上述，按式（4-56）的关系给出奈氏判据的结论：当 ω 从 $0 \to \infty$ 变化时，开环频率特性曲线 $G(j\omega)H(j\omega)$ 逆时针包围点 $(-1, j0)$ 的次数 N 如果等于开环右极点数的一半 $P/2$，则闭环系统是稳定的，否则系统不稳定。

应用奈氏判据判断系统稳定性的一般步骤如下。

(1) 绘制 ω 从 $0 \to \infty$ 变化时的开环频率特性曲线，即开环奈氏图，并在曲线上标出 ω 从 $0 \to \infty$ 增加的方向。根据曲线包围 $(-1, j0)$ 点的次数和方向，求出 N 的大小及正负。为此可从 $(-1, j0)$ 点向 $G(j\omega)H(j\omega)$ 曲线上作一矢量，并计算当 ω 从 $0 \to \infty$ 变化时这个矢量相应转过的"净"角度，规定逆时针旋转方向为正角度方向，并按转过 $360°$ 折算 $N = 1$，转过 $-360°$ 折算 $N = -1$。要注意 N 的正、负及 $N = 0$ 的情况，N 的计算如图 4-32 所示。

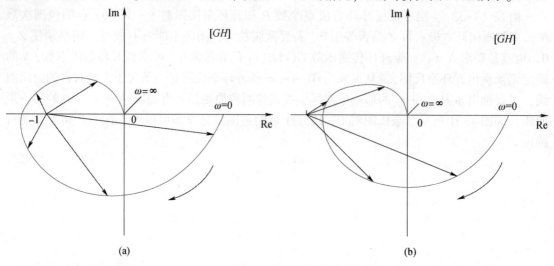

图 4-32　N 的计算

(a) $N = -1$；(b) $N = 0$

(2) 由给定的开环传递函数确定开环右极点数 P，并按奈氏判据判断系统的稳定性。若 $N = P/2$，则闭环系统稳定，否则不稳定。如果 $-\omega\tau$ 曲线刚好通过 $(-1, j0)$ 点，表明闭环系统有极点位于虚轴上，系统处于临界稳定状态，归入不稳定情况。

4. 应用举例

在应用奈氏判据时，根据开环传递函数是否包含 $s = 0$ 的极点（即开环传递函数中是否包含积分环节），可分为以下两种情况。

1）开环传递函数中没有 $s = 0$ 的极点

【例 4-4】　单位负反馈系统的开环传递函数为

$$G(s) = \frac{10K}{s + 10}$$

试用奈氏判据判断 $K = 4$ 和 $K = -4$ 情况下系统的稳定性。

解　作出 $K = 4$ 和 $K = -4$ 时的开环奈氏图，如图 4-33 所示。

$K = 4$ 时，开环奈氏图如图 4-33（a）所示，可以明显看出曲线不包围 $(-1, j0)$ 点，所以 $N = 0$。由开环传递函数可知，开环极点为 $s = -10$，因此开环无右极点，$P = 0$。

由奈氏判据知，系统在 $K = 4$ 时是稳定的。

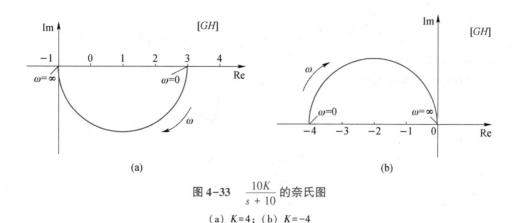

图 4-33 $\dfrac{10K}{s+10}$ 的奈氏图

（a）$K=4$；（b）$K=-4$

当 $K=-4$ 时，开环奈氏图如图 4-33（b）所示，这时开环极点没有变化，但曲线顺时针包围（-1，j0）点半周，即

$$N=-\frac{1}{2}\neq\frac{P}{2}$$

可见在 $K=-4$ 时系统不稳定。

例 4-4 说明，系统在开环无右极点的情况下，闭环是否稳定须用判据判断以后才能知道，并不存在开环稳定（$P=0$），闭环一定稳定的必然关系。

【例 4-5】 已知单位反馈系统开环传递函数

$$G(s)=\frac{2}{s-1}$$

试判别闭环系统的稳定性。

解 作出开环奈氏图，如图 4-34 所示。由图可见，$G(j\omega)$ 正向包围（-1，j0）点半圈，即 $N=1/2$；由 $G(s)$ 可知开环是不稳定的，有一个正根，即 $P=1$，故 $N=P/2$，闭环系统稳定。

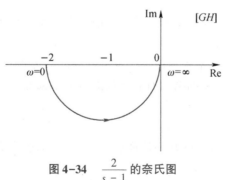

图 4-34 $\dfrac{2}{s-1}$ 的奈氏图

从例 4-4、例 4-5 可以看出，开环系统稳定，但若各部件以及被控对象的参数选择不当，很可能保证不了闭环系统的稳定性；而开环系统不稳定，只要合理地选择控制装置，完全能使闭环系统稳定。

【例 4-6】 设系统的开环传递函数为

$$G(s)H(s) = \frac{K}{(T_1 s + 1)(T_2 s + 1)(T_3 s + 1)}$$

判断闭环系统的稳定性。

解 系统的开环频率特性为

$$G(j\omega)H(j\omega) = \frac{K}{(1 + j\omega T_1)(1 + j\omega T_2)(1 + j\omega T_3)}$$

当 $\omega = 0$ 时

$$|G(j\omega)H(j\omega)| = K$$
$$\angle G(j\omega)H(j\omega) = 0°$$

当 $\omega = \infty$ 时

$$|G(j\omega)H(j\omega)| = 0$$
$$\angle G(j\omega)H(j\omega) = -270°$$

该系统开环奈氏图的大致形状如图 4-35 所示。曲线从正实轴上的 K 点开始，顺时针旋转穿过 3 个象限，沿 $-270°$ 线终止于原点。K 值较小时，如曲线①所示，不包围 $(-1, j0)$ 点，$N = 0$。

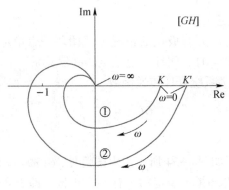

图 4-35 三阶系统的开环奈氏图

当 K 值增大到 K'，曲线的相位不变，仅幅值增大，如曲线②所示，顺时针包围 $(-1, j0)$ 点一周，即 $N = -1$。因为开环无右极点，$P = 0$。所以，在曲线①所示情况下，闭环系统稳定，在曲线②所示情况下，系统不稳定。可见开环增益 K 的增大，不利于系统的稳定性。从系统稳态误差的角度来说，K 的增大有利于稳态误差的减小。为了兼顾精度和稳定性，需要在系统中加补偿环节。

2) 开环传递函数中有 $s = 0$ 的极点

当系统中串联有积分环节，即开环传递函数有 $s = 0$ 的极点时，需将奈氏判据进行如下处理。

在 $[s]$ 平面上的封闭曲线 Γ_s 向 $[1 + GH]$ 平面上映射时，Γ_s 是沿虚轴前进的，现在原点处有极点，Γ_s 曲线应以该点为圆心，以无穷小为半径的圆弧按逆时针方向绕过该点，如图 4-36 所示。由于绕行半径为无限小，因此可以认为所有不在原点上的右极点和右零点仍能被包括在 Γ_s 封闭曲线之内。这时开环右极点数 P 已不再包含 $s = 0$ 处的极点。

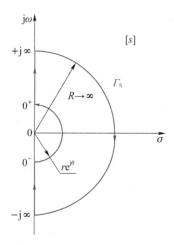

图 4-36　$[s]$ 平面上避开原点上极点的封闭曲线

由于积分环节在 $\omega = 0$ 时的相位为 $-90°$ ，幅值为 ∞ ，其影响将使含有积分环节的开环奈氏图在 $\omega = 0$ 时的起点不是实轴上的一个定值点，而是沿某一个坐标轴趋于 ∞ ，如图 4-37 中的实线所示。因此 ω 从 $-\infty \rightarrow +\infty$ 的开环奈氏图不封闭，无法识别曲线对 $(-1, j0)$ 点的包围情况。遇到这种情况，可以作辅助曲线，如图 4-37 中的虚线所示。

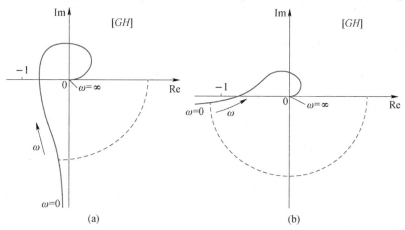

图 4-37　含有积分环节的开环奈氏图

（a）$\dfrac{K}{(j\omega)(1 + j\omega T_1)(1 + j\omega T_2)(1 + j\omega T_3)}$ 的奈氏图；

（b）$\dfrac{K(1 + j\omega T_4)}{(j\omega)^2(1 + j\omega T_1)(1 + j\omega T_2)(1 + j\omega T_3)}$ 的奈氏图

辅助曲线的作法如下：以无穷大为半径，从奈氏图的起始端沿逆时针方向绕过 $\nu \cdot 90°$ 作圆和实轴相交，这个圆就是辅助曲线，ν 是开环传递函数中含有积分环节的个数。

设系统的开环传递函数为

$$G(s)H(s) = \frac{K\prod\limits_{j=1}^{m}(s - z_j)}{s^{\nu}\prod\limits_{i=1}^{n-\nu}(s - p_i)} \tag{4-57}$$

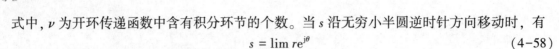
式中，ν 为开环传递函数中含有积分环节的个数。当 s 沿无穷小半圆逆时针方向移动时，有

$$s = \lim_{r \to 0} re^{j\theta} \tag{4-58}$$

将式（4-58）代入式（4-57）中，得

$$G(s)H(s)\big|_{s = \lim\limits_{r \to 0} re^{j\theta}} = \lim_{r \to 0} \frac{|K'|e^{j\varphi_0}}{r^\nu} e^{-j\nu\theta} \tag{4-59}$$

式中，$K' = K \dfrac{(-z_1)(-z_2)\cdots(-z_m)}{(-p_1)(-p_2)\cdots(-p_{n-\nu})}$，由于复数根的共轭性，故 K' 是实数；φ_0 为其他环节（除去积分环节）在 $\omega = 0$ 时的相位和，对于最小相位系统 $\varphi_0 = 0°$，对于非最小相位系统 $\varphi_0 = k(\pm 180°)$，（$k = 0,\ 1,\ 2,\ 3,\ \cdots$）。

根据式（4-59）可以确定当 s 沿小半圆从 $\omega = 0^-$ 变化到 $\omega = 0^+$ 时，$[s]$ 平面上半径为无穷小的圆弧映射在 $[GH]$ 平面上为无限大半径的圆弧，幅角由 φ_0 变化 $\nu \cdot (-90°)$，此无限大半圆即为开环奈氏图的辅助线，其起点始于坐标轴，终点即为 $G(j\omega)H(j\omega)$ 开环奈氏图的起点，如图 4-37 中的虚线所示。

经过以上的处理，原开环奈氏图和辅助曲线一起构成封闭映射曲线，由此可以判断封闭映射曲线对 $(-1, j0)$ 点的绕行情况，故原奈氏判据仍可使用。

例如，图 4-37 中的两个系统，开环均无右极点，即 $P = 0$，增补（加辅助线）后的开环奈氏图又都不包围 $(-1, j0)$ 点，故 $N = 0$，所以由奈氏判据可以判断两个系统都是稳定的。

【例 4-7】 设某非最小相位系统的开环传递函数为

$$G(s)H(s) = \frac{K}{s(Ts - 1)}$$

试判断该系统的稳定性。

解　作出开环奈氏图如图 4-38 所示，根据作辅助线的方法，由奈氏图的起始端（$\omega = 0$ 端），以无穷大为半径，沿反时针方向旋转 90°，交于负实轴，形成图中的虚线部分。注意，此处没有交于正实轴，是因为开环传递函数中只一个积分环节，$\nu = 1$，辅助线只有 90° 范围的幅角，而除去积分环节的其他环节 $\dfrac{K}{Ts - 1}$，在 $\omega = 0$ 时的相位和 $\varphi_0 = -180°$。在确定奈氏图包围 $(-1, j0)$ 点的次数和方向时，应将虚线和实线连续起来看，整个曲线的旋转方向仍按 ω 增大的方向。这样，由图 4-38 可以看出，曲线顺时针包围 $(-1, j0)$ 点半圈，即 $N = -1/2$。

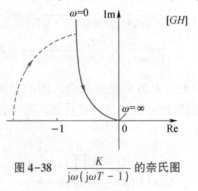

图 4-38　$\dfrac{K}{j\omega(j\omega T - 1)}$ 的奈氏图

检查开环极点：$s_1 = 0$，$s_2 = 1/T$，其中 s_2 是正实数，是一个右极点，而 $s_1 = 0$，不算右极

点。所以开环右极点数 $P=1$，由奈氏判据可知系统不稳定。

【例4-8】 Ⅱ型系统开环传递函数为

$$G_1(s)H(s) = \frac{10}{s^2(0.15s+1)}$$

试判断闭环系统的稳定性。

解 作出开环奈氏图如图4-39（a）所示，由图知 $N=-1$，即顺时针包围（-1，j0）点一周。

开环传递函数无右极点，$P=0$。所以系统不稳定。

如果在原系统中串入一个一阶微分环节 $(2.5s+1)$，使开环传递函数变成

$$G_2(s)H(s) = \frac{10(2.5s+1)}{s^2(0.15s+1)}$$

利用一阶微分环节的正相位角度，使原开环频率特性的相位滞后量减小，在开环奈氏图上希望曲线不要到达第二象限，只在第四、第三象限就不会包围（-1，j0）点，其开环奈氏图如图4-39（b）所示。

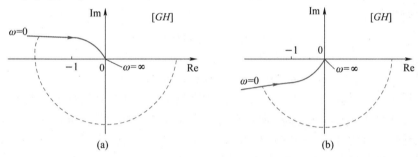

图 4-39 例 4-8 的开环奈氏图
（a）$G_1(j\omega)H(j\omega)$；（b）$G_2(j\omega)H(j\omega)$

这一例子说明，通过串联一阶微分环节的"校正"作用，有可能使Ⅱ型系统变得稳定。

3）开环频率特性曲线比较复杂时奈氏判据的应用

如图4-40所示的复杂的开环奈氏图，若用对（-1，j0）点的包围圈数来确定 N，就很不方便，为此引出"穿越"的概念。

所谓"穿越"，指开环奈氏图穿过（-1，j0）点左边的实轴部分。若曲线由上而下穿过 $-1 \to -\infty$ 实轴段时称"正穿越"，曲线由下而上穿过时称"负穿越"。穿过（-1，j0）以左的实轴一次，则穿越次数为1，若曲线始于或止于（-1，j0）以左的实轴上，则穿越次数为1/2。

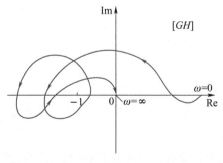

图 4-40 复杂的开环奈氏图

正穿越相当于奈氏图逆时针包围（－1，j0）点，对应相位增大；负穿越相当于曲线顺时针包围（－1，j0）点，对应相位减小。注意，曲线穿过（－1，j0）点以右的实轴不称为穿越。

这样，奈氏判据可以写成：当 ω 从 0 变到 ∞ 时，若开环频率特性曲线在（－1，j0）点以左实轴上的正穿越次数减去负穿越次数等于 $P/2$，则闭环系统是稳定的，否则不稳定。其中 P 为开环右极点数。

应用这个判据可判断图4-40所示系统的稳定性，给定系统开环右极点数 $P = 2$。由图看出，正穿越次数为 2，负穿越次数为 1。正穿越次数减去负穿越次数等于 $P/2$，所以闭环系统稳定。

4）延时系统稳定性的判别

设带有延时环节的反馈控制系统的开环传递函数为

$$G(s)H(s) = G_1(s)H_1(s)e^{-\tau s} \tag{4-60}$$

式中，$G_1(s)H_1(s)$ 为除去延时环节的开环传递函数；τ 为延迟时间，单位 s。上式表明延时环节在前向通道或在反馈通道中串接，对系统的稳定性影响是一样的。

延时环节 $e^{-\tau s}$ 的频率特性 $e^{-j\omega\tau}$ 的幅值为 1，相位为 $-\omega\tau$。有延时环节的开环频率特性及幅频、相频特性为

$$G(j\omega)H(j\omega) = G_1(j\omega)H_1(j\omega)e^{-j\omega\tau} \tag{4-61}$$

$$|G(j\omega)H(j\omega)| = |G_1(j\omega)H_1(j\omega)| \tag{4-62}$$

$$\angle G(j\omega)H(j\omega) = \angle G_1(j\omega)H_1(j\omega) - \omega\tau \tag{4-63}$$

可见有延时环节对 $G_1(j\omega)H_1(j\omega)$ 的幅值无影响，只是相位比对应的没有延时环节的系统要滞后，也就是使 $G_1(j\omega)H_1(j\omega)$ 向量在每一个 ω 上都按顺时针方向旋转 $\omega\tau$ 弧度。

应用有延时环节的开环奈氏图判断闭环系统稳定性的方法，和上述奈氏判据的用法是一样的。例如，有延时环节的系统，其开环传递函数是

$$G(s)H(s) = \frac{e^{-\tau s}}{s(s+1)(s+2)}$$

系统中加入延时环节 $e^{-\tau s}$ 后，开环奈氏图随着延时时间常数 τ 取值的不同而变化，在图4-41中画出 τ 取不同值时的 3 条曲线进行对比。

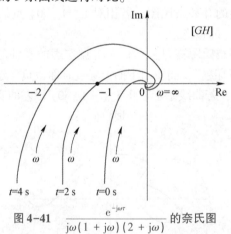

图4-41　$\dfrac{e^{-j\omega\tau}}{j\omega(1+j\omega)(2+j\omega)}$ 的奈氏图

由图可见，$\tau = 0$ 时，也就是没有延时环节存在时，闭环系统是稳定的。随着 τ 的增大，系统的稳定性变差，当 $\tau = 2\,\text{s}$ 时，$G(j\omega)H(j\omega)$ 曲线通过（－1，j0）点，系统处于临界稳定

状态。$\tau = 4$ s 时，系统变得不稳定。延时环节常常使系统的稳定性变差，而实际系统中又经常不可避免地存在延时环节，延迟时间 τ 短则几毫秒，长则数分钟，为了提高系统的稳定性，应当尽量减小延迟时间。

4.4.2 Bode 稳定判据

开环频率特性 $G(j\omega)H(j\omega)$ 可以用奈氏图表示，也可以用 Bode 图表示，这两种图形有如下对应关系。

（1）奈氏图上的单位圆（圆心为坐标原点，半径为 1），在 Bode 图的幅频特性上是零分贝线，因为单位圆上 $|G(j\omega)H(j\omega)| = 1$。故

$$20\lg|G(j\omega)H(j\omega)| = 20\lg 1 = 0 \text{ dB} \tag{4-64}$$

（2）奈氏图上的负实轴在 Bode 图的相频特性上是 $-180°$ 水平线，因为负实轴上的点，相位是 $-180°$。

根据上边"穿越"的概念，开环奈氏图对 $(-1, j0)$ 以左的实轴穿越时，$G(j\omega)H(j\omega)$ 向量应具备两个条件：幅值大于 1，相位等于 $-180°$。把这两个条件转换在开环 Bode 图上，就是 $L(\omega) > 0$ dB 时，相频曲线穿过 $-180°$ 线一次，称为一次穿越，$L(\omega) < 0$ dB 时无所谓"穿越"。

正穿越为角度增大，在奈氏图上，自上而下穿过时幅角增大为正穿越。在 Bode 图上，$L(\omega) > 0$dB 下的相频曲线自下而上穿过 $-180°$ 线时幅角增大为正穿越，反之，相频曲线由上而下穿过 $-180°$ 线角度减小，为负穿越。

根据上述对应关系，对数频率特性的奈氏判据表述如下。

系统稳定的充要条件是：在开环 Bode 图上 $L(\omega) > 0$ dB 的所有频段内，相频特性曲线 $\varphi(\omega)$ 在 $-180°$ 线上正负穿越次数之差等于 $P/2$。

如果恰在 $L(\omega) = 0$ dB 处相频曲线穿过 $-180°$ 线，系统是临界稳定状态。

用上述判据可知图 4-42 所示两个开环 Bode 图对应的系统，在闭环状态下都是稳定的。

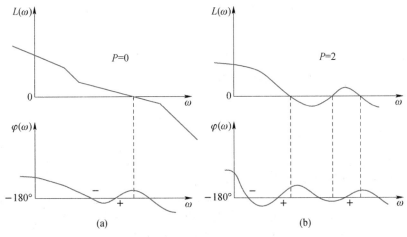

图 4-42 开环 Bode 图

遇到开环传递函数中含有积分环节时，应当按 128 页 2）中所述开环有 $s = 0$ 的极点的情况处理，将 Bode 图中对数相频曲线的起始端（$\omega \to 0$ 端）与其他环节（除去积分环节）在 $\omega \to 0$ 时的相位和 φ_0 连接起来，再检查是否穿越 $-180°$ 线。此时如果 φ_0 起于 $-180°$，算半次穿越，其正负仍按相位增加为正，相位减小为负。举例说明如下。

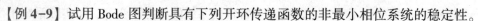
【例4-9】试用 Bode 图判断具有下列开环传递函数的非最小相位系统的稳定性。

$$G(s)H(s) = \frac{10(s+3)}{s(s-1)}$$

解　（1）传递函数化成标准形式

$$G(s)H(s) = \frac{30\left(\dfrac{s}{3}+1\right)}{s(s-1)}$$

（2）作出开环 Bode 图。把开环传递函数分解成4个基本环节：①放大环节 $K=30$，$20\lg 30 = 29.5\,dB$；②积分环节 $1/s$；③一阶微分环节 $(s/3+1)$，转折频率为3，其相频曲线如图4-43中曲线③所示；④一阶不稳定环节 $1/(s-1)$，转折频率为1，它的幅值与惯性环节 $1/(s+1)$ 的幅值相同，但 ω 从 $0\to\infty$ 变化时 $1/(s-1)$ 的幅角是由 $-180°$ 变化到 $-90°$，其相频曲线如图4-43中曲线④所示。在图4-43中画出 $G(j\omega)H(j\omega)$ 的对数幅频渐近线［图中标以 $L(\omega)$］和对数相频特性曲线［图中标以 $\varphi(\omega)$］。

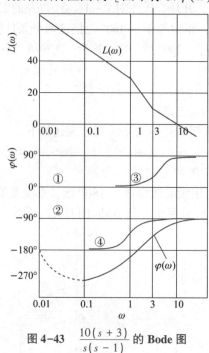

图4-43　$\dfrac{10(s+3)}{s(s-1)}$ 的 **Bode** 图

（3）判断闭环系统的稳定性。

开环传递函数中有一个右极点，$P=1$。

根据上述奈氏判据检查 $L(\omega)>0\,dB$ 的频率范围内相频曲线在 $-180°$ 线上的穿越情况。相频曲线起于 $-270°$ 线，终于 $-90°$ 线，有一次正穿越。但此时应考虑开环传递函数中有 $s=0$ 的极点的情况，须做相应的处理。该系统开环传递函数中含有一个积分环节，而其他3个环节在 $\omega\to0$ 时的相位和为 $\varphi_0 = -180°$。所以应当由 $-180°$ 与相频特性起始端连起来再进行判断。连接部分如图4-42中虚线所示，它相当于开环奈氏图中的辅助线（增补段）。经过增补以后的相频曲线起于 $-180°$ 线向下行，所以计入半次负穿越。最后按稳定判据：正穿越次数－负穿越次数 $= 1-1/2 = P/2$，所以，这个非最小相位系统是稳定的。但是，若不按开环有 $s=0$ 极点的情况处理，必然得到错误的结果。

4.5　相对稳定性

在设计控制系统时，不仅要求系统是稳定的，而且希望系统还必须具有适当的稳定性储备。从奈氏判据可知，若系统开环传递函数没有 $[s]$ 平面右半平面的极点，且闭环系统是稳定的，开环系统的奈氏图离（-1，j0）点越远，则闭环系统的稳定程度越高，开环系统的奈氏图离（-1，j0）点越近，则闭环系统的稳定程度越低，这就是通常所说的相对稳定性，通过奈氏图对点（-1，j0）的靠近程度来度量。频域中通常用相位裕量 γ 和幅值裕量 K_g 来表征系统的稳定程度。

相位裕量 γ 和幅值裕量 K_g 在开环奈氏图和开环 Bode 图上的定义如图 4-44 所示。可以看出，这两个指标一起确定了开环频率特性 $G(j\omega)$ 到（-1，j0）点的距离。

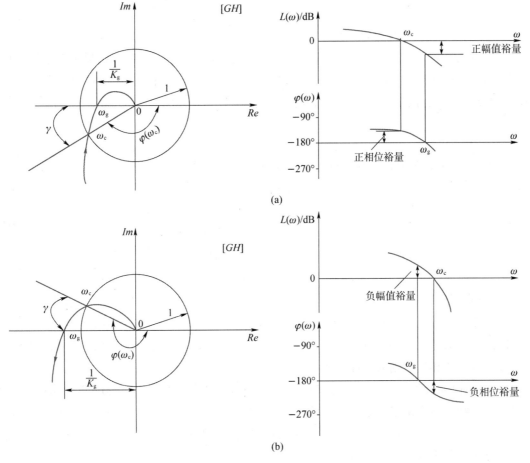

图 4-44　相位裕量 γ 和幅值裕量 K_g

（a）正相位裕量和正幅值裕量；（b）负相位裕量和负幅值裕量

图 4-44 中，$G(j\omega)H(j\omega)$ 曲线与单位圆相交时的频率 ω_c 称为幅值交界频率。当 $\omega = \omega_c$ 时，$|G(j\omega)H(j\omega)|=1$。在 Bode 图上 ω_c 是对数幅频特性曲线与 0 dB 线相交时的频率。ω_c 也

称幅值穿越频率及开环截止频率、开环剪切频率。

ω_g 称作相位交界频率。当 $\omega = \omega_g$ 时，$\angle G(j\omega)H(j\omega) = -180°$。此时开环奈氏图与负实轴相交。在 Bode 图上对数相频特性曲线在 ω_g 处穿过 $-180°$ 线，ω_g 也称相位穿越频率。

▶▶ 4.5.1 相位裕量

在幅值交界频率上，使系统达到不稳定边缘所需要附加的相位滞后量（或超前量），称为相位裕量，记作 γ。

$$\gamma = \varphi(\omega_c) - (-180°) = 180° + \varphi(\omega_c) \tag{4-65}$$

式中，$\varphi(\omega_c)$ 是开环频率特性在幅值交界频率 ω_c 上的相位。

稳定闭环系统的开环为最小相位系统时，其开环奈氏曲线不会包围 $(-1, j0)$ 点，即 $\varphi(\omega_c)$ 不应小于 $-180°$。根据式（4-65）可知，该最小相位系统应当有正的相位裕量，即 $\gamma > 0$，如图 4-45（a）所示。

▶▶ 4.5.2 幅值裕量

幅值裕量是指增益在稳定系统达到临界稳定之前所能放大的倍数。临界稳定点 $(-1, j0)$ 处的对应的幅值为 1，开环频率特性曲线和负实轴相交时对应的幅值为 $|G(j\omega_g)H(j\omega_g)|$，故幅值裕量表示为相位交界频率处开环频率特性幅值的倒数，记作 K_g。

$$K_g = \frac{1}{|G(j\omega_g)H(j\omega_g)|} \tag{4-66}$$

在 Bode 图上，幅值裕量以分贝值表示，可记作 $K_g(\mathrm{dB})$。

$$\begin{aligned} K_g(\mathrm{dB}) &= 20\lg K_g \\ &= 20\lg \frac{1}{|G(j\omega_g)H(j\omega_g)|} \\ &= -20\lg|G(j\omega_g)H(j\omega_g)| \end{aligned} \tag{4-67}$$

由式（4-66）可知，在 Bode 图上 $K_g(\mathrm{dB})$ 是用 $-20\lg|G(j\omega_g)H(j\omega_g)|$ 来表示的，也就是正幅值裕量必须在 0 dB 线的下方，如图 4-44（a）所示。图 4-44（b）表示负相位裕量和负幅值裕量的情况。最小相位系统闭环状态下稳定时，其开环奈氏图不能包围 $(-1, j0)$ 点，因此 $|G(j\omega_g)H(j\omega_g)| < 1$，即 $K_g > 1$，$K_g(\mathrm{dB}) > 0$ dB，这种情况称系统具有正幅值裕量，和这种情况相反，则为负幅值裕量。

对于开环传递函数中存在右极点时，只有开环奈氏曲线包围 $(-1, j0)$ 点，闭环系统才能稳定，否则不能满足稳定条件。因此，非最小相位系统（$P \neq 0$ 的系统）闭环稳定的时候，将具有负的相位裕量和幅值裕量，如图 4-44（b）所示。

关于相对稳定性的几点说明如下：

（1）控制系统的相位裕量和幅值裕量，是开环奈氏图对 $(-1, j0)$ 点靠近的度量，因此，这两个裕量可以用作设计准则。

（2）为了得到满意的性能，相位裕量应在 30° 到 60° 之间，幅值裕量应当大于 6 dB。

（3）对于最小相位系统，只有当相位裕量和幅值裕量都为正时，系统才是稳定的。为了确定系统的稳定性储备，必须同时考虑相位裕量和幅值裕量两项指标，只用其中一项指标不足以说明系统的相对稳定性。

（4）对于最小相位系统，开环幅频和相频特性之间有确定的对应关系，30° ~ 60° 的相位裕量，意味着在开环 Bode 图上，对数幅频特性曲线在幅值交界频率 ω_c 处的斜率必须大于 $-40\,\text{dB/dec}$。在大多数实际系统中，为保证系统稳定，要求 ω_c 上的斜率为 $-20\,\text{dB/dec}$，如果 ω_c 处的斜率为 $-40\,\text{dB/dec}$，系统即使稳定，相位裕量也较小，相对稳定性也是很差的。若 ω_c 处斜率为 $-60\,\text{dB/dec}$ 或更陡，则系统肯定不会稳定。

【例 4-10】设控制系统方框图如图 4-45（a）所示。当 $K = 10$ 和 $K = 100$ 时，试求系统的相位裕量和幅值裕量。

解　根据传递函数分别求出 $K = 10$ 和 $K = 100$ 时的开环 Bode 图，如图 4-45（b）所示。

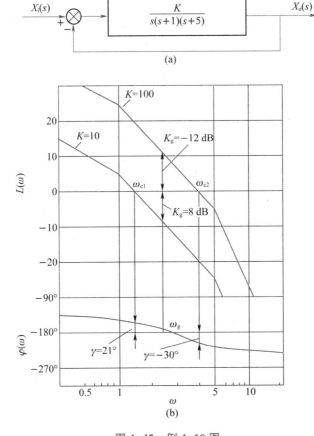

图 4-45　例 4-10 图

（a）系统方框图；（b）$K = 10$ 和 $K = 100$ 的开环 Bode 图

$K = 10$ 与 $K = 100$ 的对数相频曲线相同，并且对数幅频特性曲线的形状相同。但是 $K = 100$ 的幅频曲线比 $K = 10$ 的曲线向上平移 20 dB，并使幅频曲线与 0 dB 线的交点频率 ω_c 向右移动了。

由图上查出 $K = 10$ 时，相位裕量为 21°，幅值裕量为 8 dB，都是正值。而 $K = 100$ 时相位裕量为 -30°，幅值裕量为 -12 dB。

由上边结果看出，$K = 100$ 时，系统已经不稳定，$K = 10$ 时，虽然系统稳定，但稳定裕量偏小。为了获得足够的稳定储备，必须将 γ 增大到 $30° \sim 60°$，这可以通过减小 K 值来达到。然而从稳定误差的角度考虑，不希望减小 K。因此必须通过增加校正环节来满足要求。

4.6 系统闭环频率特性

4.6.1 闭环频率特性

1. 闭环频率特性

为了研究自动控制系统的性能指标，仅知道系统的开环频率特性是不够的。为此有必要进一步研究系统的闭环频率特性。控制系统的闭环频率特性可以通过闭环传递函数直接求得，也可以通过开环频率特性得到。

设控制系统的闭环传递函数为

$$\Phi(s) = \frac{G(s)}{1 + G(s)H(s)}$$

式中，$G(s)$ 为前向通道的传递函数；$H(s)$ 为反馈通道的传递函数。

则闭环频率特性为

$$\Phi(j\omega) = \frac{G(j\omega)}{1 + G(j\omega)H(j\omega)} = M(\omega)e^{j\varphi(\omega)}$$

式中，$M(\omega)$ 为闭环频率特性的幅值；$\varphi(\omega)$ 为闭环频率特性的相位。

一般情况下，求解系统的闭环频率特性十分复杂，工程上通常采用向量法。

图 4-46 所示的单位反馈系统，其闭环传递函数为

$$\Phi(s) = \frac{G(s)}{1 + G(s)}$$

将 $s = j\omega$ 代入上式，就可得到系统的闭环频率特性表示为

$$\Phi(j\omega) = \frac{G(j\omega)}{1 + G(j\omega)}$$

式中，$G(j\omega)$ 为单位负反馈系统的开环频率特性。

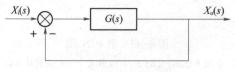

图 4-46 单位反馈系统

设系统开环频率特性如图 4-47 所示。

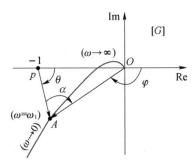

图 4-47 系统开环频率特性

由图 4-47 可知，当 $\omega = \omega_1$ 时，向量 $\overrightarrow{OA}$ 表示 $G(j\omega_1)$。向量 $\overrightarrow{PA}$ 表示 $1 + G(j\omega_1)$。因此，闭环频率特性 $\Phi(j\omega_1)$ 可由两个向量之比而求得，即

$$\Phi(j\omega_1) = \frac{\overrightarrow{OA}}{\overrightarrow{PA}}$$

以及

$$M(\omega_1) = \frac{|\overrightarrow{OA}|}{|\overrightarrow{PA}|}$$

$$\varphi(\omega_1) = \angle \overrightarrow{OA} - \angle \overrightarrow{PA} = \varphi - \theta = \alpha$$

可见，只要给出系统开环频率特性 $G(j\omega)$，就可在 $\omega = 0 \to \infty$ 的范围内逐点绘制系统闭环频率特性。用这种方法求取闭环频率特性，几何意义清晰，容易理解，但过程较麻烦。

2. 等 M 圆（等幅值轨迹）

将系统开环频率特性写成复数形式：$G(j\omega) = P + jQ$，则系统闭环频率特性

$$\Phi(j\omega) = \frac{P + jQ}{1 + P + jQ}$$

$$M(\omega) = |\Phi(j\omega)| = \left| \frac{P + jQ}{1 + P + jQ} \right| = \frac{\sqrt{P^2 + Q^2}}{\sqrt{(1 + P)^2 + Q^2}}$$

上式两边同时平方，整理可得

$$P^2(1 - M^2) - 2M^2 P - M^2 + (1 - M^2)Q^2 = 0$$

若 $M = 1$，上式变为 $P = -\dfrac{1}{2}$，这是一条通过 $\left(-\dfrac{1}{2}, j0 \right)$ 点平行于虚轴的直线。

若 $M \neq 1$，上式变为 $\left(P - \dfrac{M^2}{1 - M^2} \right)^2 + Q^2 = \left(\dfrac{M^2}{1 - M^2} \right)^2$。

对于给定的 M 值，这是一个圆的方程。M 为不同值时的一簇圆，称为 G 平面上的等 M 圆或等幅值轨迹，如图 4-48 所示。由图可看出，等 M 圆在 G 平面上是沿实轴对称的，它们的圆心均在实轴上。当 $M = 1$ 时，它是一条过点 $(-1/2, j0)$ 且平行于虚轴的直线（无穷大圆弧）；当 $M > 1$ 时，等 M 圆在 $P = -1/2$ 直线的左边，随着 M 的增大，等 M 圆越来越小，最后收敛于 $(-1, j0)$ 点。当 $M < 1$ 时，等 M 圆在 $P = -1/2$ 直线的右边，随着 M 的减小，等 M 圆越来越小，最后收敛于原点。

对单位反馈系统而言，根据 $G(j\omega)$ 曲线与等 M 圆簇的交点得到对应的 M 值和 ω 值，便

可绘制出闭环幅频特性 $M(\omega)$。

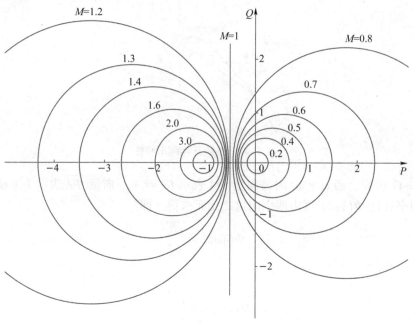

图 4-48　等 M 圆

3. 等 N 圆（等相位轨迹）

用类似的方法进一步研究系统闭环相频特性 $\varphi(\omega)$ 及其在 G 平面上的图形，有

$$\varphi(\omega) = \angle \Phi(\omega) = \arctan \frac{Q}{P^2 + P + Q^2}$$

令 $\tan \varphi(\omega) = \dfrac{Q}{P^2 + P + Q^2} = N$，整理后可得

$$\left(P + \frac{1}{2}\right)^2 + \left(Q - \frac{1}{2N}\right)^2 = \frac{1}{4} + \left(\frac{1}{2N}\right)^2$$

上式也是一个圆的方程。当 N 或 φ（$N = \tan \varphi(\omega)$）为一定值时，它在 G 平面上是一个圆，改变 N 或 φ 的大小，它们在 G 平面上就构成了如图 4-49 所示的一簇圆，这簇圆的圆心都在虚轴左侧与虚轴距离为 1/2 且平行于虚轴的直线上，称这簇圆为等 N 圆或等相位轨迹。由图 4-49 可看出，等 N 圆中每个圆都通过坐标原点和（-1，j0）点，且等 N 圆实际上是等相位正切的圆，当相位增加 ±180° 时，其正切相等，因而在同一个圆上。需要指出，等 N 圆实际上并不是一个完整的圆，而只是一段圆弧，例如 $\varphi(\omega) = 60°$ 和 $\varphi(\omega) = 180°$ 的圆弧是同一个圆的一部分。因此，用等 N 圆来确定闭环系统的相位时，就必须确定适当的 φ 值。应从对应于 $\varphi(\omega) = 0°$ 的 0 频率开始，逐渐增加频率直到高频，所得到的闭环相频曲线应该是连续的。

对单位反馈系统而言，根据 $G(j\omega)$ 曲线与等 N 圆簇的交点得到对应的 N 值和 ω 值，便可绘制出闭环相频特性 $\varphi(\omega)$。

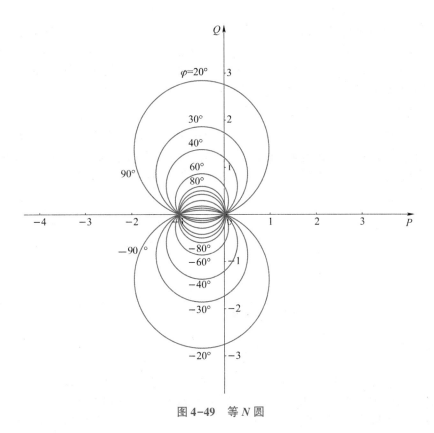

图 4-49　等 N 圆

4. 尼科尔斯（Nichols）图

尼科尔斯（Nichols）图，也称对数幅相频率特性图。它是将对数幅频特性和相频特性两条曲线合并成的一条曲线，是一种以 ω 为参变量，横坐标为相频特性（单位一般为°），纵坐标为对数幅频特性（单位一般为 dB）的图示法，如图 4-50 所示。

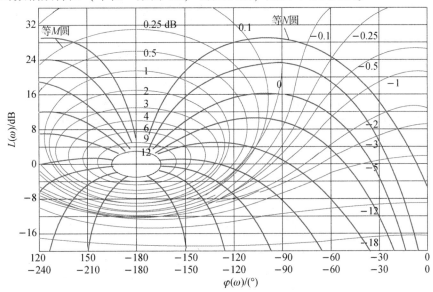

图 4-50　尼科尔斯（Nichols）图

尼科尔斯图由两簇曲线组成，一簇是对应于闭环频率特性的幅值（20lg M）为定值时的轨迹；另一簇则是对应于闭环频率特性的相位 φ 为定值时的轨迹。在绘有等 M 圆和等 N 圆的对数幅相平面上，画出系统的开环对数频率特性曲线。该曲线与等 M 圆和等 N 圆的交点即给出了每一频率下闭环系统的对数幅值和相位。

5. 非单位反馈系统的闭环频率特性

上面以单位反馈系统为例，介绍了利用等 M 圆和等 N 圆求取闭环频率特性的方法。对于一般的非单位反馈系统，如图4-51（a）所示，可等效成如图4-51（b）所示的方框图，其中单位反馈部分的闭环频率特性可按上述方法求取，再与频率特性 $1/H(\mathrm{j}\omega)$ 相乘，即可得到总的闭环频率特性。

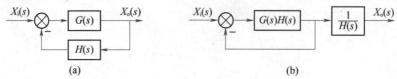

图4-51　非单位反馈控制系统

（a）一般非单位反馈系统方框图；（b）等效方框图

4.6.2　闭环系统频率特性的特征量

闭环系统的动态频域指标主要是依据其幅频特性提出来的。图4-52 所示是典型闭环系统的幅频特性曲线 $M(\omega)$，它在低频段的变化比较缓慢，随着频率的升高，将出现谐振峰值，继而以较大的坡度衰减至0。反映这种闭环系统典型幅频特性变化规律的特征量，即动态频域指标主要有以下几个。

（1）零频幅值 $M(0)$：定义为频率 $\omega = 0$ 时，闭环幅频特性函数的值。该指标反映系统在阶跃信号作用下是否存在静差。

（2）谐振峰值 M_r：定义为闭环幅频特性的最大值。该指标主要反映闭环系统的相对稳定性。其值越大，则闭环系统的振荡越严重，因而稳定性就越差。

（3）截止频率 ω_b：定义为闭环幅频特性衰减至 $0.707M(0)$ 时的频率。该指标表示闭环系统的工作频率范围 $0 \sim \omega_\mathrm{b}$，其值越大，闭环系统对输入的响应就越快，即瞬态过程的过渡过程时间越短。因此，截止频率 ω_b 反映了闭环系统响应的快慢。

（4）谐振频率 ω_r：定义为系统产生峰值时对应的频率。

（5）复现频率 ω_m：定义为幅频特性与零值幅值 $M(0)$ 之差第一次达到 Δ 时的频率值。

上面给出的反映闭环系统的动态频域指标，以谐振峰值 M_r 和截止频率 ω_b 这两个指标最具代表性。

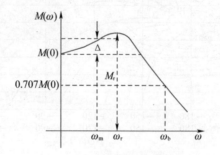

图4-52　闭环幅频特性曲线

4.6.3 二阶系统的频域性能指标

具有单位反馈的二阶系统，其开环传递函数为

$$G(s) = \frac{K}{s(Ts + 1)} = \frac{\omega_n^2}{s(s + 2\xi\omega_n)}$$

式中，$\omega_n = \sqrt{K/T}$，为系统的无阻尼自由振荡频率；$\xi = 1/(2\sqrt{KT})$，为系统的阻尼系数，一般情况下 $0 < \xi < 1$。

系统的闭环传递函数为

$$\Phi(s) = \frac{\omega_n^2}{s^2 + 2\xi\omega_n s + \omega_n^2}$$

显然，这个闭环系统是由一个振荡环节组成的，闭环系统的幅频特性为

$$M(\omega) = \frac{\omega_n^2}{\sqrt{(\omega_n^2 - \omega^2)^2 + (2\xi\omega_n\omega)^2}}$$

令 $\omega = 0$，可得零频幅值

$$M(0) = 1$$

令 $\dfrac{\mathrm{d}M(\omega)}{\mathrm{d}\omega} = 0$，可得当 $\xi < 0.707$ 时，系统存在谐振频率 ω_r 和谐振峰值 M_r，分别为

$$\omega_r = \omega_n\sqrt{1 - 2\xi^2}$$
$$M_r = 1/(2\xi\sqrt{1 - \xi^2})$$

又令 $M(\omega) = 0.707M(0) = 0.707$，可求得系统的截止频率 ω_b 为

$$\omega_b = \omega_n\sqrt{1 - 2\xi^2 + \sqrt{2 - 4\xi^2 + 4\xi^4}} \tag{4-68}$$

 4.6.4 闭环频域性能指标与时域性能指标之间的关系

对于二阶系统，谐振峰值为

$$M_r = 1/(2\xi\sqrt{1 - \xi^2})$$

最大超调量为

$$M_P = e^{-\xi\pi/\sqrt{1-\xi^2}}$$

由上述表达式可以获得最大超调量和谐振峰值与阻尼比的关系曲线，如图 4-53 所示。由图 4-53 可知，最大超调量 M_P 和谐振峰值 M_r 都随着阻尼比的增大而减小。因而，随着 M_r 增加，相应的 M_P 也增大。当 $M_r \to \infty$ 时，$M_P \to 100\%$。M_P 随着 M_r 变化的物理意义在于：当闭环幅频特性有谐振峰值时，系统的输入信号频谱在 $\omega = \omega_r$ 附近的谐波分量通过系统后显著增强，从而引起振荡。

二阶系统的谐振频率为

$$\omega_r = \omega_n\sqrt{1 - 2\xi^2}$$

其过渡过程调整时间为

$$t_s \approx (3 \sim 4)/(\xi\omega_n)$$

由此又可得

$$t_s \approx (3 \sim 4)\sqrt{1 - 2\xi^2}/(\xi\omega_r) \tag{4-69}$$

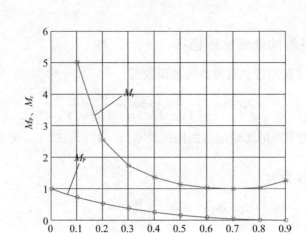

图 4-53 M_P、M_r 和 ξ 的关系曲线

可见，对于给定的阻尼比 ξ，调整时间 t_s 与谐振频率 ω_r 成反比，即 ω_r 越大，系统的响应速度越快。

同理，也可得到截止频率 ω_b 与调整时间 t_s 成反比的结论。所以系统的截止频率 ω_b 越大，通频带越宽，t_s 越小，响应速度越快。

高阶系统的阶跃响应与频率响应之间的关系是很复杂的。如果高阶系统的控制性能主要由一对共轭复数闭环主导极点来支配，则上述二阶系统频域指标和时域指标的关系均可近似采用。

4.7 频率响应法估计系统的数学模型

由前文可知，稳定系统的频率响应为与输入同频率的正弦信号，而幅值衰减和相位滞后为系统的频率响应的一般特征，因此可以运用频率响应实验确定稳定系统的数学模型。

4.7.1 频率响应法一般步骤

频率响应法的原理如图 4-54 所示。

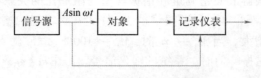

图 4-54 频率响应法的原理

频率响应法一般步骤如下。

（1）选择信号源输出的正弦信号的幅值，以使系统处于非饱和状态。

（2）在一定频率范围内，改变输入正弦信号的频率，记录各频率点处系统输出信号的波形。

（3）由稳态段的输入输出信号的幅值比和相位差绘制对数频率特性曲线。

（4）从低频段起，将实验所得的对数幅频曲线用斜率为 0 dB/dec，±20 dB/dec，±40 dB/

dec，…直线分段近似，获得对数幅频渐近特性曲线。

（5）由对数幅频渐近特性曲线确定最小相位条件下系统的传递函数，这是对数幅频渐近特性曲线绘制的逆问题。

下面通过举例具体说明。

▶▶ 4.7.2 举例

【例 4-11】 图 4-55 所示为由频率响应法获得的某最小相位系统的对数幅频曲线和对数幅频渐近特性曲线，试确定系统传递函数。

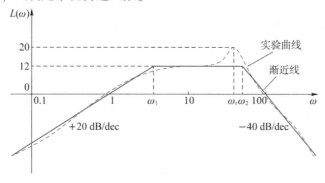

图 4-55 对数幅频曲线和对数幅频渐近特性曲线

解 （1）确定系统积分或微分环节的个数。因为对数幅频渐近特性曲线的低频渐近线的斜率为 -20ν dB/dec，而由图 4-55 知低频渐近线斜率为 $+20$ dB/dec，故有 $\nu=-1$，系统含有一个微分环节。

（2）确定系统传递函数结构形式。由于对数幅频渐近特性曲线为分段折线，其各转折点对应的频率为所含一阶环节或二阶环节的交接频率，每个交接频率处斜率的变化取决于环节的种类，本例中共有两个交接频率：$\omega=\omega_1$ 处，斜率变化 -20 dB/dec，对应惯性环节；$\omega=\omega_2$ 处，斜率变化 -40 dB/dec，可以对应振荡环节，也可以为两个惯性环节，本例中，对数幅频特性在 ω_2 附近存在谐振现象，故应为振荡环节。

因此所测系统应具有下述传递函数

$$G(s)=\dfrac{Ks}{\left(1+\dfrac{s}{\omega_1}\right)\left(\dfrac{s^2}{\omega_2^2}+2\xi\dfrac{s}{\omega_2}+1\right)}$$

其中参数 ω_1，ω_2，ξ 及 K 待定。

（3）由给定条件确定传递函数参数。根据低频渐近线列方程为

$$L_a(\omega)=20\lg\dfrac{K}{\omega^\nu}=20\lg K-20\nu\lg\omega$$

由给定点 $(\omega,\ L_a(\omega))=(1,\ 0)$ 及 $\nu=-1$ 得 $K=1$。

根据低频段直线列方程

$$\dfrac{12}{\lg\omega_1-\lg 1}=20$$

得

$$\omega_1=10^{\frac{12}{20}}=3.98$$

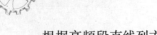

根据高频段直线列方程

$$\frac{12}{\lg 100 - \lg \omega_2} = 40$$

得

$$\omega_2 = 10^{\frac{68}{40}} = 50.1$$

由前文知，在谐振频率 ω_r 处，振荡环节的谐振峰值为

$$20\lg M_r = 20\lg \frac{1}{(2\xi\sqrt{1 - \xi^2})}$$

而根据叠加性质，本例中 $20\lg M_r = 20 - 12 = 8\ \text{dB}$，故有

$$4\xi^4 - 4\xi^2 + 10^{-\frac{8}{20}} = 0$$

解此方程，得 $\xi_1 = 0.979$，$\xi_2 = 0.203$

因为只有 $0 < \xi < 0.707$ 时存在谐振峰值，故应选 $\xi = 0.203$。

于是，所测系统的传递函数为

$$G(s) = \frac{s}{\left(\dfrac{s}{3.98} + 1\right)\left(\dfrac{s^2}{50.1^2} + \dfrac{0.406}{50.1}s + 1\right)}$$

值得注意的是，实际系统并不都是最小相位系统，而最小相位系统可以和某些非最小相位系统具有相同的对数幅频特性曲线，因此具有非最小相位环节和延迟环节的系统，还需依据上述环节对相频特性的影响并结合实测相频特性予以确定。

4.8 利用 MATLAB 进行控制系统的频率分析和稳定性判断

4.8.1 控制系统的频率分析

Bode 图和 Nyquist 图是系统频率特性的两种重要的图形表示形式，也是对系统进行频率特性分析的重要方法。无论是 Bode 图还是 Nyquist 图，都非常适于用计算机进行绘制。MATLAB 提供了绘制对数坐标图的 Bode 函数和绘制系统频率特性极坐标图的 Nyquist 函数。通过这些函数，不仅可以得到系统的频率特性图，还可以得到系统的幅频特性、相频特性、实频特性和虚频特性，从而可以通过计算得到系统的频域特征量。

1. Bode 图的绘制

在 MATLAB 中，bode 命令用来计算连续时间线性定常系统的频率响应幅值和相位角。
bode 命令的各种格式如下：

```
bode (num, den)
[mag, phase, w] =bode (num, den)
[mag, phase, w] =bode (num, den, w)
```

命令中 w 表示频率 ω。

将上述第一种形式的命令输入计算机之后，MATLAB 会在屏幕上绘制出相应系统的

Bode 图。由于没有明确给出频率 ω 的范围，MATLAB 将在系统频率响应的范围内自动选取 ω 值绘图。

第二种形式的命令自动生成一行矢量的频率点，但不显示频率特性曲线。

在第三种形式的命令中，由于用在定义的频率范围内，如果比较各种传递函数的频率响应，第三种方式显得更方便一些。

当调用左边参数输入命令

```
[mag, phase, w] =bode (num, den, w)
```

时，则 bode 命令以矩阵的形式返回系统的频率响应幅值、相位和频率。系统频率响应的幅值、相位可在用户指定的频率点处进行评估。相位角以°为单位表示，但不显示频率特性曲线。幅值用以下命令转化为 dB

```
magdB =20 * log10 (mag)
```

若具体地给出频率 ω 的范围，则可使用 logspace (d1, d2) 或者 logspace (d1, d2, n) 命令。logspace (d1, d2) 产生一个包含 50 个点的矢量，在 10^{d1} 和 10^{d2} 之间的空间上进行对数平分。也就是说，为了在 0.1 rad/s ~ 100 rad/s 之间产生 50 个点，可输入命令

```
w =logspace (-1, 2)
```

logspace (d1, d2, n) 产生 n 个点，在 10^{d1} 和 10^{d2} 之间进行对数平分。比如，为了在 1 rad/s ~ 1 000 rad/s 之间产生 100 个点，可输入命令

```
ω =logspace (0, 3, 100)
```

有了幅值（单位：dB）、相位和 ω 这些数据就可以利用 MATLAB 的下列绘图命令在同一个窗口上同时绘制出系统的 Bode 图。

```
subplot (2, 1, 1)         % 图形窗口分割成 2×1 的两个区域，选中第一个区域
semilogx (w, magdB)       % 在当前窗口横轴为对数坐标的半对数坐标系里生成对数
                            幅频特性曲线，纵轴以 magdB 线性分度
subplot (2, 1, 2)         % 激活图形窗口的第二个区域
semilogx (w, phase)       % 在半对数坐标系中绘制对数相频特性曲线，纵轴以相位
                            线性分度
```

如果只想绘制出系统的 Bode 图，而对获得幅值和相位的具体数值并不感兴趣，则可采用如下简单的调用格式

```
bode (num, den) 或 bode (num, den, w)
```

【例 4-12】对于下列系统传递函数

$$G(s) = \frac{10(s + 3)}{s(s + 2)(s^2 + s + 2)}$$

下列 MATLAB 程序将给出该系统对应的 Bode 图，其 Bode 图如图 4-56 所示。

【程序】

```
num = [10, 30];
den1 = [1, 0];
den2 = [1, 2];
den3 = [1, 1, 2];
```

```
den=conv (den3, conv (den1, den2) );
w=logspace (-2, 3, 100)
bode (num, den, w)
grid
title ('Bode Diagram of G (s) =10 (s+3)/s (s+2) (s^2+s+2)')
```

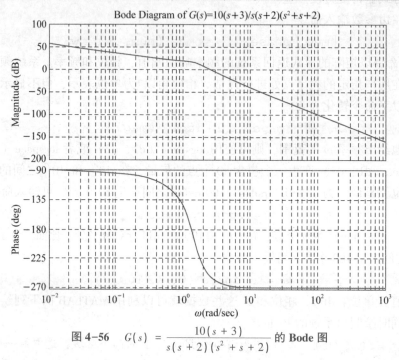

图 4-56　$G(s) = \dfrac{10(s+3)}{s(s+2)(s^2+s+2)}$ 的 **Bode** 图

2. Nyquist 图的绘制

控制系统的 Nyquist 图既可用于判别闭环系统的稳定性，也能确定系统的相对稳定性。由于 Nyquist 图的绘制工作量很大，因此在分析时一般只能画出它的示意图。但如用 MATLAB 去绘制，则不仅快捷方便，所得的图形亦较精确。

如果已知系统的传递函数，则应用 MATLAB 的命令

$$\text{nyquist (num, den)}$$

就能在屏幕上自动生成系统的 Nyquist 图。

当用户需要指定的频率矢量 $\boldsymbol{\omega}$ 时，可用命令 nyquist (num, den, w)，$\boldsymbol{\omega}$ 的单位为 s^{-1}，系统的频率响应就是在那些指定的频率点上计算得到的。

nyquist 命令还有两种等号左边含有变量的形式

$$\text{[re, im, w] =nyquist (num, den)}$$

或

$$\text{[re, im, w] =nyquist (num, den, w)}$$

MATLAB 将以矩阵形式返回系统的频率特性，矩阵包括 re、im 和 w。屏幕上不显示图形，因为 MATLAB 仅做了系统频率特性的实部、虚部的计算与排列工作。矩阵的 re 和 im 包含系统频率特性的实部和虚部，由矢量 $\boldsymbol{\omega}$ 中指定的频率点评估。

如果要产生 Nyquist 图，则需加命令 plot 命令根据已算好的实部和虚部数值，画出系统

的 Nyquist 图。

```
plot (re, im)
```

由于用 nyquist 命令绘图时，$[GH]$ 平面实轴和虚轴的范围是 MATLAB 自动确定的。在绘制 Nyquist 图时，若要自行确定实轴和虚轴的范围，则需要用下面的命令

```
v = [-x, x, -y, y]
```

及

```
axis (v)
```

另外，也可以将以上两行命令合并为一个

```
axis ( [-x, x, -y, y] )
```

因为 v 命令属高层图形命令，axis（v）不能更改已设定的坐标。若要更改已设定的坐标范围，只要取出 re 和 im 的数据，并调用 plot、v 和 axis（v）这 3 条命令，就能实现设置新的坐标范围。

用 MATLAB 绘制 Nyquist 图时，坐标范围的选定是很重要的，因为它涉及图形的质量。若仅需要画出 ω 由 $0 \rightarrow \infty$ 部分的 Nyquist 图，则只要把 plot 命令括号中的函数内容稍做修改，使之变为

```
plot (re (:,:), im (:,:) )
```

值得注意的是，由于 nyquist 命令自动生成的坐标尺度固定不变，用 nyquist 函数可能会生成异常的 Nyquist 图，也可能会丢失一些重要的信息。在这种情况下，为了重点关注 Nyquist 图在 $(-1, j0)$ 点附近的形状，着重分析系统的稳定性，需要首先调用 axis 函数，自行定义坐标轴的显示尺度，以提高图形的分辨率；而在生成 Nyquist 图时，需要左边带有参数说明的完整的形式调用 nyquist 函数，然后，调用绘图 plot 命令绘制更细致的 Nyquist 图。

【例 4-13】 对于下列系统传递函数

$$G(s) = \frac{50}{25s^2 + 2s + 1}$$

下列 MATLAB 程序将给出该系统对应的 Nyquist 图，如图 4-57 所示。

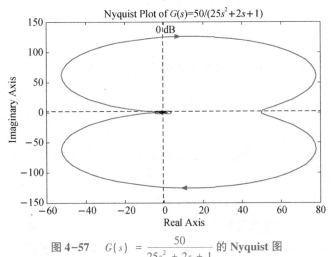

图 4-57　$G(s) = \dfrac{50}{25s^2 + 2s + 1}$ 的 Nyquist 图

【程序】

```
num = [50];
den = [25, 2, 1];
nyquist (num, den)
grid
title ('Nyquist Plot of G (s) = 50 / (25s^2+2s+1)')
```

4.8.2　控制系统的稳定性分析

在 MATLAB 中，如果已知系统的特征方程，极易求出系统的特征根。根据特征根的分布情况，我们可直接判断出系统稳定性。另外，可利用 MATLAB 在它的频域图形分析中判断系统的稳定性。MATLAB 还提供了直接求解幅值裕量和相位裕量的函数，通过这些函数可以直接分析系统是否稳定以及系统的相对稳定性。

1. 利用 MATLAB 频域分析函数和零极点分布图判断系统的稳定性

应用 MATLAB 的 pzmap 函数可以绘制系统的开环零极点分布图，然后结合开环 Bode 图或开环 Nyquist 图来判断闭环系统是否稳定。pzmap 函数的输入参量 P 是系统模型，可以是传递函数模型、零极点增益模型或状态空间模型。

【例4-14】 给出控制系统开环传递函数为

$$G(s)H(s) = \frac{1}{s^3 + 1.8s^2 + 1.8s + 1}$$

试用 MATLAB 绘制系统的零极点分布图和 Nyquist 图，并判断闭环系统的稳定性。

【程序】

```
subplot (1, 3, 1);
sys = tf (1, [1 1.8 1.8 1] );
pzmap (sys);          % 绘制开环系统零极点分布图
grid on
subplot (132)
nyquist (sys);        % 绘制开环系统 Nyquist 图
grid
subplot (1, 3, 3);
sys1 = feedback (sys, 1);
step (sys1, 30);      % 绘制闭环系统单位阶跃响应曲线，如收敛，则系统稳定
grid
```

程序运行结果如图4-58（经过图形属性编辑后）所示。

从图4-58（a）可知，系统开环右极点个数为 $P = 0$；从图4-58（b）可以看出，开环奈氏图没有包围（-1，j0）点，$N = 0$，所以满足 $N = P$，闭环系统稳定。另外，从图4-58（c）可以看出，闭环系统单位阶跃响应曲线收敛，故又一次说明了闭环系统稳定。

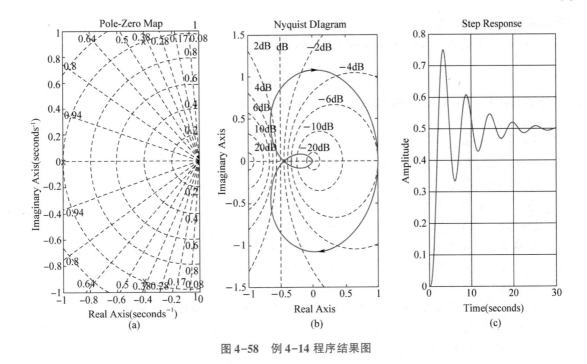

图 4-58　例 4-14 程序结果图

2. 利用 MATLAB 分析系统的相对稳定性

例 4-14 通过开环零极点分布图和开环 Nyquist 图判断了闭环系统的绝对稳定性，但是它不能判定系统的相对稳定性。利用 MATLAB 控制系统工具箱提供的 margin 函数，可以求出系统的幅值裕量 K_g、相位裕量 γ、幅值穿越频率和相位穿越频率。幅值裕量和相位裕量是针对开环线性系统而言，用它们来衡量系统闭环时的相对稳定性。当不带输出变量引用时，margin 可在当前图形窗口中绘制出带有幅值裕量及其相应相位交界频率、相位裕量及其相应幅值交界频率显示的 Bode 图，其中幅值裕量以 dB 为单位，因而可以用于判定系统相对稳定性。该函数的调用格式为

> [Gm, Pm, wg, wc] =margin (num, den)

可以看出，该函数能直接由系统的传递函数来求取系统的幅值裕量 G_m 和相位裕量 P_m，并求出幅值裕量和相位裕量处相应的频率值 ω_g 和 ω_c。

除了根据系统模型直接求取幅值和相位裕量外，MATLAB 的控制系统工具箱中还提供了由幅值和相位相应数据来求取裕量的方法，这时函数的调用格式为

> [Gm, Pm, wg, wc] =margin (mag, phase, w)

式中，由 bode 函数获得的幅值（不是以 dB 为单位）、相位 phase 及角频率 ω 矢量计算出系统幅值裕量和相位裕量以及幅值裕量和相位裕量处相应的频率值 ω_g 和 ω_c，而不直接绘出 Bode 图。

在利用 MATLAB 自动绘图命令 bode（num，den）、nyquist（num，den）绘制的频率特性图形窗口中，进行适当的操作可以获得 MATLAB 自动提供的系统开环频率特性的特征量以及对应的闭环系统是否稳定等信息。光标置于频率特性图的其他位置，右击 MATLAB 显示功能选项菜单，其中"Characteristics"选项可以用来在特性曲线上标注 ω_c、ω_g 及 ω_p 等频率性能指标。将光标移到这些点上，MATLAB 将显示对应的频率值、幅值裕量、相位裕量及

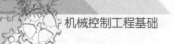

闭环系统是否稳定等信息。

【例4-15】已知一单位负反馈系统开环传递函数为

$$G(s) = \frac{K}{s(s+1)(s+5)}$$

试分别求取 $K = 10$ 及 $K = 100$ 时的相位裕量和幅值裕量。

【程序】

```
k= [10 100];
num1 =k (1);
num2 =k (2);
den=conv ( [1 1 0], [1 5] );
[mag1, phase1, w] =bode (num1, den);
% 求K=10 时的幅值裕量、相位裕量、相位交界频率和幅值交界频率
[Gm1, Pm1, wg1, wc1] =margin (mag1, phase1, w)
[mag2, phase2, w] =bode (num2, den);
% 求K=100 时的幅值裕量、相位裕量、相位交界频率和幅值交界频率
[Gm2, Pm2, wg2, wc2] =margin (mag2, phase2, w)
magDB1 =20 * log10 (mag1);
magDB2 =20 * log10 (mag2);
subplot (211);
semilogx (w, magDB1, ´r-´, w, magDB2, ´k--´, ´LineWidth´, 2);
grid
subplot (212);
semilogx (w, phase1, ´r-´, w, phase2, ´k--´, w, (w-180-w), ´-´, Line-
Width´, 2);
grid
```

程序运行后可得到系统的 Bode 图，如图 4-59 所示。

命令窗口输出为

```
≫ k110
Gm1 =
    3.0050
Pm1 =
    25.4133
wg1 =
    2.2361
wc1 =
    1.2258
Gm2 =
    0.3005
Pm2 =
    -23.6314
```

```
wg2 =
    2.2361
wc2 =
    3.9061
```

当 $K=10$ 时，幅值裕量 $G_{m1}=3.0000$，即 $20*\log 10（3）=9.5424$ dB，相位裕量 $P_{m1}=25.4489°$，相位交界频率 $\omega_{g1}=2.2361\text{s}^{-1}$，幅值交界频率 $\omega_{c1}=1.2241\text{s}^{-1}$。

当 $K=100$ 时，幅值裕量 $G_{m2}=0.3000$，即 $20*\log 10（0.3）=-10.4576$ dB，相位裕量 $P_{m2}=-23.5463°$，相位交界频率 $\omega_{g2}=2.2361\text{s}^{-1}$，幅值交界频率 $\omega_{c2}=3.9010\text{ s}^{-1}$。

频域性能指标数据说明 $K=10$ 时闭环系统稳定，但 $K=100$ 时系统闭环是不稳定的。

由图 4-59 可知，$K=100$ 时和 $K=10$ 时相比，系统的对数相频特性不变，即两条曲线重合，对数幅频特性上移 20 dB。

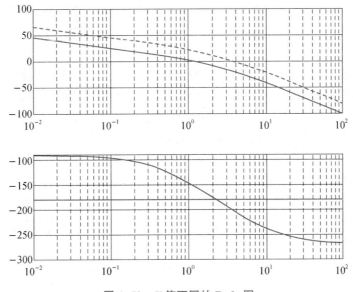

图 4-59　K 值不同的 Bode 图

本章小结

本章主要介绍了分析控制系统性能的频率特性法，涉及的主要概念和问题如下。

（1）频率特性反映线性系统在谐波信号的作用下，其稳态输出与输入之比与频率的关系特性。系统的频率特性与传递函数具有如下简单的关系

$$G(\text{j}\omega)=G(s)\big|_{s=\text{j}\omega}$$

（2）系统的频率特性一般分为幅频特性和相频特性。幅频特性表示系统稳态输出的幅值与输入信号的幅值之比随输入信号频率变化的关系特性；相频特性表示系统稳态输出信号的相位与输入信号的相位之差随输入信号频率变化的关系特性，即对于频率特性

$$G(\text{j}\omega)=A(\omega)\text{e}^{\text{j}\varphi(\omega)}$$

$$A(\omega) = \frac{|X_o(j\omega)|}{|X_i(j\omega)|}$$

$$\varphi(\omega) = \varphi_o(\omega) - \varphi_i(\omega)$$

（3）系统频率特性的图形表示方法主要有两种：极坐标图法和对数频率特性图法。系统频率特性的极坐标图又称为 Nyquist 图，它是变量 s 沿平面上的虚轴变化时在 $[G(s)]$ 平面上得到的映射。并且频率 ω 从 $0 \to \infty$ 的极坐标曲线 $G(j\omega)$ 和频率 ω 从 $0 \to -\infty$ 的极坐标曲线 $G(-j\omega)$ 对称于 $[G(s)]$ 平面上的实轴。系统的对数频率特性图又称为 Bode 图，它是将系统的幅频特性和相频特性分别画出的一种图形表示法，分别称为对数幅频特性图和对数相频特性图。对于最小相位系统，其对数幅频特性图与对数相频特性图具有确定的对应关系。

（4）开环对数频率特性的 3 个频段包含了闭环系统性能不同方面的信息，即低频段、中频段和高频段分别表征了系统的稳定性、动态特性和抗干扰能力。为了设计一个合理的控制系统，对开环对数幅频特性的形状要求如下：低频段要有一定的高度和斜率；中频段的斜率最好为-20 dB/dec，且具有足够的宽度；高频段采用迅速衰减的特性，以抑制不必要的高频干扰。

（5）奈氏判据是通过图解方法判断系统是否满足稳定的充分必要条件。因此，它是一种几何判据，可以在频域内通过系统的开环频率特性来判别闭环系统的稳定性，不仅可以用来判断闭环系统的绝对稳定性，而且还可以用来定义和估计系统的相对稳定性。

（6）系统的相对稳定性可用稳定裕量来定量计算。稳定裕量可以确定系统离开稳定边界的远近，不但是衡量一个闭环系统稳定程度的指标，而且与系统性能有密切的关系，是系统动态设计的重要依据之一。稳定裕量包含相位裕量 γ 和幅值裕量 K_g。

（7）系统的频域响应特性与时域响应特性有着密切的关系，这种关系可归结为反映系统性能的频域指标与时域指标的关系。它对于一阶系统和二阶系统是确定的，而对于高阶系统，由于其复杂性很难建立起确切的关系。

（8）利用 MATLAB 提供的 roots、tf2zp、pzmap 等函数可方便地进行系统稳定性判断，用 bode、nyquist、margin 函数绘制系统的 Bode 图和 Nyquist 图进行系统频率分析，不仅可以得到系统的频率特性图，还可以得到系统的幅频特性、相频特性、实频特性和虚频特性，从而通过计算得到系统的频域特征量，并求取系统的幅值裕量和相位裕量。

习 题

4-1 某单位反馈系统的开环传递函数为 $G(s) = \dfrac{5}{s+1}$，试求下列输入时，输出的稳态响应表达式。

（1）$x_i(t) = \sin(t + 30°)$

（2）$x_i(t) = 3\cos(2t - 60°)$

4-2 试画出下列传递函数的 Nyquist 图。

（1）$G(s) = \dfrac{1}{0.01s + 1}$

（2）$G(s) = \dfrac{1}{s(0.1s + 1)}$

（3）$G(s) = \dfrac{2(0.3s + 1)}{s^2(5s + 1)}$

（4）$G(s) = \dfrac{7.5(0.3s + 1)(s + 1)}{s(s^2 + 12s + 100)}$

(5) $G(s) = \dfrac{(0.2s + 1)(0.025s + 1)}{s^2(0.005s + 1)(0.001s + 1)}$　　(6) $G(s) = 5e^{-0.1s}$

4-3 试画出传递函数 $G(s) = \dfrac{aTs + 1}{Ts + 1}$ 的 Nyquist 图。其中 $a = 0.2$，$T = 2$。

4-4 试画出下列传递函数的 Bode 图。

(1) $G(s) = \dfrac{1}{0.5s + 1}$　　　　　　(2) $G(s) = \dfrac{1}{1 - 0.5s}$

(3) $G(s) = \dfrac{2(s + 5)}{s^2(0.5s + 1)}$　　　　(4) $G(s) = \dfrac{s + 1}{s(s + 0.1)(s + 20)}$

(5) $G(s) = \dfrac{5(s + 0.5)}{s(s^2 + s + 1)(s^2 + 4s + 25)}$

4-5 已知一些元件的对数幅频特性曲线如图 4-60 所示，试写出它们的传递函数。

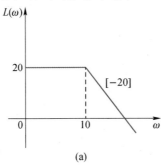
(a)

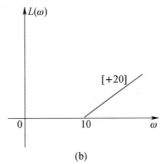
(b)

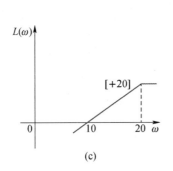
(c)

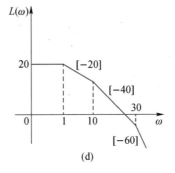
(d)

图 4-60　题 4-5 图

4-6 已知系统开环传递函数为

$$G(s)H(s) = \dfrac{K}{(10s + 1)(2s + 1)(0.2s + 1)}$$

(1) $K = 20$ 时，分析系统稳定性；

(2) $K = 100$ 时，分析系统稳定性；

(3) 分析开环放大倍数 K 的变化对系统稳定性的影响。

4-7 设系统开环频率特性如图 4-61 所示，试判别系统的稳定性。其中 P 为开环右极点数，ν 为开环传递函数中的积分环节数目。

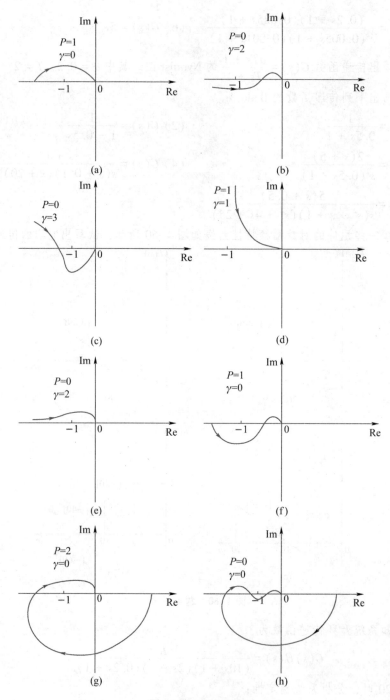

图 4-61　题 4-7 图

4-8　图 4-62 所示为一负反馈系统的开环奈氏图，开环增益 $K=500$，开环没有右极点。试确定使系统稳定的 K 值范围。

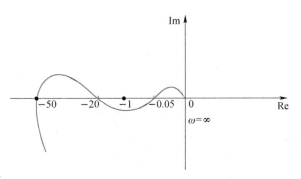

图 4-62　题 4-8 图

4-9　设系统的结构如图 4-63 所示。试判别该系统的稳定性，并求出其稳定裕量。图中 $K_1 = 0.5$：

(1) $G(s) = \dfrac{2}{s+1}$；

(2) $G(s) = \dfrac{2}{s}$。

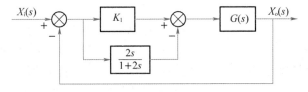

图 4-63　题 4-9 图

4-10　设单位反馈控制系统的开环传递函数为

$$G(s) = \frac{\alpha s + 1}{s^2}$$

试确定使相位裕量 $\gamma = 45°$ 的 α 值。

第 5 章
控制系统的综合与校正

本章主要介绍控制系统校正控制器的设计方法。涉及的校正装置包括相位滞后、相位超前与相位滞后-超前的串联校正方法，介绍了 PD、PI、PID 校正器的频域和时域设计方法。此外，还简要介绍了反馈和顺馈校正装置与利用 MATLAB 进行控制系统的校正。

5.1 系统校正的基本概念

控制系统的综合与校正是各控制工程领域内自动控制系统设计理论的重要组成部分，也是改善系统性能的重要手段与方法。前几章所讲述的控制系统的基础知识，控制系统的分析技术——比如时域、频域、复数域分析技术，都是在为控制系统的设计奠定基础。控制系统的设计通常要包括下面几个步骤：

（1）确定系统的目标指标；

（2）确定控制器或校正环节的结构，该结构与被控制系统的结构应密切相关；

（3）确定控制器或校正环节的参数值，达到设计目的。

5.1.1 控制系统的性能指标

设计控制系统的目的是完成某一特定任务，控制系统的优劣通常用性能指标来评价。通常根据系统在典型信号输入下的输出响应来判定，对于一个给定的系统，这些指标是固定的，包括控制精度、稳态裕量和响应速度 3 个方面。在某些实际系统中还有一些其他的指标，如系统对环境参数变化的敏感性，即鲁棒性。从不同分析方法又可分为时域性能指标与频域性能指标。

1. 时域性能指标

时域性能反映系统响应随时间的变化过程，指标较为直观，根据是否达成稳定状态又可分为瞬态性能指标与稳定性能指标。

（1）瞬态性能指标主要是在单位阶跃输入下，由输出的过渡过程给出的，实质上是由瞬态响应所决定的，它主要包括 5 个方面：

①延迟时间 t_d；

②上升时间 t_r；

③峰值时间 t_p；

④最大超调量 M_p；

⑤调整时间（或过渡过程时间）t_s。

此外，根据具体情况有时还对过渡过程提出其他要求，如：在 t_s 间隔内的振荡次数，或要求时间响应为单调无超调等。

（2）稳态性能指标　对控制系统的基本要求之一是准确性，它指过渡过程结束后，实际的输出量与希望的输出量之间的偏差——稳态误差，这是稳态性能的测度。

2. 频域性能指标

频域性能指标包括：

（1）相位（稳定）裕量 γ；

（2）幅值（稳定）裕量 K_g；

（3）复现频率 ω_m 及复现带宽 $0 \sim \omega_m$；

（4）谐振频率 ω_r 及谐振峰值 M_r，$M_r = A_{max}$；

（5）截止频率 ω_b 及截止带宽（简称带宽）$0 \sim \omega_b$。

线性系统的设计可以在时域完成，也可以在频域完成。稳态精度通常针对系统的阶跃输入、斜坡输入以及加速度输入提出，因而更适合在时域完成设计。还有一些指标，诸如最大超调量、上升时间以及调整时间是针对单位阶跃输入提出，更是需要在时域完成设计。此外，相对稳定性用幅值裕量、相位裕量和谐振峰值等指标来描述，通常与 Bode 图、幅/相频图、Nichols 图等出现，这些都是典型的频域指标。

对于一个典型的二阶系统，以上频域指标和时域指标间有简单的解析关系，然而，对于高阶系统，很难建立时域和频域指标之间的关系。在大多数情况下，系统性能的测试是以时域指标为标准的，如最大超调量 M_p、上升时间 t_r 和调整时间 t_s。

3. 综合性能指标（误差准则）

综合性能指标是系统性能的综合测度，是系统的希望输出与实际输出之差的某个函数的积分。因为这些积分是系统参数的函数，因此，当系统的参数（特别是某些重要参数）取最优值时，综合性能指标将取极值，从而可以通过选择适当参数得到综合性能指标为最优的系统。目前使用的综合性能指标有多种，如误差积分性能指标、误差平方性能指标、广义误差平方积分性能指标，且对应每一种指标通常都有一些专门的设计方法。

5.1.2　控制系统的校正方法

控制系统的校正方法大体上可分为两类。

1. 频域法

频域法主要是根据系统开环 Bode 图利用适当校正装置，配合开环增益的调整来对原有系统 Bode 图进行修正，使修正后的系统符合指标要求。对于高阶系统，这些方法仍然不会遇到什么问题。对于一些典型的系统，频域的设计方法甚至可以得到非常好的结果。

由于系统开环传递函数和具有单位反馈的闭环传递之间具有一一对应关系，而决定闭环稳定性的特征方程又完全取决于开环传递函数，因此用频域法进行设计时，通常在 Bode 图上进行。结合前几章内容，系统通常要求为：

（1）在低频段，使增益尽可能高，保证稳态误差；

（2）在中频段，即在交界频率附近幅频特性曲线应当限制在-20 dB/dec左右，保证良好的动态特性与稳定性；

（3）在高频段，开环幅频特性曲线尽可能快速衰减，以减小高频噪声与干扰的影响。

2. 根轨迹法

添加校正装置，即对原有系统增加新的校正系统的开环零、极点，使原有系统的零、极点重新分布，从而满足闭环系统的性能要求。

上述方法都是建立在系统性能定性分析与定量估计的基础上的，但使系统满足性能要求的设计方法不唯一。在校正过程中，通常需要运用基本概念结合实际经验通过多次试凑参数，从而达到系统校正要求。

5.2 串联校正

为使系统满足动态性能指标，在基本部分已确定的条件下，需要在系统中附加一些具有某一动力学性质的电网络或机械装置，这些附加的装置统称为校正环节或校正装置。

其中最常见的校正是在系统主通道比较环节后串联某一校正环节$G_c(s)$，如图5-1所示，组成串联校正。校正装置$G_c(s)$与被控过程$G(s)$称为"串联"。

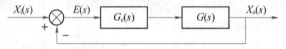

图5-1 系统的串联校正

串联校正按校正环节$G_c(s)$的性质可分为：

（1）开环增益调整；

（2）相位超前校正；

（3）相位滞后校正；

（4）相位滞后-超前校正。

其中，开环增益调整的实现比较简单，其可以改变闭环极点的位置，但不能改变闭环系统根轨迹的形状。增益的调整从开环Bode图上看，只能使对数幅频特性曲线上下平移，不能改变曲线的形状。因此，单凭增益调整，往往不能很好地解决各指标之间相互制约的矛盾，还须附加校正装置。

下面就其他3种不同校正环节的数学模型、动态特性和基于频率响应法的校正分别介绍。

5.2.1 相位超前校正

1. 相位超前校正装置的特性

图5-2所示为RC相位超前校正网络，其传递函数为

$$G_c(s) = \frac{V_0(s)}{V_i(s)} = \frac{R_2}{R_1 + R_2} \frac{R_1 Cs + 1}{\dfrac{R_2}{R_1 + R_2} R_1 Cs + 1} \tag{5-1}$$

设

$$R_1 C = T, \quad \frac{R_2}{R_1 + R_2} = \alpha < 1$$

则

$$G_c(s) = \alpha \frac{Ts + 1}{\alpha Ts + 1} \tag{5-2}$$

RC 相位超前校正网络的 Bode 图如图 5-3 所示，其对数幅频渐近线具有正斜率段，相频曲线具有正相位移。正相位移表明，网络在正弦信号输入时的稳态输出电压在相位上超前于输入，故称相位超前校正网络。

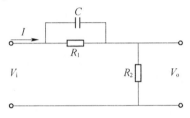

图 5-2　RC 相位超前校正网络

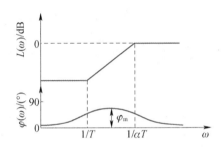

图 5-3　RC 超前校正网络的 Bode 图

相位超前校正网络的幅频特性为

$$|G_c(j\omega)| = \alpha \frac{\sqrt{1 + (T\omega)^2}}{\sqrt{1 + (\alpha T\omega)^2}} \tag{5-3}$$

相频特性为

$$\angle G_c(j\omega) = \varphi = \arctan(T\omega) - \arctan(\alpha T\omega) \tag{5-4}$$

根据式（5-4）可以算出相位超前校正网络所提供的最大超前角为

$$\varphi_m = \arcsin \frac{1 - \alpha}{1 + \alpha} \tag{5-5}$$

φ_m 在两个转折频率 $1/T$ 和 $1/(\alpha T)$ 的几何中点，对应的角频率 ω_m 可通过下式计算求得

$$\lg \omega_m = \frac{1}{2}\left[\lg \frac{1}{T} + \lg \frac{1}{\alpha T}\right]$$

所以

$$\omega_m = \frac{1}{\sqrt{\alpha} T} \tag{5-6}$$

由图 5-3 可以看出，相位超前校正网络基本上是一个高通滤波器。

相位超前校正装置的主要作用是改变频率特性曲线的形状，产生足够大的相位超前角，以补偿原有系统中元件造成的过大的相位滞后。

2. 基于频率响应法的相位超前校正

如图 5-4 所示的控制系统，假设性能指标是以相位裕量、增益裕量、静态速度误差常数等形式给出的，利用频率响应法设计相位超前校正装置的步骤描述如下。

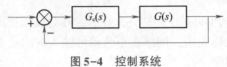

图 5-4　控制系统

假设有下列相位超前校正装置

$$G_c(s) = K_c\alpha \frac{Ts+1}{\alpha Ts+1} = K_c \frac{s+\dfrac{1}{T}}{s+\dfrac{1}{\alpha T}}, \ 0 < \alpha < 1$$

定义

$$K_c\alpha = K$$

于是

$$G_c(s) = K \frac{Ts+1}{\alpha Ts+1}$$

校正系统的开环传递函数为

$$G_c(s)G(s) = K\frac{Ts+1}{\alpha Ts+1}G(s) = \frac{Ts+1}{\alpha Ts+1}KG(s) = \frac{Ts+1}{\alpha Ts+1}G_1(s)$$

式中，$G_1(s) = KG(s)$。

确定增益 K，使其满足给定静态误差常数的要求。

（1）利用已确定增益 K，画出增益已经调整但未校正系统 $G_1(j\omega)$ 的 Bode 图，求相位裕量。

（2）确定需要对系统增加的相位超前角 φ。因为增加超前校正装置后，使增益交界频率向右方移动，并且减小了相位裕量，所以要求额外增加相位超前角 $5° \sim 12°$。

（3）利用方程 $\sin\varphi_m = \dfrac{\dfrac{1-\alpha}{2}}{\dfrac{1+\alpha}{2}} = \dfrac{1-\alpha}{1+\alpha}$ 确定衰减因子 α。确定未校正系统 $G_1(j\omega)$ 的幅值等于 $-20\lg(1/\sqrt{\alpha})$ 时的频率，选择此频率作为新的增益交界频率。该频率相应于 $\omega_m = 1/(\sqrt{\alpha}T)$，最大相位移 φ_m 就发生在这个频率上。

（4）根据相位超前校正装置的零点确定转角频率：$\omega = \dfrac{1}{T}$、$\omega = \dfrac{1}{\alpha T}$。

（5）利用（1）、（4）中确定的 K 和 α 值，再根据式 $K_c = \dfrac{K}{\alpha}$，计算常数 K_c。

（6）检查增益裕量，确认它是否满足要求。如果不满足要求，通过改变校正装置的极-零点位置，重复上述设计过程，直到获得满意的结果为止。

相位超前校正网络不是对所有的系统都有效，当计划采用相位超前校正网络时，需要考虑下面几点。

（1）带宽的考虑：如果原系统不稳定，或者稳定裕量很小，那么相位超前校正所要做的相位补偿 φ_m 就会非常大，参数 α 很小，导致校正器的带宽增加，这将给系统带来附加噪声，可能导致设计失败。另外，参数 α 很小可能导致鲁棒性问题，即校正器的指标对环境参数过于敏感。

（2）对于不稳定或者稳定裕量很小的系统，如果参数 α 很小，导致增益补偿过大，高增益放大器意味着高成本。

（3）当未校正系统的相位裕量需要 90°以上的相位补偿时，无法使用单阶相位超前校正网络进行校正。

【例 5-1】设单位负反馈系统原来的开环渐近幅频特性曲线和相频特性曲线如图 5-5 中曲线 L_1、φ_1 所示，试分析其稳定性，并提出校正措施。

由图 5-5 看出在 $20\lg|G(j\omega)| > 0$ 的范围内，$\angle G(j\omega)$ 对 $-\pi$ 线有一次负穿越，原系统不稳定。

为解决这一问题，给系统串入相位超前校正环节，为使校正环节的正相移补偿在原系统的中频段，因此校正环节的转折频率 $\dfrac{1}{\alpha T}$ 及 $\dfrac{1}{T}$，原则上应分别设在原截止频率的两侧，校正后系统的开环对数频率特性曲线如图 5-5 中曲线 L_2、φ_2 所示。校正后的幅频特性渐近曲线的中频段斜率变为 -20 dB/dec，而且截止频率增大到 ω_{c2}。对照相频曲线来看，由于校正环节正相移的作用使 ω_{c2} 附近的相频曲线明显上移。因此，经校正后系统不仅稳定，而且还具有一定的稳定裕量，有效地改善了原系统的稳定性，并且也可以使快速性有所提高。

从以上的例子可以看出相位超前校正可以用在既要提高快速性，又要改善振荡性的情形中。但是超前校正使系统高频段的幅频特性上移了 $20\lg\alpha$ dB，这会削弱系统抗高频干扰的能力，因此在高频干扰比较严重的情况下一般不用超前校正。

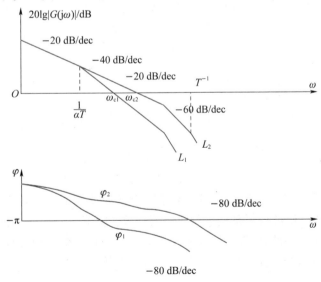

图 5-5　例 5-1 的 Bode 图

综上，相位超前校正（即在输入正弦信号下）可使其输出的正弦信号相位超前。串联校正主要用于稳态精度已经满足要求，而瞬态响应指标还需要进一步改善的情况。从 Bode

图中可以看出，系统的低频段不需要改动，只需改变中频段形状使其交界频率后移，从而使相位裕量与带宽增大，在明显提高快速性与瞬态响应性的同时不影响稳态精度。

5.2.2 相位滞后校正

1. 相位滞后校正装置的特性

图 5-6 所示为 RC 相位滞后校正网络，其传递函数为

$$G_c(s) = \frac{V_o(s)}{V_i(s)} = \frac{R_2 Cs + 1}{\dfrac{R_1 + R_2}{R_2} R_2 Cs + 1} \tag{5-7}$$

设

$$R_2 C = T \ , \ \frac{R_1 + R_2}{R_2} = \beta > 1$$

则

$$G_c(s) = \frac{Ts + 1}{\beta Ts + 1} = \frac{1}{\beta} \frac{s + (1/T)}{s + (1/\beta T)} \tag{5-8}$$

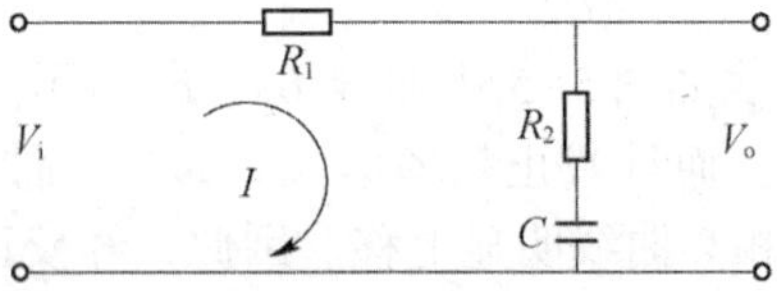

图 5-6 相位滞后校正网络

相位滞后校正网络的 Bode 图如图 5-7 所示，由于传递函数式（5-8）中 $\beta T > T$，故对数幅频渐近曲线具有负斜率段，相频曲线出现负相移。负相移表明当正弦信号输入时，稳态输出电压在相位上滞后于输入，故称相位滞后校正网络。相位滞后校正网络的幅频特性为

$$|G_c(j\omega)| = \frac{1}{\beta} \frac{\sqrt{1 + (T\omega)^2}}{\sqrt{1 + (\beta T\omega)^2}} \tag{5-9}$$

相频特性为

$$\angle G_c(j\omega) = \varphi = \arctan(T\omega) - \arctan(\beta T\omega) < 0 \tag{5-10}$$

相位滞后校正网络的最大滞后角度 φ_m 及其对应的频率 ω_m 为

$$\varphi_m = \arcsin \frac{\beta - 1}{\beta + 1} \tag{5-11}$$

$$\omega_m = 1/\sqrt{\beta} T \tag{5-12}$$

由图 5-7 可以看出，相位滞后校正环节是一个低通滤波器。相位滞后校正的作用主要是利用它的负斜率段，使被校正系统高频段幅值衰减，幅值交界频率左移，从而获得充分的相位裕量，其相位滞后特性在校正中作用并不重要。因此，相位滞后校正环节的转折频率 $1/(\beta T)$ 和 $1/T$ 均应设置在远离幅值交界频率、靠近低频段的地方。

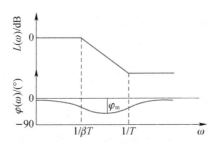

图 5-7　相位滞后校正网络的 Bode 图

2. 基于频率响应法的相位滞后校正

相位滞后校正的主要作用是在高频段造成衰减，从而使系统获得足够的相位裕量，相位滞后特性在滞后校正中不重要。

用频率响应法为图 5-5 所示的系统设计相位滞后校正装置的步骤如下：

（1）假设有下列相位滞后校正装置

$$G_c(s) = K_c\beta\frac{Ts + 1}{\beta Ts + 1} = K_c\frac{s + \dfrac{1}{T}}{s + \dfrac{1}{\beta T}},\ \beta > 1$$

定义

$$K_c\beta = K$$

于是

$$G_c(s) = K\frac{Ts + 1}{\beta Ts + 1}$$

已校正系统的开环传递函数为

$$G_c(s)G(s) = K\frac{Ts + 1}{\beta Ts + 1}G(s) = \frac{Ts + 1}{\beta Ts + 1}KG(s) = \frac{Ts + 1}{\beta Ts + 1}G_1(s)$$

式中，$G_1(s) = KG(s)$

确定增益 K，使系统满足给定静态误差常数的要求。

（2）如果经过增益调整的未校正系统 $G_1(j\omega) = KG(j\omega)$ 不满足有关相位裕量和增益裕量的性能指标，则应寻找一个频率点，在这一点上，开环传递函数的相位等于-180°加要求的相位裕量。要求的相位裕量等于指定的相位裕量加 5°~12°（增加 5°~12°是为了补偿相位滞后校正装置的相位滞后）。选择此频率作为新增益交界频率。

（3）为了防止由相位滞后校正装置造成的相位滞后的有害影响，相位滞后校正装置的极点和零点必须配置得明显低于新增益交界频率，因此选择转角频率 $\omega = 1/T$（相应于相位滞后校正装置的零点）低于新的增益交界频率一倍频程到十倍频程（如果相位滞后校正装置的时间常数不会很大，则转角频率 $\omega = 1/T$ 可以选择在新的增益交界频率之下十倍频程处）。把校正装置的极点和零点选择得足够小，相位滞后就发生在低频范围内，从而将不会影响到相位裕量。

（4）确定使幅值曲线在新的增益交界频率处下降到 0 dB 所必需的衰减量。这一衰减量等于 $-20\lg\beta$，从而可以确定 β 值。另一个转角频率（相应于相位滞后校正装置的极点）可以由 $\omega = 1/(\beta T)$ 确定。

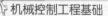

（5）利用（1）、（4）中确定的 K 和 β 值，根据下式计算常数 K_c

$$K_c = \frac{K}{\beta}$$

【例 5-2】 设单位负反馈系统原有的开环 Bode 图如图 5-8 中曲线 L_1、φ_1 所示，试分析其稳定性，并提出校正措施。

解 由图 5-8 可见，$20\lg|G(j\omega)|$ 在中频段截止频率 ω_{c1} 附近为 -60 dB/dec，故系统动态响应的平稳性很差或不稳定，对照相频曲线可知，系统接近于临界情况。

将系统串联接入相位滞后校正环节，并将相位滞后校正环节的转折频率 T^{-1}、$(\beta T)^{-1}$ 设置在远离 ω_{c1} 的地方，这时校正后系统的开环对数频率特性如图 5-8 中曲线 L_2、φ_2 所示。由于校正环节的相位滞后主要发生在低频段，故对中频段的相频特性曲线几乎无影响。因此校正的作用，是利用了网络的高频衰减特性，减小系统的截止频率，由图 5-8 中的 ω_{c1} 变为 ω_{c2}，从而使稳定裕量增大，保证了稳定性和改善振荡性。因此可以认为，相位滞后校正是以牺牲快速性来换取稳定性和改善振荡性的，同时由于校正后系统高频段衰减了 $|20\lg\beta|$ dB，因而校正后的系统具有较好的抑制高频干扰的能力。

图 5-8 中的曲线 L_1 所对应的开环增益是根据稳态精度的要求而设计的，故由校正后的曲线 L_2 可知，校正后系统既满足了稳态精度的要求又满足了稳定性振荡性的要求，较好地解决了这一对矛盾。

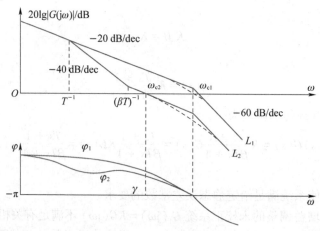

图 5-8　例 5-2 的 Bode 图

综上，当控制系统具有良好的动态性能，而稳态误差较大时，低频段采用相位滞后校正可既保持原有的动态性能，又可使系统的开环增益大幅增加，以满足精度要求，但会减小截止频率，使响应时间增加。

5.2.3 相位滞后-超前校正

1. 相位滞后-超前校正装置的特性

相位超前校正可以增加频宽提高快速性，以及改善相对稳定性。相位滞后校正可以提高稳定性及稳态精度，而降低了快速性。工程上有大量系统无法单独使用其中一种校正装置达到满意的校正效果，如果同时采用相位滞后和超前校正，则可全面改善系统的控制性能。

图 5-9 所示为 RC 相位滞后-超前校正网络，其传递函数为

$$G_c(s) = \frac{V_o(s)}{V_i(s)} = \frac{(R_1 C_1 s + 1)(R_2 C_2 s + 1)}{(R_1 C_1 s + 1)(R_2 C_2 s + 1) + R_1 C_2 s} \qquad (5\text{-}13)$$

设 $R_1 C_1 = T_1$，$R_2 C_2 = T_2$，设 $T_2 > T_1$，并使

$$R_1 C_1 + R_2 C_2 + R_1 C_2 = \frac{T_1}{\beta} + \beta T_2 \qquad (\beta > 1)$$

则式（5-13）可写成

$$G_c(s) = \frac{T_1 s + 1}{\alpha T_1 s + 1} \cdot \frac{T_2 s + 1}{\beta T_2 s + 1} \qquad (\alpha = 1/\beta < 1) \qquad (5\text{-}14)$$

式（5-14）右端前半部分具有滞后网络作用，后半部分具有超前网络作用，对应的 RC 相位滞后-超前校正网络的 Bode 图如图 5-10 所示。

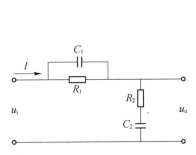

图 5-9　RC 相位滞后-超前校正网络

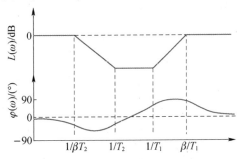

图 5-10　RC 相位滞后-超前校正网络的 Bode 图

可以看出，曲线的低频部分具有负斜率和负相移，起滞后校正作用，后一段具有正斜率和正相移，起相位超前校正作用。且高频段和低频段均无衰减。

2. 基于频率响应法的相位滞后-超前校正

用频率响应法设计相位滞后-超前校正装置，实际上是前面讨论过的相位超前校正和相位滞后校正设计方法的综合。

假设滞后-超前校正装置具有下列形式

$$G_c(s) = K_c \frac{(T_1 s + 1)(T_2 s + 1)}{\left(\dfrac{T_1}{\beta} + 1\right)(\beta T_2 s + 1)} = K_c \frac{\left(s + \dfrac{1}{T_1}\right)\left(s + \dfrac{1}{T_2}\right)}{\left(s + \dfrac{\beta}{T_1}\right)\left(s + \dfrac{1}{\beta T_2}\right)} \qquad (\beta > 1) \qquad (5\text{-}15)$$

相位滞后-超前校正装置的相位超前部分（包含 T_1 的部分）改变了频率响应曲线，这是因为它增加了相位超前角，并且在增益交界频率上增加了相位裕量。相位滞后-超前校正装置的相位滞后部分（包含 T_2 的部分）在增益交界频率附近引起响应的衰减。因此，它允许在低频范围内增大增益，从而改善系统的稳态特性。

5.3　并联校正

除了串联校正外，还常常采用并联校正中的反馈校正和顺馈校正的方法来改善系统质量。应用比较多的反馈校正是对系统的部分环节建立局部负反馈，反馈校正不仅能收到和串

联校正同样的结果，还能抑制被反馈包围环节参数波动对系统性能的影响。

反馈校正中，若 $G_c(s) = K$，则称为位置（比例）反馈；若 $G_c(s) = Ks$，则称为速度（微分）反馈；若 $G_c(s) = Ks^2$，则称为加速度反馈。反馈校正通常需要传感器，因此，反馈校正的成本也相对高一些，常用的传感器有各种直线位移／角位移传感器、测速发电机、编码器、压力传感器、加速度计等。

从控制的观点看，反馈校正利用反馈能有效地改变被包围环节的动态结构参数，甚至在一定条件下能用反馈校正完全取代被包围环节，从而大大减弱这部分环节由于特性参数变化及各种干扰给系统带来的不利影响。

5.3.1 反馈校正

系统的反馈校正可分为位置反馈校正与速度反馈校正两大部分。

1. 位置反馈校正

图5-11（a）所示为比例反馈包围惯性环节，回路的传递函数为

$$G(s) = \frac{\dfrac{K}{Ts+1}}{1 + K_{\mathrm{H}} \cdot \dfrac{K}{Ts+1}} = \frac{K}{Ts + (1 + KK_{\mathrm{H}})} = \frac{K'}{T's + 1} \tag{5-16}$$

式中，$K' = K/(1 + KK_{\mathrm{H}})$，$T' = T/(1 + KK_{\mathrm{H}})$。结果仍是惯性环节，但时间常数由原来的 T 变为 T'，相应减小到了原来的 $1/(1+KK_{\mathrm{H}})$，反馈系数 K_{H} 越大，时间常数越小，校正后系统的带宽越大。

图5-11（b）所示为比例反馈包围二阶振荡环节，回路的传递函数为

$$G(s) = \frac{\dfrac{K}{T^2 s^2 + 2\xi Ts + 1}}{1 + K_{\mathrm{H}} \cdot \dfrac{K}{T^2 s^2 + 2\xi Ts + 1}} = \frac{K}{T^2 s^2 + 2\xi Ts + (1 + KK_{\mathrm{H}})}$$

$$= \frac{K'}{T'^2 s^2 + 2\xi' T's + 1} \tag{5-17}$$

式中，$K' = K/1 + KK_{\mathrm{H}}$，$T' = T/\sqrt{1 + KK_{\mathrm{H}}}$，$\xi' = \xi/\sqrt{1 + KK_{\mathrm{H}}}$。结果仍是二阶振荡环节，但固有频率由原来的 $1/T$ 变为校正后的 $1/T'$，相应增加到了原来的 $\sqrt{1 + KK_{\mathrm{H}}}$ 倍，系统的响应速度得到了提高，阻尼比由原来的 ξ 变为校正后的 ξ'，下降到了原来的 $1/\sqrt{1 + KK_{\mathrm{H}}}$，相对稳定性下降。所以，利用位置反馈校正二阶系统时，反馈增益 K_{H} 不能过大。工程实际中，大部分一阶系统是从高阶系统简化得到的，所以，对于简化后的一阶系统，含有位置反馈时，反馈增益也不能过大，否则会引起系统的振动。

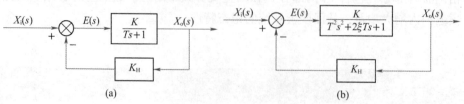

图5-11　位置反馈校正
（a）比例反馈包围惯性环节；（b）比例反馈包围二阶振荡环节

2. 速度反馈校正

如图 5-12 所示的反馈回路，可以改变阻尼比。其回路传递函数经变换整理为

$$G(s) = \frac{\dfrac{K}{T^2 s^2 + 2\xi T s + 1}}{1 + K_H s \cdot \dfrac{K}{T^2 s^2 + 2\xi T s + 1}} = \frac{K}{T^2 s^2 + (2\xi T + K K_H) s + 1} \tag{5-18}$$

从式（5-18）发现结果仍为振荡环节，而阻尼比显著增大，速度反馈可以有效地减弱小阻尼环节的不利影响，用速度反馈增加阻尼比时，并不影响系统的无阻尼固有频率。

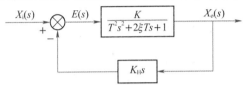

图 5-12 速度反馈校正

结合上一节内容发现，对控制系统进行校正时，采用串联校正较为简单，为避免功率损耗，串联校正通常位于前向通路能量较低的位置，用模拟电路实现串联校正时通常需要附加放大器以增大系统增益和进行隔离。而对于并联校正中的反馈校正，需要相应的传感器来检测相关信号，但信号一般是功率由高向低接入，可不需要放大器。另外，反馈校正一个很大的特点就是系统对被反馈校正回路的各元件特性参数变化不敏感，对校正回路元件要求较低。

5.3.2 反馈校正的作用

1. 减弱所包围环节的惯性，提高响应速度

时间常数增大会对系统的性能产生不良影响，利用反馈环节减小时间常数，进而可提高其响应性能。如图 5-13 所示系统，有

$$\frac{Y(s)}{X(s)} = \frac{K}{Ts + 1 + K K_n} = \frac{K_1}{T_1 s + 1} \tag{5-19}$$

式中，$K_1 = \dfrac{K}{1 + K K_n}$，$T_1 = \dfrac{T}{1 + K K_n}$。

由于 $T_1 < T$，因此惯性减小，响应速度加快，同时反馈后的放大系数 K_1 也减小（ $K_1 < K$ ），但这可以通过提高其他环节（如放大环节）的增益来补偿。若前向通道为振荡环节或其他环节，其结果完全相同。

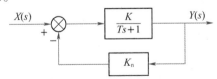

图 5-13 比例负反馈系统

2. 减弱参数变化的影响

对一个输入为 $X(s)$，输出为 $Y(s)$，传递函数为 $G(s)$ 的开环系统，其输出为 $Y(s) =$

$G(s)X(s)$，由 $G(s)$ 变化 $\Delta G(s)$ 引起的输出变化为 $\Delta Y(s) = \Delta G(s)X(s)$

对开环传递函数为 $G(s)$ 的闭环系统，当存在 $\Delta G(s)$ 变化时，系统的输出为

$$Y(s) + \Delta Y(s) = \frac{G(s) + \Delta G(s)}{1 + G(s) + \Delta G(s)}X(s)$$

通常 $1 + G(s) \gg \Delta G(s)$，所以有

$$\Delta Y(s) \approx \frac{\Delta G(s)}{1 + G(s)}X(s) \tag{5-20}$$

因一般情况下 $1 + G(s) \gg \Delta G(s)$，故负反馈能大大削弱参数变化的影响。

3. 消除某些不希望的环节

如图 5-14 所示的多环控制系统，若 $G_2(s)$ 的特性是不希望的，则加上局部反馈 $H_2(s)$ 后，可消除 $G_2(s)$ 对系统的不良影响，此局部回程的频率特性为

$$\frac{Y_1(s)}{X_1(s)} = \frac{G_2(s)}{1 + G_2(s)H_2(s)}$$

若

$$|G_2(s)H_2(s)| \gg 1$$

则

$$\frac{Y_1(s)}{X_1(s)} \approx \frac{1}{H_2(s)}$$

即在满足式（5-21）的频段里，局部反馈系统的特性可近似地由反馈通道传递函数的倒数来描述。于是，可以适当地选取反馈通道的参数，用 $1/H_2(s)$ 取代 $G_2(s)$。由于反馈校正的上述特点，使得它在控制系统的校正方面得到广泛应用。

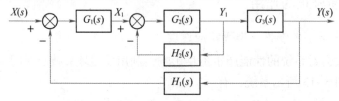

图 5-14　多环控制系统

5.3.3　顺馈校正

图 5-15（a）、（b）所示的系统中，$G_c(s)$ 属于串联校正，校正装置 $G_{cf}(s)$ 设在系统回路之外，信号向前传输，分别属于前馈或顺馈校正。

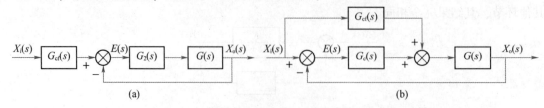

（a）　　　　　　　　　　（b）

图 5-15　顺馈校正系统的结构

设计系统时，可以先设计系统的回路，保证具有较好的动态性能，然后再设计前馈校正装置 $G_{cf}(s)$，以提高对典型输入信号的稳态精度。根据图 5-15（a），闭环系统的传递函

数为

$$\frac{Y(s)}{R(s)} = \frac{G_{cf}(s)\,G_c(s)\,G(s)}{1 + G_c(s)\,G(s)} \tag{5-21}$$

误差传递函数为

$$\frac{E(s)}{R(s)} = \frac{1}{1 + G_c(s)\,G(s)} \tag{5-22}$$

这就是说，可以通过设计 $G_c(s)$，使误差传递函数［式（5-22）］具有指定的特性，进一步设计 $G_{cf}(s)$，可以满足对输入-输出特性［式（5-21）］的要求，如稳态误差要求。通常情况下，通过串联校正控制器 $G_c(s)$ 来为系统提供指定的稳定性和性能指标。

在串联校正过程中，只要 $G_c(s)$ 与 $G_{cf}(s)$ 不出现零-极点对消情况（大多数情况如此），$G_c(s)$ 的零点总是闭环传递函数的零点，这些零点完全有可能导致系统性能指标发生不利的变化，这时就需要引进顺馈校正器，如图 5-15（b）中的 $G_{cf}(s)$，用于控制或抵消闭环传递函数中的不利零点的作用。二者作用基本一样，区别在于系统和硬件实现时的方式、成本不同。

既然顺馈校正可以完全抵消或增加系统闭环传递函数中的零极点，那么顺馈校正就具有非常强的校正能力，但为什么还要采用反馈校正方式进行校正呢？主要因为图 5-15（a）和图 5-15（b）中的 $G_c(s)$ 在系统的环外，系统对 $G_c(s)$ 的参数变化就会变得非常敏感，也就是说，顺馈校正不可能适用于所有的环境。事实上，如果能用反馈和串联校正完成校正工作，就尽量少用顺馈和前馈校正。

5.4　控制器类型

在控制系统中最基本的控制信号为给定信号与反馈信号比较所得的误差信号。为提高系统性能，让误差信号通过某个由机械或电气单元控制器进行某种控制运算，输出的控制信号可以更有效地控制系统，使其达到所要求的性能。

PID 控制器是工程上最常用的校正方案之一，它将反馈信号进行比例（Proportional）、积分（Integral）、微分（Derivative）处理以后进行组合，施加到被控系统中。与相位滞后、超前、相位滞后-超前校正相比，PID 控制器具有设计简单、适应范围广等特点。现有的大部分控制系统设计软件都具有 PID 控制器的专门设计模块，PID 控制器的组件在时域中比较直观，因而通常在时域设计 PID 控制器。本节分别介绍 PD 控制器、PI 控制器和 PID 控制器的校正原理，以时域的设计方法为主要分析手段，频域分析方法为辅助进行分析。另外，充分利用计算机及相关的软件，初步引入更加具有实际意义的计算方法，包括利用 MATLAB 进行相关的计算。

5.4.1　PD 控制器

1. PD 控制器的特性

1）PD 控制器的构成

图 5-16 所示为具有 PD 控制器的控制系统，假设被控对象为标准二阶系统，即有

$$G(s) = \frac{\omega_n^2}{s(s + 2\xi\omega_n)} \tag{5-23}$$

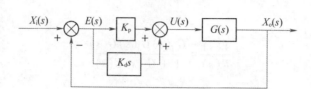

图 5-16 具有 PD 控制器的控制系统

PD 控制器的传递函数为

$$G_c(s) = K_p + K_d s \tag{5-24}$$

加到被控对象的控制信号为

$$u(t) = K_p e(t) + K_d \frac{de(t)}{dt} \tag{5-25}$$

式中，K_p、K_d 分别是比例常数和微分常数。

图 5-17 所示为利用电路实现 PD 控制器，在图 5-17（a）中，K_p、K_d 分别为

$$K_p = R_2/R_1, \quad K_d = R_2 C_1 \tag{5-26}$$

图 5-17（a）中电路简单一些，但 K_p、K_d 不能独立进行选择。

图 5-17（b）中 K_p、K_d 分别为

$$K_p = R_2/R_1, \quad K_d = R_d C_d \tag{5-27}$$

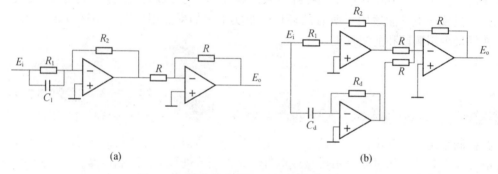

（a） （b）

图 5-17 运算放大器实现 PD 控制器的电路

图 5-17（b）的电路比图 5-17（a）的电路稍微复杂一点，但两个参数可以独立选择。关于如何来更好地设计电路来实现控制器，这里不做进一步讨论。

经过校正以后的系统开环传递函数为

$$G(s) = \frac{Y(s)}{E(s)} = G_c(s) G(s) = \frac{\omega_n^2 (K_p + K_d s)}{s(s + 2\xi\omega_n)} \tag{5-28}$$

2）PD 控制的时域解释

由于 $de(t)/dt$ 反映的是 $e(t)$ 的斜率，因而 PD 控制是一种预测控制，即通过计算 $e(t)$ 的斜率，PD 控制器可以预测误差的方向并利用它来改善控制过程。通常，就线性系统而言，单位阶跃响应的输出 $x_o(t)$ 或误差信号 $e(t)$ 的斜率越大，系统的超调量也越大。微分控制测量到 $e(t)$ 的即时斜率，提前预测到系统的过量超调，在此超调发生以前为系统提供合适的修正。

只有当系统的稳态误差随时间发生变化时，微分控制才会影响到系统的稳态误差。如果系统的稳态误差相对于时间是一个常数，微分控制为系统所提供的控制量为 0。但如果稳态误差随着时间持续增加，微分控制则会向系统提供与 $de(t)/dt$ 成正比的控制量，从而减小

误差的幅值。

从式（5-28）可以看出，PD 控制器不会影响到系统的型别，所以对于单位反馈系统而言，PD 控制器不会影响到稳态误差。

3）PD 控制器的频域解释

PD 控制器的传递函数为

$$G_c(s) = K_p + K_d s = K_p \left(1 + \frac{K_d}{K_p}s\right) \qquad (5-29)$$

在频域设计 PD 控制器，很容易用 Bode 图来说明设计方法。图 5-18 所示为 $K_p = 1$ 时的 PD 控制器的 Bode 图。通常 K_p 可以和系统的某个前向增益结合，所以认为 PD 控制器的直流增益为单位增益并不影响对问题的讨论。从图 5-18 可以清楚地看出，PD 控制器具有明显的高通滤波器特征，其相位超前的特征可以用来增加系统的相位裕量，但同时它的幅频特性提高了系统的穿越频率。设计 PD 控制器时，把它的角频率 $\omega = K_p / K_d$ 放到适当的位置，使得在新的幅频特性的穿越频率点，系统的相位裕量得到一定的提高。对于一个给定的系统，该 K_p / K_d 有一个取值范围可供选择，可用于调整系统的阻尼。另外一个要考虑的实际问题是 K_p 和 K_d 的值会影响到 PD 控制器的实现。PD 控制器在频域中的另外一个明显的影响是由于高通特性，多数情况下会增加系统的频宽 ω_b，减少系统的上升时间。同样由于其高通特性，PD 控制器会加强系统中来自输入的高频噪声干扰。

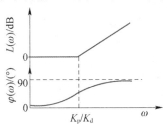

图 5-18 PD 控制器的 Bode 图

4）PD 控制效果

适当设计 PD 控制器，可以解决系统不稳定或系统的稳定裕量太小的问题，另外，PD 控制器可以从以下几个方面影响系统的性能：

（1）增加系统的阻尼、减少系统的超调量；

（2）减少上升时间和调整时间；

（3）增加带宽 ω_b；

（4）增加幅值裕量 K_g、相位裕量 γ、谐振峰值 M_r；

（5）可能加强高频噪声。

电路实现 PD 控制时需要较大的电容，即 PD 控制器参数不合适将会导致实现困难。

【例 5-3】飞机高度控制系统如图 5-19 所示，其前向传递函数如下

$$G(s) = \frac{4\,500K}{s(s + 361.2)} \qquad (5-30)$$

要求系统具有以下性能指标：

单位阶跃斜坡输入引起的稳态误差 ≤0.000 443；

最大超调量 ≤5%；

上升时间≤0.005 s；

调整时间≤0.005 s。

图 5-19　飞机高度控制系统

解　在没有校正的情况下（或者说只有比例校正），为了满足给定的稳态误差要求，K 至少为 181.17，但在这种情况下，系统的阻尼比仅为 0.2，最大超调量达 52.7%。

现在考虑在系统的前向通道中用 PD 控制器对系统进行校正，改善系统的阻尼特性和超调特性，同时保持系统的单位阶跃响应误差不超过 0.000 443。

2. PD 控制器时域设计

对于例 5-3，为满足误差不超过 0.000 443，需要 $K=181.17$。此时，包含 PD 控制器在内的系统的前向传递函数（即系统开环传递函数）为

$$G(s) = \frac{815\,265(K_{\mathrm{p}} + K_{\mathrm{d}}s)}{s(s + 361.2)} \tag{5-31}$$

系统的闭环传递函数为

$$\Phi(s) = \frac{815\,265(K_{\mathrm{p}} + K_{\mathrm{d}}s)}{s^2 + (361.2 + 815\,265K_{\mathrm{d}})s + 815\,265K_{\mathrm{p}}} \tag{5-32}$$

系统的速度系数为

$$K_{\mathrm{v}} = \lim_{s \to 0} sG(s) = \frac{815\,265K_{\mathrm{p}}}{361.2} = 2\,257.1K_{\mathrm{p}} \tag{5-33}$$

由单位斜坡输入引起的稳态误差为

$$e_{\mathrm{ss}} = 1/K_{v} = 0.000\,443/K_{\mathrm{p}} \tag{5-34}$$

从式（5-32）中发现 PD 控制器的效果如下：

（1）使得闭环传递函数增加了一个零点 $-K_{\mathrm{p}}/K_{\mathrm{d}}$；

（2）闭环传递函数的阻尼项有所增加。即闭环传递函数的 s 项的系数由原来的 361.2 增加到 361.2+815.265K_{d}。

特征方程如下

$$s^2 + (361.2 + 815\,265K_{\mathrm{d}})s + 815\,265K_{\mathrm{p}} = 0 \tag{5-35}$$

根据稳态误差要求，取 $K_{\mathrm{p}}=1$，这时，系统的阻尼比为

$$\xi = \frac{361.2 + 815\,265K_{\mathrm{d}}}{1\,805.84} = 0.2 + 451.46K_{\mathrm{d}} \tag{5-36}$$

此式明显地说明了 K_{d} 为系统提供阻尼的效果。可以根据式（5-36）来设计满足闭环系统阻尼比的 K_{d}。比如，$K_{\mathrm{d}}=0.001\,1$ 时，阻尼比为 0.7，$K_{\mathrm{d}}=0.001\,77$ 时，阻尼比为 1。

从式（5-32）可以看出，PD 控制器的引入使得系统的开环传递函数多了一个零点 $-K_{\mathrm{p}}/K_{\mathrm{d}}$，对此二阶系统而言，在 K_{d} 从 0 开始逐渐变大的过程中，该零点逐渐向坐标原点靠拢，对系统原有的极点 $s=0$ 有越来越强的抵消作用，而系统的开环传递函数也越来越接近一个惯性环节，该惯性环节的极点就是 $s=-361.2$。

图 5-20 所示为例 5-3 的 PD 控制器的校正效果，包括没有 PD 控制和有 PD 控制器

（$K_p = 1$，$K_d = 0.001\,77$），几个参数的值可以利用时域计算方法通过 MATLAB 计算得到。有 PD 控制器时，系统的超调量为 4.2%，虽然以临界阻尼条件选择了 K_d，但由于闭环零点 $-K_p/K_d$ 的影响，系统仍然有超调。表 5-1 列出的是当 $K_p = 1$，K_d 取不同的几个值时闭环系统的上升时间、调整时间和最大超调量。从表 5-1 可以看出，当 $K_d \geqslant 0.001\,77$ 以后，表中的各项指标都可以满足要求。需要提醒的是 K_d 只要满足系统要求即可，因为 K_d 过大不仅会导致高频干扰，在实现 PD 控制器时也会遇到困难。

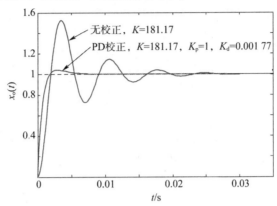

图 5-20　例 5-3 的 PD 控制器的校正效果

表 5-1　例 5-3 的具有 PD 校正器的单位阶跃响应主要指标

K_d	t_r/s	t_s/s	$\sigma/\%$
0	0.001 25	0.015 1	52.2
0.000 5	0.000 5	0.007 6	25.7
0.001 77	0.001 19	0.004 9	4.2
0.002 5	0.001 03	0.001 3	0.7

总之，PD 控制器减少了最大超调量、上升时间和调整时间。

3. PD 控制器频域设计

现在开始频域设计的讨论。不同的 PD 控制器的校正频域效果如图 5-21 所示，图中 $K_p = 1$，当 $K_d = 0$ 时，即为无 PD 校正时 $G(s)$ 的 Bode 图，这种情况下，相位裕量为 $22.8°$，谐振峰值 M_r 为 2.522，系统处于欠阻尼状态。现给定性能指标如下：

单位阶跃斜坡输入引起的稳态误差 $\leqslant 0.004\,43$；

相位裕量 $\geqslant 80°$；

谐振峰值 $M_r \leqslant 1.05$；

频宽 $b_\omega \leqslant 2\,000$ rad/s。

首先令 $K_p = 1$，然后确定参数 K_d。因为只有一个参数 K_d 需要设计，因此可以使用非常简单的列表方法设计。具体做法：给出 K_d 的不同值，利用计算机软件计算出需要关心的指标参数，作成表格，根据表格选择合适的参数 K_d。这种设计方法简单、容易操作，非常适合工程实际中高阶系统的设计。

图 5-21 包含了 $K_p = 1$，$K_d = 0$、$0.000\,5$、$0.001\,77$ 和 $0.002\,5$ 时 $G(s)$ 的 Bode 图，经过这几个不同参数的 PD 控制器校正以后的系统的频域指标列在表 5-2 中，之所以用这几个参

数是为了和时域的设计结果比较。这些 Bode 图和指标参数可以非常容易利用 MATLAB 设计工具得到，具体方法在其他的章节中有说明。

从图 5-21 发现，未校正（$K_d = 0$）时系统幅值裕量始终为无穷，因此相对稳定性用相位裕量来衡量。当 $K_d = 0.001\,77$ 时（对应于临界阻尼情况），相位裕量为 82.93°，谐振峰值为 1.025，频宽为 1 669 rad/s，频域所要求的所有性能指标都可以达到。PD 控制器还使得系统的穿越频率和带宽增大，相位穿越频率变得无穷大（-180°）。

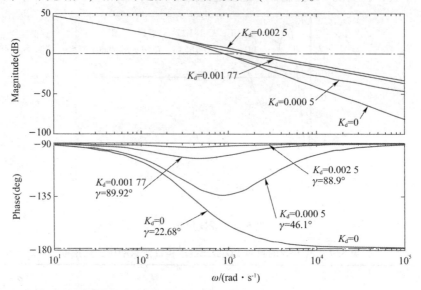

图 5-21 不同的 PD 控制器的校正频域效果 （$K_p = 1$）

表 5-2 例 5-3 中 PD 控制器在频域的校正效果 （$K_p = 1$）

K_d	h/dB	$\gamma / (\degree)$	$b_\omega / (\mathrm{rad \cdot s^{-1}})$	M_r	t_r/s	t_s/s	$\sigma / \%$
0.0	$+\infty$	22.68	1 370	2.522	0.001 25	0.015 1	52.2
0.000 5	$+\infty$	46.2	1 326	1.381	0.007 6	0.007 6	25.7
0.001 77	$+\infty$	82.92	1 669	1.025	0.001 19	0.004 7	4.2
0.002 5	$+\infty$	88.95	2 083	1.0	0.001 03	0.001 3	0.7

5.4.2 PI 控制器

1. PI 控制器特性

PD 控制器可以改善控制系统的阻尼特性和上升时间指标，代价是提高了系统的频宽和谐振频率，而稳态误差不会受到影响，除非稳态值随时间变化，如非阶跃输入情况。也就是说，在很多情况下，PD 控制器并不能满足校正要求，工程上另一种常见的控制器就是 PI 控制器。

1）PI 控制器的构成

PI 控制器的积分部分可以产生一个与控制器输入信号的积分值成比例的信号。图 5-22 所示为具有 PI 控制器的典型二阶系统，PI 控制器的传递函数为

$$G_c(s) = K_p + \frac{K_i}{s} \tag{5-37}$$

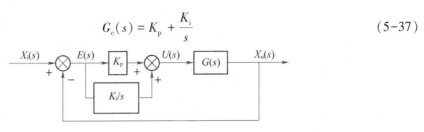

图 5-22　具有 PI 控制器的典型二阶系统

利用双运放实现 PI 控制器的电路图如图 5-23（a）所示，该电路的传递函数为

$$G_c(s) = \frac{E_o(s)}{E_i(s)} = \frac{R_2}{R_1} + \frac{R_2}{R_1 C_2 s} \tag{5-38}$$

因此，PI 控制器的参数为

$$K_p = \frac{R_2}{R_1}, \ K_i = \frac{R_2}{R_1 C_2} \tag{5-39}$$

图 5-23（b）的三运放电路的传递函数为

$$G_c(s) = \frac{E_o(s)}{E_i(s)} = \frac{R_2}{R_1} + \frac{1}{R_1 C_1 s} \tag{5-40}$$

对应的 PI 控制器的参数是

$$K_p = \frac{R_2}{R_1}, \ K_i = \frac{1}{R_1 C_1} \tag{5-41}$$

图 5-23（b）相对于图 5-23（a）来说，优点是参数 K_p、K_i 可以独立调整。两电路中 K_i 均与电容成反比，但效果好的 PI 控制器通常需要比较小的电容，同样有和 PD 控制器中大电容一样的难以实现的问题。

经 PI 控制器校正后系统的前向传递函数为

$$G_c(s)G(s) = G(s) \cdot \frac{K_p s + K_i}{s} \tag{5-42}$$

所以，PI 控制器的直接效果有：

（1）给前向传递函数增加一个零点 $s = -K_i/K_p$；

（2）给前向传递函数增加一个极点 $s = 0$。这就意味着系统由原来的 I 型系统提高到 II 型系统，原系统的稳态误差提高了 1 个型次。即如果原系统的稳态误差是常数，则 PI 控制器在保持系统稳定的前提下，将其减小到 0。

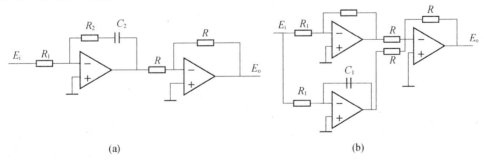

(a) (b)

图 5-23　PI 控制器电路

（a）双运放电路；（b）三运放电路

2）PI 控制器时域解释

设 PI 控制器为式（5-37），表面看 PI 控制器好像是以稳定性为代价，提高了系统的稳态精度。然而适当选择 PI 控制器的零点，系统的阻尼和稳态误差特性都会得到改善。PI 控制器是一个低通滤波器，校正后系统的上升时间和调整时间都会加大。设计 PI 控制器的可行的方法是设计零点 $s = -K_i/K_p$ 的位置，使之离原点相对较近，同时离被控过程的主导极点又尽量远，同时 K_p、K_i 的值要尽量小。

3）PI 控制器频域解释

为完成频域设计，将 PI 控制器化为以下形式

$$G_c(s) = K_p + \frac{K_i}{s} = \frac{K_i\left(1 + \frac{K_p}{K_i}s\right)}{s} \tag{5-43}$$

其 Bode 图如图 5-24 所示，从图中可以发现当 $\omega = \infty$ 时，幅频特性为 $20\lg K_p$，如果 $K_p < 1$ 则意味着 PI 控制器将对系统提供一定的衰减，该衰减可以用来改善系统的稳定性；相位特性始终为负值，这对系统的稳定性不利。所以，应尽量把控制器的角频率 $\omega = K_i/K_p$ 放置在 Bode 图上靠左边的地方，当然，还要符合频宽的要求，以使 PI 控制器的相位滞后特性不会降低影响到系统的相位裕量。

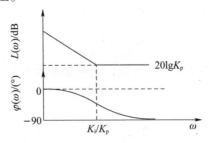

图 5-24　PI 控制器的 Bode 图

给定相位裕量指标，PI 控制器频域设计步骤大致如下。

（1）绘制满足稳态指标要求的系统的前向传递函数的 Bode 图。

（2）从 Bode 图得到幅值和相位稳定裕量。对于给定的相位裕量，确定新的幅值穿越频率 ω_g'，为实现给定相位裕量，校正后的传递函数必须在新的穿越频率点 ω_g' 通过横轴；

（3）在 ω_g' 点，PI 控制器必须提供一个的幅值衰减，正好抵消未校正系统在该点的幅值增益。也就是说，令

$$G(j\omega_g')\big|_{dB} = -20\lg K_p \qquad K_p < 1 \tag{5-44}$$

从而有

$$K_p = 10^{-G(j\omega_g')|_{dB}/20} \qquad K_p < 1$$

一旦 K_p 确定，接下来即选择合适的 K_i 值完成设计。

至此，假设 PI 控制器在 ω_g' 产生衰减使得穿越频率发生了改变，而相频特性在穿越频率点并没有受到影响。实际上这是不可能的，从图 5-24 可以看出，PI 控制器的幅频衰减特性和相频滞后特性总是同时出现。显然，如果角频率 $\omega = K_i/K_p$ 比 ω_g' 小很多，PI 控制器对未校正系统的相频特性在 ω_g' 点的影响就可以忽略；另一方面，K_i/K_p 的值又不能太小，否则系统的带宽就会太小，上升时间和调整时间就会太长。作为一般性原则，K_i/K_p 应该放在 ω_g' 的

1/10 以下，有时可能到 1/20，即有

$$\frac{K_i}{K_p} = \frac{\omega'_g}{10 \sim 20} \tag{5-45}$$

在此原则之内，K_i/K_p 的选择的标准完全取决于设计者的判断，因为该值对系统的频宽和电路实现的难易程度密切相关。

（4）利用校正后系统的 Bode 图验证所有性能指标；

（5）将 K_i、K_p 的值代入式（5-43）完成设计。

如果对象 $G(s)$ 是 0 型系统，K_i 的选择就可以依赖于斜坡输入误差的要求，然后就只有一个参数 K_p 需要确定。通过给定一系列的 K_p 值，计算相位裕量、幅值裕量、M_r 以及频宽 ω_b 等参数，参数 K_p 就可以一目了然地选择了。

4）PI 控制效果

基于前面的讨论得知，经过恰当设计的 PI 控制器具有以下特点：

（1）改善阻尼特性，减少超调量；

（2）增加上升时间；

（3）减小频宽；

（4）改善幅值裕量、相位裕量和 M_r；

（5）过滤高频噪声。

【例 5-4】仍然是例 5-1 考虑的二阶高度控制系统。

利用方程（5-37）的 PI 控制器校正系统，系统的开环传递函数变为

$$G_c(s) \cdot G(s) = \frac{4\,500 K K_p(s + K_i/K_p)}{s^2(s + 361.2)} \tag{5-46}$$

2. PI 控制器时域设计

对于例 5-4 中的二阶系统，多数指标可以利用公式计算完成，而对于高阶系统，没有公式可供使用必须借助根轨迹方程。

设时域指标要求如下：

稳态加速度误差 $t^2 u_s(t)/2 \leqslant 0.2$；

最大超调量 $\leqslant 5\%$；

上升时间 $t_r \leqslant 0.01$ s；

调整时间 $t_s \leqslant 0.02$ s。

与例 5-3 相比，例 5-4 放宽了对上升时间和调整时间的要求稳态误差中提出对加速度输入信号的跟踪要求，间接地提出了对瞬态响应速度的要求。

加速度误差系数为

$$K_a = \lim_{s \to 0} s^2 G(s) = \lim_{s \to 0} s^2 \frac{4\,500 K K_p(s + K_i/K_p)}{s^2(s + 361.2)}$$

$$= \frac{4\,500 K K_i}{361.2} = 12.46 K K_i \tag{5-47}$$

输入信号 $t^2 u_s(t)/2$ 的稳态误差为

$$e_{ss} = \frac{1}{K_a} = \frac{1}{12.46 K K_i}(\leqslant 0.2) \tag{5-48}$$

按照例 5-3 的设计结果，令 $K = 181.17$。显然，为了满足给定的加速度输入误差要求，K 越大，则 K_i 可以越小。将 $K = 181.17$ 代入式（5-48），可以得到

$$K_i \geq 0.002\ 215$$

如有必要，该 K_i 值还可继续调整。

如 $K = 181.17$，闭环系统的特征方程为

$$s^3 + 261.2s^2 + 815\ 265K_p s + 815\ 265K_i = 0 \tag{5-49}$$

利用 Routh 判据可以得到，闭环系统稳定的条件为

$$0 < K_i / K_p < 361.2$$

这意味着 K_i / K_p 不能太大，否则就会影响到系统的稳定性。因此，设计时首先选择小一些的 K_i / K_p，即需满足

$$K_i / K_p \ll 361.2 \tag{5-50}$$

在这种情况下，式（5-46）可以近似为

$$G_c(s) \cdot G(s) \cong \frac{815\ 265K_p}{s(s + 361.2)} \tag{5-51}$$

其中，K_i / K_p 项与 s 项相比在数值上被忽略掉。通常情况下，我们设计的系统的阻尼系数应该在 $0.7 \sim 1.0$ 之间。现在假设阻尼比就是 0.707，根据式（5-51）可以求出 K_p 的值为 0.08。

下一步需要确定 K_i，比较合理的方法是利用根轨迹方程确定 K_i 的取值。最简单的办法是利用式（5-50），给 K_i / K_p 取不同的值，利用计算机软件计算系统性能指标决定 K_i、K_p 的值。表 5-3 给出了利用 MATLAB 分析工具计算的结果，当 $K_p = 0.08$，K_i / K_p 取不同值时，具有 PI 控制器的系统的单位阶跃响应指标。由于 $K_p = 0.08$，根据式（5-50）、式（5-51）判断，它们的阻尼比都接近 0.707。

表 5-3 说明 PI 控制器可减少超调量，代价是增加了上升时间。同时得到一错误信息，即当 $K_i < 1$ 时，调整时间急剧下降，因为调整时间指的是单位阶跃响应曲线最后一次进入 $[0.95, 1.05]$ 区间的时间，如果进入的波次发生变化，调整时间就会发生突变，而事实上响应曲线并没有发生急变。

表 5-3 例 5-4 具有 PI 控制器的系统的单位阶跃响应性能指标

K_i / K_p	K_i	K_p	$\sigma /$（5%）	t_r / ms	t_s / ms
0.0	0.0	1.00	52.7	1.35	15
20.0	1.60	0.08	15.16	7.4	49
10.0	0.80	0.08	9.93	7.8	29.4
5.0	0.40	0.08	7.17	8.0	23
2.0	0.16	0.08	5.47	8.3	19.4
1.0	0.08	0.08	4.89	8.4	11.4
0.5	0.04	0.08	4.61	8.4	11.4
0.1	0.008	0.08	4.38	8.4	11.5

如果 K_p 比 0.08 再小一些，系统的最大超调量还可以大大减小，但这样一来，上升时间和调整时间就会过大。比如，$K_p = 0.04$，$K_i = 0.04$，最大超调为 1.1%，但上升时间增加到

0.018 2 s，调整时间增加到 0.024 s。

从系统角度考虑，当 K_i<0.08 后，最大超调量的校正效果并不明显，除非 K_p 也继续减小。正如之前提到的电容 C_2 的值反比于 K_i，即 K_i 有下限。

图 5-25 为 K_p，K_i 取不同值时，某飞机高度控制系统具有 PI 控制器的校正效果图（单位阶跃响应曲线）。

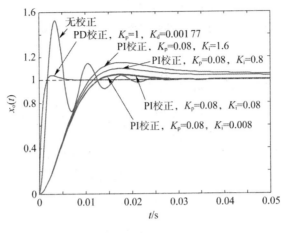

图 5-25　校正效果图

3. PI 控制器频域设计

在式（5-46）中，令 $K_p=1$，$K_i=0$，得到未校正系统的传递函数，其 Bode 图见图 5-26 中的未校正曲线，相位裕量为 22.68°，幅频穿越频率为 868 rad/s。

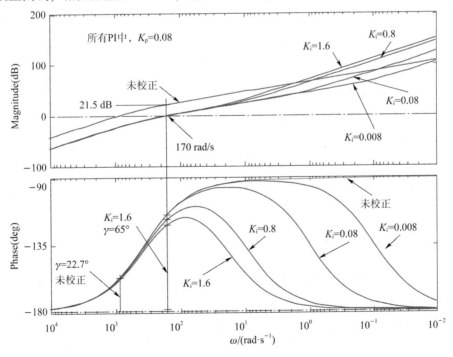

图 5-26　PI 控制器的校正效果

如果要求系统的相位裕量至少达到65°，则可以利用 PI 控制器来校正。根据前面所说的关于式（5-44）、式（5-45）的设计步骤，设计过程如下。

（1）寻找可以达到相位裕量为65°的穿越频率 ω'_g。图 5-26 中 $\omega'_g = 170$ rad/s，该点处 $G(j\omega)$ 的对数幅频特性为21.5 dB。因此，PI 控制器需要在 ω'_g 点提供 -21.5dB 的幅频，衰减幅度为

$$20 \lg K_p = -21.5 \qquad K_p = 0.084 \qquad (5-52)$$

（2）选 $K_p = 0.08$，以便与时域设计结果进行比较。式（5-42）给出了 K_p 确定以后，K_i 的选择公式，选

$$K_i = \frac{\omega'_g K_p}{10 \sim 20} = \frac{170 \times 0.08}{10 \sim 20} = 1.36 \sim 0.68 \qquad (5-53)$$

如前所述 K_i 值与式（5-53）的 K_i 范围也是可变的，当 $K_p = 0.08$，$K_i = 0$、0.008、0.08、0.8 和 1.6 时，前向传递函数的 Bode 图见图5-26。表5-4 显示系统的部分频域指标，从表中发现如果 K_i/K_p 足够小，K_g、ω_g、M_r 和幅值穿越频率都很小。

这里再次指出，相位裕量还可以增减，只要把 K_p 在 0.08 以下继续减小。但这样会使频宽也继续减小。比如，$K_p = 0.04$、$K_i = 0.04$，g_m 增加到 75.5°，$M_r = 1.01$，但 b_ω 减少到117.3 rad/s。

表 5-4　例 5-4 具有 PI 控制器的系统的频域性能指标

K_i/K_p	K_i	K_p	g_m/dB	γ/(°)	M_r
0	0	1.00	22.6	2.55	1 391
20	1.6	0.08	58.45	1.12	269
10	0.8	0.08	61.98	1.06	262
5	0.4	0.08	63.75	1.03	259
1	0.08	0.08	65.15	1.01	256
0.1	0.008	0.08	65.47	1.00	255

5.4.3　PID 控制器

从前面的讨论可以知道，PD 控制器可以为系统提供阻尼，但稳态响应不受影响；PI 控制器可以同时改善相对稳定性和稳态误差，但系统的上升时间要加大。PID 控制器可同时利用 PD 和 PI 控制器的优点。PID 控制器就是同时采用 PD、PI 控制器，综合二者的优点，其设计过程也可以分为 PD 设计和 PI 设计两个过程。PID 控制器的设计过程大致如下。

（1）认为 PID 控制器由一个 PI 控制器和一个 PD 控制器串联而成，如图 5-27 所示。PID 的传递函数可以做如下变形

$$G_c(s) = K_p + K_d s + \frac{K_i}{s} = (1 + K_{d1}s)\left(K_{p2} + \frac{K_{i2}}{s}\right) \qquad (5-54)$$

PID 中有 3 个参数需要设计，因此把 PD 部分的比例环节设置为单位量 1，式（5-54）中左右参数之间的关系如下

$$K_p = K_{p2} + K_{d1}K_{i2} \qquad (5-55)$$

$$K_d = K_{d1}K_{p2} \qquad (5-56)$$

$$K_i = K_{i2} \tag{5-57}$$

（2）设计 PD 校正器先考虑只有 PD 控制器的情况，选择 K_{d1} 使得满足相对稳定性要求。在时域，相对稳定性要求可以由最大超调量衡量；在频域，则可以由相位裕量衡量。如果单独使用 PD 校正器可满足系统的性能指标，则设计结束，否则考虑增加 PI 校正器。

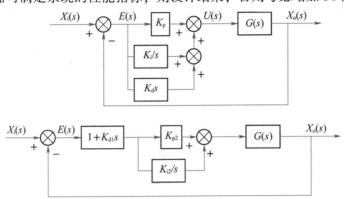

图 5-27　PID 控制器

（3）设计 PI 校正器，选择参数 K_{i2} 和 K_{p2}，满足所有的相对稳定性要求。

作为一种选择，也可以先设计 PI 控制器来满足相对稳定性要求，然后，再设计 PD 控制器。下面的例子将说明如何设计 PID 控制器。

【例 5-5】单位反馈系统（某飞机高度控制系统）的开环传递函数为

$$G(s) = \frac{1.5 \times 10^7 K}{s(s^2 + 3\,408.3s + 1\,204\,000)} \tag{5-58}$$

根据闭环系统的时域性能指标要求，设计系统的 PID 控制器。性能指标如下：

由输入信号产生的稳态误差<0.000 43；

最大超调量<5%；

上升时间<0.005 s；

调整时间<0.005 s。

解　PID 控制器设计如下。

（1）为满足稳态误差要求，取 $K = 181.17$，此时最大超调量为 78.88%。

（2）设计 PID 控制器的 PD 部分。当 $K = 181.17$，具有 PD 控制器时，参考式（5-54）系统的前向传递函数为

$$G(s) = \frac{2.718 \times 10^9 (1 + K_{d1}s)}{s(s^2 + 3\,408.3s + 1\,204\,000)} \tag{5-59}$$

只要确定 K_{d1} 即完成了 PD 控制器的设计。

由于高阶系统很难用解析表达式来描述性能指标与传递函数系统之间的关系，因此需要借助设计工具如 MATLAB 来完成设计。表 5-5 给出了 K_{d1} 变化时，系统时域指标最大超调量 M_p、上升时间 t_r、调整时间 t_s，频域指标幅值裕量 h、相位裕量 γ、谐振峰值 M_r。

表 5-5　具有 PD 校正器的三阶系统的闭环性能指标

K_{d1}	M_p /%	t_r/ms	t_s/ms	h/dB	γ/（°）	M_r
0	78.88	1.25	49.5	3.6	7.77	7.62

K_{d1}	M_p /%	t_r/ms	t_s/ms	h/dB	γ/ (°)	M_r
0.000 5	43.31	1.2	10.6	∞	30.94	1.89
0.001 27	17.97	1.0	3.98	∞	53.32	1.20
0.001 57	14.05	0.91	3.37	∞	56.83	1.12
0.002 00	11.37	0.80	2.55	∞	58.42	1.07
0.005 00	17.97	0.42	1.30	∞	47.62	1.24
0.01	31.14	0.26	0.93	∞	35.71	1.63
0.05	61.80	0.1	1.44	∞	16.69	3.34

因此，PD 控制器对该三阶系统的校正效果如下：

①系统最大超调量的最小值为 11.37%，此时 K_{d1} 大约为 0.002；

②上升时间得到改善；

③K_{d1} 太高会增加最大超调量，增加调整时间（因为阻尼比太小）。

表 5-5 中，$K_{d1} = 0$ 对应没有校正器时的指标，即式（5-59）对应的指标。发现如果原系统具有非常低的阻尼或不稳定，则 PD 控制器在改善系统的稳定性方面效果不佳。PD 控制器校正效果差的另外一种情况是被校正系统的相频特性曲线在幅值穿越频率附近太陡，由于（PD 控制器所引发的）幅值穿越频率的增加，原相位裕量会快速减小，大大削弱 PD 控制器的校正效果。

从频域角度分析，由于 PD 控制器的使用，相频特性曲线始终在 -180° 轴上方，其相位穿越频率为无限大，因此幅值裕量变为无限大，此时相位裕量成为系统的主要相对稳定性指标。当 $K_{d1} = 0.002$ 时，相位裕量达到最大约为 58.42°，同时 M_r 达到最小的 1.07。当 K_{d1} 在 0.002 以上继续增加时相位裕量减小，这与时域得出过大的 K_{d1} 将会减小系统的阻尼的结论相一致。

（3）设计 PID 控制器的 PI 部分。

下一步，我们再加入 PI 控制器，前向传递函数变为

$$G(s) = \frac{5.436 \times 10^6 K_{p2}(s + 500)(s + K_{i2}/K_{p2})}{s^2(s + 400.26)(s + 3008)} \tag{5-60}$$

以尽量选择相对已有零-极点比较小的 K_{i2}/K_{p2} 为原则，取 $K_{i2}/K_{p2} = 15$，式（5-60）变为

$$G(s) = \frac{5.436 \times 10^6 K_{p2}(s + 500)(s + 15)}{s^2(s + 400.26)(s + 3008)} \tag{5-61}$$

用与前面相同的方法得到表 5-6，表中给出了在 $K_{i2}/K_{p2} = 15$ 前提下，K_{p2} 变化时，式（5-61）对应的闭环系统的时域指标值。从表中发现最好的 K_{p2} 值应该在 0.2 到 0.4 之间。

表 5-6　经 PID 校正的三阶系统的单位阶跃响应指标

K_{p2}	σ /%	t_r/ms	t_s/ms
1.0	11.1	0.88	2.50
0.9	10.8	1.11	2.02

续表

K_{p2}	$\sigma/\%$	t_r/ms	t_s/ms
0.8	9.3	1.27	3.03
0.7	8.2	1.30	3.03
0.6	6.9	1.55	3.03
0.5	5.6	1.72	4.04
0.4	5.1	2.14	5.05
0.3	4.8	2.71	3.03
0.2	4.5	4.00	4.04
0.1	5.6	7.47	7.47
0.08	6.5	8.95	45.45

选择 $K_{p2}=0.3$，$K_{d1}=0.002$，$K_{i2}=4.5$，利用式（5-55）～式（5-57）可以得到 PID 的参数

$$K_p = K_{p2}+K_{d1}K_{i2} = 0.3+0.002\times4.5 = 0.309$$
$$K_i = K_{i2} = 4.5$$
$$K_d = K_{d1}K_{p2} = 0.002\times0.3 = 0.000\ 6$$

图 5-28 是本例中经过 PID、PD 控制器校正前后系统的单位阶跃响应的比较，图 5-29 是本例中经过 PID、PD 控制器校正前后系统的开环传递函数的 Bode 图比较。

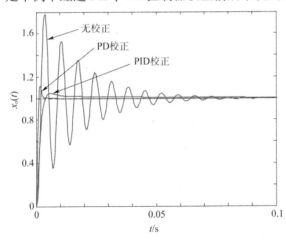

图 5-28　PID、PD 控制器校正前后阶跃响应比较

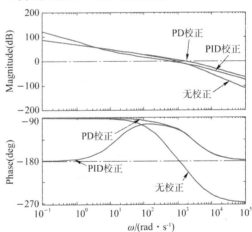

图 5-29　PID、PD 控制器校正前后 Bode 图比较

5.5　利用 MATLAB 进行控制系统的校正

采用 MATLAB 不仅可以解决控制系统的分析问题，还能解决控制系统的设计问题，并使设计过程大大简化，提高设计效率。本节将详细介绍如何利用 MATLAB 提供的功能函数进行控制系统的设计。

在分析、设计控制系统时，最常用的经典方法有根轨迹法和频率响应法。当系统的性能指标以幅值裕量、相位裕量和误差系数等形式给出时，采用频率响应法来分析和设计系统是很方便的。应用频率响应法对系统进行校正，其目的是改变系统的频率特性形状，使校正后的系统频率特性具有合适的低频、中频和高频特性，以及足够的稳定裕量，从而满足所要求的性能指标。本节采用的设计方法是基于 Bode 图的频率分析法。

控制系统的设计就是在系统中引入适当的环节，用以对原有系统的某些性能进行校正，使之达到理想的效果，故又称为系统的校正。下面介绍几种常用的系统校正方法的计算机辅助设计。

5.5.1 相位超前校正

控制系统可以通过调整开环增益满足稳态性能指标要求，但相位裕量过小，不满足相对稳定性要求，需要采用超前校正环节进行校正。

1. 相位超前校正原理及其频率特性

超前校正环节的等效 RC 电路如图 5-30 所示，其传递函数为

$$\Phi(s) = \frac{U_o(s)}{U_i(s)} = \alpha \frac{(Ts+1)}{(\alpha Ts+1)} \tag{5-62}$$

式中，$\alpha = \dfrac{R_2}{R_1+R_2} < 1$，$T = R_1 C$。

超前校正环节的幅频特性和相频特性分别为

$$A(\omega) = \frac{\alpha\sqrt{(T\omega)^2+1}}{\sqrt{(\alpha T\omega)^2+1}} \tag{5-63}$$

$$\varphi(\omega) = \arctan(T\omega) - \arctan(\alpha T\omega) \tag{5-64}$$

因 α 总小于 1，则相位角 $\varphi(\omega)$ 总是大于 0°，所以又把该校正器称为相位超前校正环节。

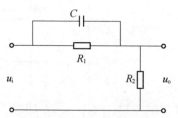

图 5-30　超前校正环节的等效 RC 电路

为了直观表达超前校正环节的幅值特性和相频特性，现在假设式（5-62）中 $T = 0.2$，因 $\alpha < 1$，α 分别取 0.2、0.5、0.8 时，执行以下 MATLAB 程序，绘制相位超前校正环节的 Bode 图，如图 5-31 所示。MATLAB 程序如下

```
s=tf ('s');              % 定义拉普拉斯变换，若按第 4 句输入模型，需先写
                           该句

T=0.2;
for alpha=0.2:0.3:0.8
    Gc=alpha * (T*s+1) /(alpha*T*s+1);% 超前校正环节的传递函数
```

```
        bode (Gc), hold on      % bode () 函数画 Bode 图, hold on 命令是指在同
                                   一坐标图中画线
end
gtext (´alpha=0.2´);          % 程序运行后, 在图上出现十字光标, 单击可打印 ´al-
                                fa=0.2´
gtext (´alpha=0.5´);
gtext (´alpha=0.8´);
gtext (´alpha=0.2´);
gtext (´alpha=0.5´);
gtext (´alpha=0.8´);
```

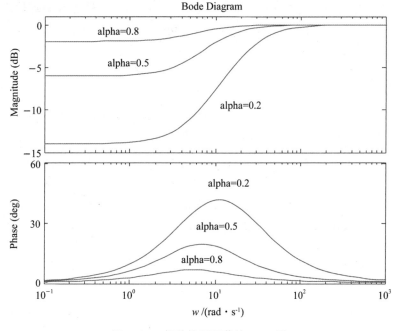

图 5-31　超前校正环节的 Bode 图

2. 采用 Bode 图进行相位超前校正

【例 5-6】已知单位负反馈控制系统的开环传递函数为

$$G_k(s) = \frac{k}{s(0.5s + 1)}$$

要求系统的稳态速度误差系数 $K_v = 20 \text{ s}^{-1}$，相位裕量 $\gamma \geqslant 50°$，幅值裕量 $K_g \geqslant 10 \text{ dB}$，试设计系统的超前校正环节。

解　根据

$$K_v = \lim_{s \to 0} s\, G_k(s) = \lim_{s \to 0} s\, \frac{k}{s(0.5s + 1)} = k = 20 \text{ s}^{-1}$$

可求出 $k = 20$，即

$$G_k(s) = \frac{20}{s(0.5s + 1)}$$

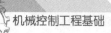

因为 $H(s)=1$，所以前向通道传递函数 $G(s)=G_k(s)=\dfrac{20}{s(0.5s+1)}$

MATLAB 程序如下

```
numg = [20];
deng = [0.5 1 0];
w = logspace (-1, 2, 200);
[mag1, phase1, w] = bode (numg, deng, w);      % 计算校正前 Bode 图上多个
                                                频率点 w 对应的幅值和相位
[Gm1, Pm1, Wcg1, Wcp1] = margin (mag1, phase1, w)
for epsilon = 5: 15
  Phi = (50-Pm1+epsilon) *pi/180;              % 计算所需的相位超前角
  alpha = (1-sin (Phi) ) /(1+sin (Phi) )
  adb = 20*log10 (mag1); am = 10*log10 (alpha)
  wm = spline (adb, w, am)                      % 利用插值函数 spline 求 ωm
  T = 1/ (wm*sqrt (alpha) )                     % 计算 T
  M = 10*log10 (alpha) *ones (length (w), 1);% 为了绘制 10lg α 线
  numc = [T, 1]; denc = [alpha*T 1];
   [num, den] = series (numg, deng, numc, denc);% 校正后系统的开环传递
                                                  函数
   [mag, phase, w] = bode (num, den, w);
   [Gm, Pm, Wcg, Wcp] = margin (mag, phase, w)% 计算校正后的相位裕量
  if (Pm>=50); break; end
end
printsys (numc, denc)
printsys (num, den)
subplot (2, 1, 1)
semilogx (w, 20*log10 (mag1), w, 20*log10 (mag), '--', w, M, '-.');
xlabel ('w (rad/s) ', 'Fontsize', 15), ylabel ('Magnitude (dB) ', '
Fontsize', 10)
   % 绘制幅频特性图及 10lg α 线
grid;
subplot (2, 1, 2)
semilogx (w, phase1, w, phase, '--', w, (w-180-w), '-.');
   % 绘制相频特性图及 -180°度线
xlabel ('w (rad/s) ', 'Fontsize', 15), ylabel ('Phase (deg) ', 'Fon-
tsize', 10)
grid;
```

利用以上程序可绘制系统校正前后的 Bode 图，如图 5-32 所示。求得未校正系统的幅值

裕量 $G_{m1}=1.785\,2\mathrm{e}{+}003$，相位裕量 $P_{m1}=17.966\,0°<\gamma$，当 $\alpha=0.237\,5$ 时，校正后系统满足设计要求，超前校正环节造成对数幅频特性在 $\omega_m=8.949\,8\,\mathrm{s}^{-1}$ 点处的上移量 $a_m=10\lg\alpha=-6.242\,9\,\mathrm{dB}$，$\omega_m$ 就是校正后系统的剪切频率 $\omega_{cp}=8.949\,7\,\mathrm{s}^{-1}$，对应的 $T=0.229\,3\,\mathrm{s}$，为了补偿超前校正造成的幅值衰减，原开环增益要加大 K_1 倍，使 $K_1\alpha=1$，故 $K_1=1/0.237\,5=4.21$；校正后的幅值裕量 $G_m=439.418\,7$，即 $20\times\log10\,(439.418\,7)=52.857\,6\,\mathrm{dB}$，相位裕量 $P_m=50.628\,5°$，已满足设计要求。

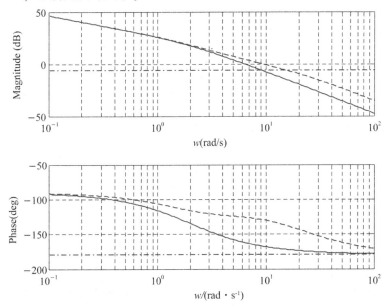

图 5-32　校正前后系统的 Bode 图

相位超前校正环节的传递函数为

$$G_c(s)=\alpha\,\frac{(Ts+1)}{(\alpha Ts+1)}=0.237\,5\,\frac{0.229\,26\,s+1}{0.054\,456s+1}$$

校正后，系统的传递函数为

$$G_k(s)=K_1G_c(s)G(s)=\frac{0.229\,26s+1}{0.054\,456s+1}\frac{20}{s(0.5s+1)}=\frac{4.585\,3s+1}{0.027\,228s^3+0.554\,46s^2+s}$$

5.5.2　相位滞后校正

滞后校正环节的主要作用是在高频段造成幅值衰减，降低系统的剪切频率，以便使系统能够获得充分的相位裕量，但同时应保证系统在新的剪切频率附近的相频特性曲线变化不大。

1. 相位滞后校正原理及其频率特性

滞后校正环节的等效 RC 电路如图 5-33 所示，其传递函数为

$$G_c(s)=\frac{U_o(s)}{U_i(s)}=\frac{Ts+1}{\beta Ts+1} \tag{5-65}$$

式中，$\beta=\dfrac{R_1+R_2}{R_2}>1$，$T=R_2C$。

滞后校正环节的幅频特性和相频特性分别为

$$A(\omega) = \frac{\sqrt{(T\omega)^2 + 1}}{\sqrt{(\beta T\omega)^2 + 1}} \qquad (5-66)$$

$$\varphi(\omega) = \arctan(T\omega) - \arctan(\beta T\omega) \qquad (5-67)$$

因 β 总是大于 1，则相位角 $\varphi(\omega)$ 总是小于 0，所以又把该校正器称为相位滞后校正环节。

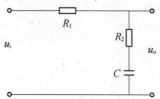

图 5-33　滞后校正环节的等效 RC 电路

对幅值 $A(\omega)$ 取常用对数再乘以 20，得到对数幅频特性 $L(\omega)$（单位 dB）为

$$L(\omega) = 10\lg[(T\omega)^2 + 1] - 10\lg[(\beta T\omega)^2 + 1] \qquad (5-68)$$

为直观表达滞后校正环节的幅值特性和相频特性，现在假设式（5-65）中 $T = 1$，因 $\beta > 1$，β 分别取 1.5、2.0、2.5 时，执行以下 MATLAB 程序，绘制相位滞后校正环节的 Bode 图，如图 5-34 所示。MATLAB 程序如下

```
s=tf（′s′）;
T=1;
forbeta=1.5：0.5：2.0
    Gc=（T*s+1）/（beta*T*s+1）;        % 滞后校正环节的传递函数
    bode（Gc）, hold on
end
```

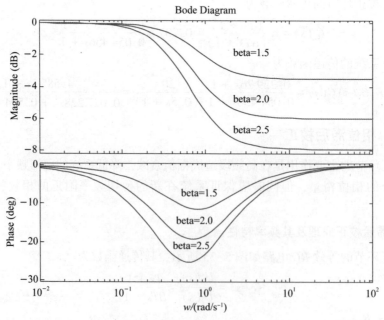

图 5-34　滞后校正环节的 Bode 图（$T = 1.0$）

2. 采用 Bode 图进行相位滞后校正

【例 5-7】 设有单位负反馈控制系统，其开环传递函数为

$$G_k(s) = G(s) = \frac{k}{s(s+1)(0.5s+1)}$$

试采用 Bode 图设计一个相位滞后校正环节，使得系统在单位恒速输入时的稳态误差 $e_{ss} = 0.2\,s$，且相位裕量 $\gamma \geq 40°$，幅值裕量 $k_g \geq 10\,dB$。

解 由系统的开环传递函数可知该系统为 I 型系统。

对于 I 型系统，由稳态误差要求可得

$$k = \frac{1}{\varepsilon_{ss}} = \frac{1}{e_{ss}} = \frac{1}{0.2} = 5$$

则 $G_k(s) = G(s) = \dfrac{5}{s(s+1)(0.5s+1)}$。

绘制未校正系统的 Bode 图，并计算其幅值裕量 G_{m1}、相位裕量 P_{m1} 和剪切频率 ω_{c1}。

MATLAB 程序如下

```
numg = [5]; deng = conv ( [1, 0], conv ( [1, 1], [0.5, 1] ) );
w = logspace (-2, 1, 100);
[mag1, phase1, w] = bode (numg, deng, w);
[Gm1, Pm1, Wcg1, Wcp1] = margin (mag1, phase1, w)
bode (numg, deng, w); grid;
```

程序运行结果为：幅值裕量 $G_{m1} = 0.600\,0$，即 $20 \times \log 10\ (0.6) = -4.437\,dB$，相位裕量 $P_{m1} = -12.979\,0°$，相位穿越频率 $\omega_{cg1} = 1.414\,2\,s^{-1}$，剪切频率 $\omega_{cp1} = 1.801\,8\,s^{-1}$。系统是不稳定的。采用相位滞后校正能有效地改进系统的稳定性。

根据串联滞后校正的设计步骤，编写 MATLAB 程序如下

```
numg = [5];
deng = conv ( [1, 0], conv ( [1, 1], [0.5, 1] ) );
w = logspace (-2, 1, 100);
[mag1, phase1, w] = bode (numg, deng, w);
[Gm1, Pm1, Wcg1, Wcp1] = margin (mag1, phase1, w)
for epsilon = 5: 12
    Phi = -180+40+epsilon;
   [i1, ii] = min (abs (phase1-Phi) )
    wc2 = w (ii)
    beta = mag1 (ii)
    T = 5 /wc2
    numc = [T, 1]; denc = [beta * T 1];
    [num, den] = series (numg, deng, numc, denc);
    [mag, phase, w] = bode (num, den, w);
    [Gm, Pm, Wcg, Wcp] = margin (mag, phase, w)
    if (Pm>=40); break; end
```

```
    end
printsys (numc, denc)
printsys (num, den)
subplot (2, 1, 1)
semilogx (w, 20 * log10 (mag1), w, 20 * log10 (mag), '--');
xlabel ('w (rad/s) ', 'Fontsize', 10);
ylabel ('Magnitude (dB) ', 'Fontsize', 10);
grid;
subplot (2, 1, 2)
semilogx (w, phase1, w, phase, '--', w, (w-180-w), '-.');
xlabel ('w (rad/s) ', 'Fontsize', 10);
ylabel ('Phase (deg) ', 'Fontsize', 10);
grid;
```

程序执行后得到如下结果，校正前后系统的 Bode 图，如图 5-35 所示。

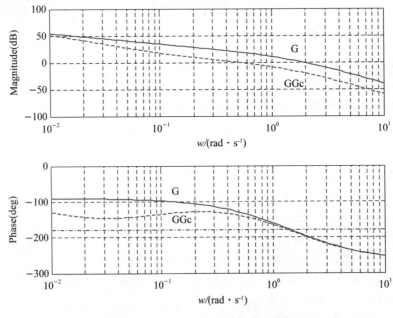

图 5-35　校正前后系统的 Bode 图

当 $\beta = 9.5180$，$T = 10.7722$ 时，校正后的幅值裕量 $G_m = 4.9973$，即 $20 \times \log10 (4.9973) = 13.974$ dB，相位裕量 $P_m = 41.5365°$，$\omega_{cg} = 1.3232$ s^{-1}，$\omega_{cp} = 0.4713$ s^{-1}，校正后系统满足设计要求。

相位滞后校正环节的传递函数为

$$G_c(s) = \frac{Ts + 1}{\beta Ts + 1} = \frac{10.7722s + 1}{102.5292s + 1}$$

校正后，系统的传递函数为

$$G_k(s) = G_c(s)G(s) = \frac{10.7722s + 1}{102.5292s + 1} \cdot \frac{10}{s(s+1)(0.5s+1)}$$

$$= \frac{53.8609s + 5}{51.2646s^4 + 154.2938s^3 + 104.02906s^2 + s}$$

5.5.3　相位滞后-超前校正

滞后-超前校正环节的超前校正部分，因增加了相位超前角，并且在幅值穿越频率（剪切频率）上增大了相位裕量，提高了系统的相对稳定性；滞后部分在幅值穿越频率以上，将使幅值特性产生显著的衰减，因此在确保系统有满意的瞬态响应特性的前提下，允许在低频段上大大提高系统的开环放大系数，以改善系统的稳态特性。

滞后-超前校正环节的传递函数为

$$G_c(s) = G_{c1}(s)G_{c2}(s) = \frac{T_1 s + 1}{\dfrac{T_1}{\beta}s + 1} \cdot \frac{T_2 s + 1}{\beta T_2 s + 1}$$

【例5-8】设有单位负反馈控制系统，其开环传递函数为

$$G_k(s) = \frac{k}{s(s+1)(0.5s+1)}$$

若要求 $K_v = 10(1/s)$，相位裕量 $\gamma \geqslant 50°$，幅值裕量 $K_g \geqslant 10\,\mathrm{dB}$。试设计一个串联滞后-超前校正环节，以满足要求的性能指标。

解　根据 $K_v = \lim\limits_{s \to 0} sG_k(s) = \lim\limits_{s \to 0} s\dfrac{k}{s(s+1)(0.5s+1)} = k = 10$

则 $G_k(s) = \dfrac{10}{s(s+1)(0.5s+1)}$。

利用下面语句

```
≫num=10;den=conv([1,0],conv([1,1],[0.5,1]));
≫[Gm,Pm,Wcg,Wcp]=margin(num,den);
≫disp(['幅值裕量=',num2str(20*log10(Gm)),'(dB)','相位裕量=',num2str(Pm),'°'])
```

可求得未校正系统的幅值裕量 $G_m = 0.3 = -10.4576\,\mathrm{dB}$，相位裕量 $P_m = -28.0814°$。它们均不满足要求，故设计采用串联滞后校正。根据其设计步骤，可编写以下的 MATLAB 程度。

```
num0=10;
den0=conv([1,0],conv([1,1],[0.5,1]));
[Gm1,Pm1,Wcg1,Wcp1]=margin(num0,den0);
w=logspace(-2,2);
[mag1,phase1]=bode(num0,den0,w);
ii=find(abs(w-Wcg1)==min(abs(w-Wcg1)));
wc=Wcg1;
```

```
w2 =wc/10; beta =10;
numc2 = [1/w2, 1]; denc2 = [beta/w2, 1];
w1 =w2;
mag (ii) =2;
while (mag (ii) >1)
    numc1 = [1/w1, 1]; denc1 = [1/ (w1 * beta), 1];    w1 =w1+0.01;
    [numc, denc] =series (numc1, denc1, numc2, denc2);
    [num, den] =series (num0, den0, numc, denc);
    [mag, phase] =bode (num, den, w);
end
printsys (numc1, denc1);
printsys (numc2, denc2);
printsys (num, den);
[Gm, Pm, Wcg, Wcp] =margin (num, den);
[mag2, phase2] =bode (numc, denc, w);
[mag, phase] =bode (num, den, w);
subplot (2, 1, 1); semilogx (w, 20 * log10 (mag), w, 20 * log10
(mag1), '--', w, 20 * log10 (mag2), '-. ');
xlabel ('w (rad/s) ', 'Fontsize', 10), ylabel ('Magnitude (dB) ',
'Fontsize', 10)
grid;
title ('--Gk, -.Gc, GkGc');
subplot (2, 1, 2); semilogx (w, phase, w, phase1, '--', w, phase2,
'-.', w, (w-180-w), '-. ');
xlabel ('w (rad/s) ', 'Fontsize', 10), ylabel ('Phase (dB) ',
'Fontsize', 10)
grid;
title (['校正后：幅值裕量 =', num2str (20 * log10 (Gm) ),'dB,'','相位裕
量 =', num2str (Pm), 'deg']);
disp (['校正前：幅值裕量 =', num2str (20 * log10 (Gm1) ),'dB,'','相位裕
量 =', num2str (Pm1), 'deg']);
disp (['校正后：幅值裕量 =', num2str (20 * log10 (Gm) ),'dB,'','相位裕
量 =', num2str (Pm1), 'deg']);
```

执行程序后得到校正前后系统的 Bode 图，如图 5-36 所示。

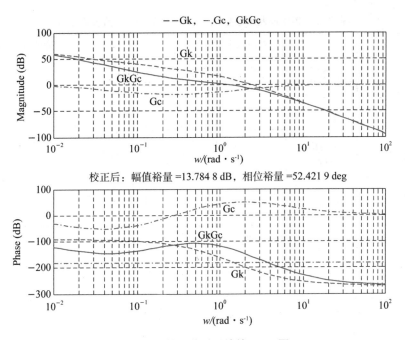

$$--Gk, \quad -\cdot Gc, \quad GkGc$$

校正后：幅值裕量 =13.784 8 dB，相位裕量 =52.421 9 deg

图 5-36　校正前后系统的 Bode 图

5.5.4　PID 校正

PID 控制器的设计实际上就是 PID 控制器的比例系数 K_p、积分时间常数 T_i、微分时间常数 T_d 的确定，下面主要介绍如何采用 Ziegler-Nichols 经验整定公式整定 PID 参数，也就是 PID 控制器的设计。

Ziegler（齐格勒）和 Nichols（尼科尔斯）在 1942 年提出的确定 PID 控制器参数的规则是基于给定被控对象的瞬态响应特性，是针对受控对象模型为带延迟的一阶惯性传递函数提出的，即

$$G(s) = \frac{K}{Ts + 1} e^{-\tau s} \tag{5-69}$$

式中，K 为比例系数；T 为惯性时间常数；τ 为纯延迟时间常数。

Ziegler-Nichols 经验整定公式如表 5-7 所示，由表可知，设计 PID 控制器的方法有两种。

第一种方法，如果已知被控对象的传递函数为 $G(s) = \dfrac{K}{Ts + 1} e^{-\tau s}$ 类型，即已知由阶跃响应整定的参数（包括比例系数 K、惯性时间常数 T、纯延迟时间常数 τ），通过查表，可计算出 PID 控制器的三个参数 K_p、T_i、T_d。这种方法适合式（5-69）这种传递函数类型和可近似转换成式（5-69）的被控对象。

表 5-7　PID 控制器参数的 Ziegler-Nichols 经验整定公式

控制器类型	由阶跃响应整定			由频域响应整定		
	K_p	T_i	T_d	K_p	T_i	T_d
P 控制器	$\dfrac{K}{T\tau}$	∞	0	$0.5K_c$	∞	0
PI 控制器	$\dfrac{0.9K}{T\tau}$	3τ	0	$0.45K_c$	$0.8T_c$	0
PID 控制器	$\dfrac{1.2K}{T\tau}$	2τ	0.5τ	$0.6K_c$	$0.5T_c$	$0.125T_c$

注意，由 Ziegler-Nichols 的第一种方法调节的 PID 控制器为

$$G_c(s) = K_p(1 + \frac{1}{T_i s} + T_d s)$$

$$= \frac{1.2T}{K\tau}(1 + \frac{1}{2\tau s} + 0.5\tau s)$$

$$= \frac{0.6T(s + \frac{1}{\tau})^2}{Ks}$$

因此，PID 控制器在原点有一个极点，在 $s = -1/\tau$ 处有双零点。

第二种方法，如果已知被控对象频域响应参数（增益裕量 K_c、剪切频率 ω_c，则 $T_c = 2\pi/\omega_c$），那么通过表 5-7 中 Ziegler-Nichols 经验整定公式，即可计算出 PID 控制器的 3 个参数 K_p、T_i、T_d。这种方法简单实用，因为一旦提供了被控对象的传递函数 $G(s)$（包括非式（5-69）的类型），就用 MATLAB 提供的 margin 函数直接求出增益裕量 K_c 和剪切频率 ω_c，再根据 Ziegler-Nichols 经验整定公式中的频域响应法整定参数 K_p、T_i、T_d 即可。

注意，由 Ziegler-Nichols 的第二种方法调节的 PID 控制器为

$$G_c(s) = K_p(1 + \frac{1}{T_i s} + T_d s)$$

$$= 0.6K_c(1 + \frac{1}{0.5T_c s} + 0.125T_c s)$$

$$= 0.075K_c T_c \frac{(s + \frac{4}{T_c})^2}{s}$$

因此，PID 控制器在原点处有一个极点，在 $s = -4/T_c$ 处有双零点。

下面应用第二种方法对 PID 控制器的设计进行举例说明。

【例 5-9】已知一单位负反馈控制系统，其受控对象为一个带延迟的惯性环节，其传递函数为

$$G(s) = \frac{2}{30s + 1}e^{-10s}$$

试用 Ziegler-Nichols 经验整定公式，分别计算 P、PI、PID 控制器的参数，并进行阶跃响应仿真。

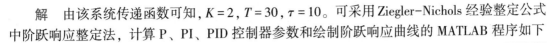

解　由该系统传递函数可知，$K = 2$，$T = 30$，$\tau = 10$。可采用 Ziegler-Nichols 经验整定公式中阶跃响应整定法，计算 P、PI、PID 控制器参数和绘制阶跃响应曲线的 MATLAB 程序如下

```
K=2; T=30; tau=10;
s=tf ('s');
Gz=K/(T*s+1);
[np, dp]=pade (tau, 2);
Gy=tf (np, dp);
G=Gz*Gy;
PKp=T/(K*tau)                  % 阶跃响应整定法计算并显示 P 控制器
step (feedback (PKp*G, 1)), hold on
PIKp=0.9*T/(K*tau);            % 阶跃响应整定法计算并显示 PI 控制器
PITI=3*tau;
PIGc=PIKp* (1+1/(PITI*s))
step (feedback (PIGc*G, 1)), hold on
PIDKp=1.2*T/(K*tau);          % 阶跃响应整定法计算并显示 PID 控制器
PIDTI=2*tau;
PIDTd=0.5*tau;
PIDGc=PIDKp* (1+1/(PIDTI*s) + PIDTd*s/( (PIDTd/10) *s+1));
step (feedback (PIDGc*G, 1)), hold on
[PIDKp, PIDTI, PIDTd]          % 显示 PID 控制器的 3 个参数 kp、Ti、Td
gtext ('P');
gtext ('PI');
gtext ('PID');
```

上述程序部分语句注释：

$[np, dp] = pade (tau, 2)$；该语句把延迟环节 $e^{-\tau s}$ 转换成二阶传递函数，并把其分子和分母分别放到 np 和 dp 中。

运行上述程序后，得到的 P、PI、PID 控制器分别是 P K_p、PI G_c、PID G_c，即

$$P\ K_p = 1.5,\ PI\ G_c(s) = \frac{40.5s + 1.35}{30s},\ PID\ G_c(s) = \frac{198s^2 + 36.9s + 1.8}{10s^2 + 20s}$$

PID 控制器的参数为：$K_p = 1.8$，$T_i = 20$，$T_d = 5.0$，则 PID 控制器的直观表达式为

$$G_c(s) = 1.8(1 + \frac{1}{20s} + \frac{5s}{0.5s + 1})$$

在 P、PI、PID 控制器作用下，分别对应的阶跃响应曲线如图 5-37 所示。

由图 5-37 可知，用 Ziegler-Nichols 整定公式设计的 P、PI、PID 控制器，在它们的阶跃响应曲线中，P 和 PI 两者的响应速度基本相同，因为两种控制器求出的 K_p 不同，两种控制的终值不同，PI 比 P 的调节时间短一些，PID 控制器的调节时间最短，但超调量最大。

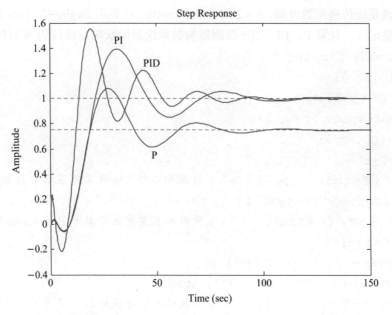

图 5-37　阶跃响应整定法设计的 P、PI、PID 控制阶跃响应曲线

本章小结

本章主要介绍线性连续系统的校正方式、基本控制规律、校正装置的特性和设计方法。需重点掌握的内容如下。

（1）按校正装置附加在系统中位置的不同，系统校正可分为串联校正与并联校正，并联校正又分为反馈校正和顺馈校正；按校正装置特性的不同可分为包括相位滞后校正、相位超前校正、相位滞后-超前校正。无论采用何种方法设计校正装置，实质上均表现为修改描述系统运动规律的数学模型。

（2）相位超前校正的作用在于提高系统的相对稳定性和响应快速性，但对稳态性能改善不大。相位滞后校正能改善稳态性能，但对动态性能的影响不大。采用相位滞后-超前校正则可同时改善系统的动态、静态性能。

（3）反馈校正能有效地改变被包围环节的动态结构和参数，在一定的条件下甚至能完全取代被包围环节。顺馈校正的特点是不依靠偏差而直接测量干扰，在干扰引起误差之前就对其进行近似补偿，及时消除干扰的影响。

（4）比例控制、积分控制和微分控制是线性系统的基本控制规律，由这 3 种控制作用构成的 PD、PI、PID 控制规律附加在系统中，可以达到校正系统特性的目的。PID 校正是工程上使用最多的一种控制器，其参数意义明显，设计方法多，适合各种知识结构的设计人员，在工程应用方面优势明显。

（5）利用 MATLAB 可实现相位超前、相位滞后、相位滞后-超前和 PID 校正。

习　题

5-1　相位超前校正和相位滞后校正各有什么不足？

5-2　超前校正和滞后校正是怎样影响系统带宽的？对系统的上升时间和调整时间有什么影响？

5-3　校正装置的传递函数为 $G_c(s) = \dfrac{1 + \alpha Ts}{1 + Ts}$，在 $\alpha > 1$ 和 $\alpha < 1$ 时是什么校正器，分别对系统的稳态性能有什么影响？

5-4　PD 控制器中的常数 K_p、K_d 对稳态误差有什么样的影响，PD 是否改变被校正系统的型数？PI 控制器中的常数 K_p、K_i 对稳态误差有什么样的影响，PI 是否改变被校正系统的型数？PD、PI 控制器怎样影响系统的上升时间、调整时间、带宽？

5-5　设单位反馈系统的开环传递函数为 $G(s) = \dfrac{K}{s(0.1s + 1)(0.01s + 1)}$，试设计串联校正装置，使系统期望特性满足下列指标：

(1) 静态速度误差系数 $K_v \geqslant 250 s^{-1}$；

(2) 截止频率 $\omega_c \geqslant 30$ rad/s；

(3) 相位裕量 $\gamma(\omega_c) \geqslant 45°$；

5-6　单位反馈系统原有的开环传递函数 $G_0(s)$ 和两种串联校正装置 $G_c(s)$ 的对数幅频渐近曲线如图 5-38 所示：

(1) 写出每种方案校正后的开环传递函数；

(2) 分析各 $G_c(s)$ 对系统的作用，并比较这两种校正方案的优缺点。

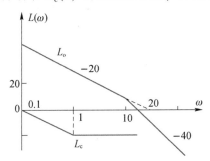
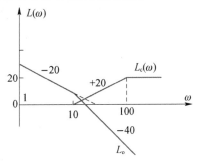

图 5-38　题 5-6 图

5-7　设单位反馈系统的开环传递函数为 $G(s) = \dfrac{8}{s(2s + 1)}$，若采用滞后-超前校正装置 $G_c(s) = \dfrac{(10s + 1)(2s + 1)}{(100s + 1)(0.2s + 1)}$ 对系统进行串联校正，试绘制系统校正前后的对数幅频渐近特性，并计算系统校正前后的相位裕量。

5-8　设系统方框图如图 5-39 所示。图中 $G_1(s) = K_1 = 200$，$G_2(s) = \dfrac{10}{(0.01s + 1)(0.1s + 1)}$，$G_3(s) = \dfrac{0.1}{s}$，若要求校正后系统在单位斜坡输入作用下的稳态误差 $e_{ss} = 1/200$ rad，相位裕量 $\gamma(\omega_c) \geqslant 45°$，试确定反馈校正装置 $G_c(s)$ 的形式与参数。

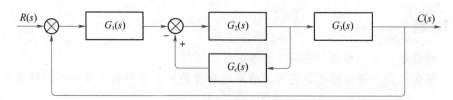

图 5-39　题 5-8 图

5-9　某系统的开环对数幅频渐近特性曲线如图 5-40 所示，其中 G_0（虚线）表示校正前的，G_c（实线）表示校正后的。求：

（1）确定所用的是何种串联校正，并写出校正装置的传递函数；

（2）确定校正后系统临界稳定时的开环增益；

（3）当开环增益 $K=1$ 时，求校正后系统的相位裕量和幅值裕量。

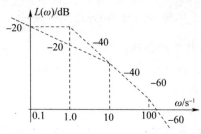

图 5-40　题 5-9 图

习题答案

第 1 章

1-1　略。

1-2　当导弹发射架的方位角与输入轴方位角一致时，系统处于相对静止状态。首先摇动手轮产生一个输入角 θ_i ，输入轴带动电位器 P_1 的滑臂旋转并产生输入信号 u_i 。由于发射架方位角 $\theta_o \neq \theta_i$ ，电位器 P_2 测量的反馈电压 u_o 与输入信号 u_i 产生了偏差电压 $u_e = u_i - u_o$ ， u_e 经放大后驱动电动机转动，改变输出量 θ_o 。当 $\theta_o = \theta_i$ 时， $u_i = u_o$ ，偏差电压 $u_e = 0$ ，电动机停止转动。这时，导弹发射架停留在相应的方位角上。只要 $\theta_o \neq \theta_i$ ，偏差就会产生调节作用，控制的结果是消除偏差电压 θ_e ，使输出量 θ_o 严格地跟随输入量 θ_i 的变化而变化。

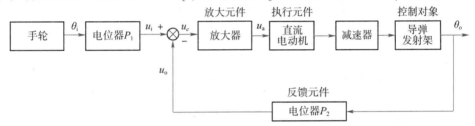

题 1-2 图　导弹发射架方位控制系统方框图

1-3　当合上开门开关时，电桥会测量出开门位置与大门实际位置间对应的偏差电压，偏差电压经放大器放大后，驱动伺服电动机带动绞盘转动，将大门向上提起。与此同时，和大门连在一起的电刷也向上移动，直到桥式测量电路达到平衡，电动机停止转动，大门达到开启位置。反之，当合上关门开关时，电动机带动绞盘使大门关闭，从而可以实现大门远距离开闭自动控制。系统方框图如下图所示。

题 1-3 图　仓库大门自动开闭控制系统方框图

第 2 章

2-1　（1）$\dfrac{1}{s} - \dfrac{s}{s^2 + 4}$

（2）$\dfrac{s + 0.5}{(s + 0.5)^2 + 100}$

（3）$\dfrac{\sqrt{3}s + 5}{2(s^2 + 25)}$

(4) $\dfrac{1}{s+1} + \dfrac{1}{(s+1)^2} + \dfrac{2}{(s+1)^3}$

2-2　　(1) $\dfrac{1}{2} - \dfrac{1}{2}e^{-2t}$

(2) e^{-5-t}

(3) $2e^{-t} - te^{-t} - 2e^{-2t}$

2-3　　$G(s) = \dfrac{Y(s)}{X(s)} = \dfrac{3}{(s+3)(s+1)}$

2-4　　(a) $G(s) = \dfrac{U_o(s)}{U_i(s)} = \dfrac{(1 + C_1R_1s)(C_2R_2s + 1)}{C_2R_1s + (1 + C_1R_1s)(C_2R_2s + 1)}$

(b) $G(s) = \dfrac{U_o(s)}{U_i(s)} = \dfrac{C_1C_2R_1R_2s^2 + (C_1R_1 + C_1R_2)s + 1}{C_1C_2R_1R_2s^2 + (C_1R_1 + C_1R_2 + C_2R_1)s + 1}$

2-5　　(a) $G(s) = \dfrac{U_o(s)}{U_i(s)} = -\dfrac{R_2/R_1}{R_2Cs + 1}$

(b) $G(s) = \dfrac{U_o(s)}{U_i(s)} = -\dfrac{R_1Cs + 1}{R_1/R_2}$

(c) $G(s) = \dfrac{U_o(s)}{U_i(s)} = -\dfrac{R_2Cs + 1}{R_1Cs}$

2-6　　(a) $H(s) = \dfrac{Y(s)}{F(s)} = \dfrac{k_1 + k_2}{ms^2(k_1 + k_2) + k_1k_2}$

(b) $H(s) = \dfrac{X_o(s)}{X_i(s)} = \dfrac{sc_1}{ms^2 + sc_1 + sc_2}$

(c) $H(s) = \dfrac{X_o(s)}{X_i(s)} = \dfrac{k_1 + cs}{k_1 + k_2 + sc}$

2-7　　$\dfrac{X_o}{X_i} = \dfrac{k_2(cs + k_1)}{m_1m_2s^4 + (m_1 + m_2)cs^3 + (m_1k_1 + m_1k_2 + m_2k_1)s^2 + ck_2s + k_1k_2}$

$\dfrac{F}{X_i} = \dfrac{k_2[m_1m_2s^2 + (m_1 + m_2)cs + (m_1k_1 + m_2k_1)]s^2}{m_1m_2s^4 + (m_1 + m_2)cs^3 + (m_1k_1 + m_1k_2 + m_2k_1)s^2 + ck_2s + k_1k_2}$

2-8　　(1) 以 $X_o(s)$ 为输出：$G(s) = \dfrac{X_o(s)}{X_i(s)} = \dfrac{G_1(s)G_2(s)}{1 + G_1(s)G_2(s)H(s)}$

以 $Y(s)$ 为输出：$G(s) = \dfrac{Y_o(s)}{X_i(s)} = \dfrac{G_1(s)}{1 + G_1(s)G_2(s)H(s)}$

以 $E(s)$ 为输出：$G(s) = \dfrac{E_o(s)}{X_i(s)} = \dfrac{1}{1 + G_1(s)G_2(s)H(s)}$

(2) 以 $X_o(s)$ 为输出：$G(s) = \dfrac{X_o(s)}{N(s)} = \dfrac{G_2(s)}{1 + G_1(s)G_2(s)H(s)}$

以 $Y(s)$ 为输出：$G(s) = \dfrac{Y_o(s)}{N(s)} = \dfrac{-G_1(s)G_2(s)H(s)}{1 + G_1(s)G_2(s)H(s)}$

以 $E(s)$ 为输出：$G(s) = \dfrac{E_o(s)}{N(s)} = \dfrac{-G_2(s)H(s)}{1 + G_1(s)G_2(s)H(s)}$

$$2-9 \quad \frac{X_0(s)}{X_i(s)} = \frac{G_1 G_2 G_3 + G_4}{1 - G_1 G_2 G_3 H_1 H_2 + G_1 G_2 G_3 H_3 + G_4 H_3}$$

$$2-10 \quad \frac{5 s^3 + 47 s^2 + 109 s + 60}{s^4 + 17.5 s^3 + 88.5 s^2 + 114.5 s + 61}$$

$$2-11 \quad \frac{10 s^4 + 110 s^3 + 440 s^2 + 760 s + 480}{2 s^5 + 22 s^4 + 91 s^3 + 227 s^2 + 412 s + 356}$$

第 3 章

$3-1 \quad \Delta = 0.05, \quad t_s = 0.3s \quad K \geqslant 300 s^{-1}$

$3-2 \quad x_{o1}(t) = 1 - \dfrac{2}{\sqrt{3}} e^{-t} \sin\left(\sqrt{3}\, t + \dfrac{\pi}{3}\right) \qquad x_{o2}(t) = \dfrac{4}{\sqrt{3}} e^{-t} \sin\left(\sqrt{3}\, t\right)$

$3-3 \quad K = 8 \times 10^3 \quad C = 4 \times 10^3 \quad x_o(t) = 0.1 - 0.1 e^{-2t} \sin\left(2t + \dfrac{\pi}{4}\right)$

$3-4 \quad G(s) = \dfrac{2.92}{s^2 + 1.368}$

$3-5 \quad \xi = \dfrac{T}{2} \sqrt{\dfrac{K}{J}}$

$3-6 \quad K = 2.948 \quad K_f = 0.471$

$3-7 \quad$ 1）不稳定　　2）稳定　　3）不稳定

$3-8 \quad 0.675 < K < 4.8$

$3-9 \quad$ a）$K > -1$　　b）$0 < K < \dfrac{2}{T}$　　c）不存在

增加积分环节会导致稳定性变差

$3-10 \quad G(s) = \dfrac{Ks + b}{s^2 + (a - K)s}$

$3-11 \quad K = 500$

$3-12 \quad e_{ss1} = 0 \quad e_{ss2} = \dfrac{a_{n-2}}{a_n}$

$3-13 \quad$ 稳定

$3-14 \quad$ 略

$3-15 \quad$ 略

第 4 章

$4-1 \quad$ （1）$x_o(t) = 0.822 \sin(t + 20.54°)$

（2）$x_o(t) = 2.373 \cos(2t - 78.43°)$

$4-2 \quad$ 略。

$4-3 \quad$ 略。

4-4 略。

4-5 （a）$G(s) = \dfrac{10}{0.1s + 1}$ （b）$G(s) = \dfrac{1}{10}s + 1$

（c）$G(s) = \dfrac{\dfrac{1}{10}s}{\dfrac{1}{20}s + 1}$ （d）$G(s) = \dfrac{10}{(10s + 1)\left(\dfrac{1}{10}s + 1\right)\left(\dfrac{1}{30}s + 1\right)}$

4-6 （1）$K = 20$ 时，闭环系统稳定。

（2）$K = 100$ 时，闭环系统不稳定。

（3）由（1）和（2）可见，增大开环放大倍数 K，系统的稳定性会下降，甚至会不稳定。当 $K \approx 67$ 时，闭环系统处于临界稳定状态。

4-7 （a）闭环系统不稳定 （b）该闭环系统稳定

（c）该闭环系统稳定 （d）该闭环系统不稳定

（e）该闭环系统不稳定 （f）该闭环系统稳定

（g）闭环系统不稳定 （h）闭环系统稳定。

4-8 使系统稳定的 K 的范围为：$0 < K < 10$ 或 $25 < K < 10\,000$

4-9 （1）系统闭环稳定，相位裕量 $\gamma = 180°$，幅值裕量 $K_g = 3.52 \text{ dB}$。

（2）该系统闭环不稳定，系统的相位裕量 $\gamma = -36.9°$，幅值裕量 $K_g = -6.02 \text{ dB}$。

4-10 $\alpha = \sqrt[4]{\dfrac{1}{2}} = 0.84$

第 5 章

5-1 略。

5-2 略。

5-3 略。

5-4 略。

5-5 由条件（1），取 $K = 250$，系统不稳定，需加串联校正装置。校正后的系统传递函数为

$$G(s)G_c(s) = \frac{250(s/5 + 1)}{s(25s + 1)(s/100 + 1)(s/\omega_3 + 1)}$$

校正装置传递函数为

$$G_c(s) = \frac{G(s)G_c(s)}{G(s)} = \frac{(s/5 + 1)(s/10 + 1)}{(25s + 1)(s/217 + 1)}$$

5-6 （1）因为图 5 - 38(a) 中 $G(s) = \dfrac{20(s + 1)}{s\left(\dfrac{1}{0.1}s + 1\right)\left(\dfrac{1}{10}s + 1\right)}$，所以图 5 - 38(b) 中

$G(s) = \dfrac{20}{s\left(\dfrac{1}{100}s + 1\right)}$。校正后系统的开环对数幅频特性如下

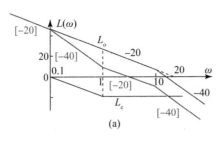
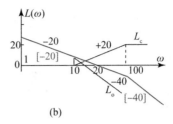

（a）　　　　　　　　　　　　　　（b）

（2）略。

5-7　系统校正前的开环传递函数为 $G(s) = \dfrac{8}{s(2s+1)}$，其截止频率为 $\omega_c = 2$，$\varphi(\omega_c)$

$= -166°$，$\gamma(\omega_c) = 14°$。系统校正后的开环传递函数为 $G(s)G_c(s) = \dfrac{8(10s+1)}{s(100s+1)(0.2s+1)}$，

$\varphi(\omega_c) = -105.4°$，$\gamma(\omega_c) = 74.6°$。其对数幅频渐近特性如下：

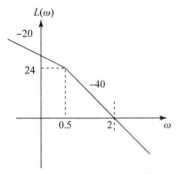
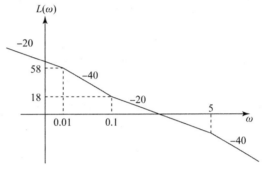

5-8　待校正系统的开环传递函数为

$$G(s) = G_1(s)G_3(s)G_2(s) = \frac{200 \times 0.1}{s}\frac{10}{(0.01s+1)(0.1s+1)}$$
$$= \frac{200}{s(0.01s+1)(0.1s+1)}$$

校正后传递函数为

$$G_0(s) = \frac{200(s/\omega_2 + 1)}{s(s/\omega_1 + 1)(s/100 + 1)^2}$$

校正装置传递函数为 $G_c(s) = \dfrac{G_0(s)}{G(s)} = \dfrac{(s/2 + 1)(s/10 + 1)}{(s/0.5 + 1)(s/100 + 1)}$ 为滞后-超前校正装置。

5-9　（1）$G_c = \dfrac{(s^2 + 2\xi s + 1)}{(0.1s + 1)(10s + 1)}$；

2）系统处于临界稳定时，其 $\gamma = 0$，即 $K \approx 110$；

3）$\gamma \approx 83.72°$ $K_g = \dfrac{1}{|G(j\omega_g)|} = 110$。

参 考 文 献

[1] 钱学森，宋健. 工程控制论：上册 [M]. 北京：科学出版社，1980.

[2] 胡寿松. 自动控制原理 [M]. 4 版. 北京：科学出版社，2001.

[3] 朱骥北，许小力，陈秀梅. 机械工程控制基础 [M]. 北京：机械工业出版社，2013.

[4] 陈祥光，黄聪明. 自动控制原理及应用 [M]. 北京：清华大学出版社，2011

[5] 王积伟，吴振顺. 控制工程基础 [M]. 2 版. 北京：高等教育出版社，2010

[6] 杨叔子，杨克冲. 机械工程控制基础 [M]. 5 版. 武汉：华中科技大学出版社，2006.

[7] 王益群，钟毓宁. 机械工程控制基础 [M]. 武汉：武汉理工大学出版社，2001.

[8] 李连进. 机械工程控制基础 [M]. 北京：机械工业出版社，2015.

[9] 孔祥东，姚成玉. 控制工程基础 [M]. 4 版. 北京：机械工业出版社，2019.

[10] 廉自生，庞新宇. 机械控制工程基础 [M]. 2 版. 北京：国防工业出版社，2016.

[11] 宋锦春，陈建文. 液压伺服与比例控制 [M]. 北京：高等教育出版社，2013

[12] 程鹏. 自动控制原理 [M]. 北京：高等教育出版社，2010

[13] 绪方胜彦. 现代控制工程 [M]. 卢伯英，等，译. 北京：科学出版社，1980.

[14] Richard CD. 现代控制系统 [M]. 谢红卫，等，译. 8 版. 北京：高等教育出版社，2006.

[15] Katsuhiko O. 系统动力学 [M]. 韩建友，等，译. 北京：机械工业出版社，2005.

[16] 蒋国平，万佑红. 自动控制原理辅导与习题详解 [M]. 北京：北京邮电大学出版社，2007.

[17] 许必熙. 自动控制原理 [M]. 南京：东南大学出版社，2007.

[18] 卢京潮，刘慧英. 自动控制原理典型题解析及自测试题 [M]. 西安：西北工业大学出版社，2001.

[19] 刘坤. MATLAB 自动控制原理习题精解 [M]. 北京：国防工业出版社，2004.

[20] 黄忠霖. 控制系统 MATLAB 计算及仿真 [M]. 北京：国防工业出版社，2001.

[21] 郑恩让，聂诗良. 控制系统仿真 [M]. 北京：北京大学出版社，2006.

[22] 魏巍. MATLAB 控制工程工具箱技术手册 [M]. 北京：国防工业出版社，2004.